U0458530

新思想的黎明

许晟 著

上海三联书店

献给冰伊

自 序

> "基础"并不意味着简单。"基础"意味着理解它并不需要
> 什么知识储备,但需要大量的心智活动。
>
> ——费曼[1]

　　善思之人似乎总在经历出人意料的现实,而现在是 2022 年的 6
月。十年或者二十年前的世界有什么不同,身处不同地方的人会有不
同的回答。有一部纪录片叫作"克拉克森的农场"(*Clarkson's Farm*),
里面有一位 21 岁的小伙,名叫卡勒布·库伯(Kaleb Cooper)。卡勒布
非常善于农耕,记得家乡每块耕地的位置和名字。他很在意耕地的合
理与美观,尤其是靠近主要公路的,因为会被所有人看见。他哪儿也不
去,只在"不得已"的时候去隔壁村买些必需品。他唯一一次出远门,是
随社区艺术活动去了伦敦,但他留在了大巴里。他说那里人太多了,他
非常不喜欢。首先,那里的每块耕地竟然都有自己的名字(现代世界有
种刻板印象,认为热爱土地是所谓"农耕文明"的狭隘情调,但真的是这
样吗?)。然后,卡勒布实在太有魅力了,如果由他来担任这本不合时宜

---

[1] 来自费曼(Richard Phillips Feynman)在加州理工学院的授课记录(1964 年 5 月 13
日),收录于 *Feynman's Lost Lecture: The Motion of Planets Around the Sun*。

的书的作者,谈论中国和欧洲的思想发展脉络,一定会受欢迎得多。所以我在想,如果这本书有英文版,不如作者就由他来"扮演"。但是又一想,他一定不喜欢说谎。他会说:"换作者的小把戏一定会被所有人知道的。"然后他会思考几秒钟,说道:"我就会去对人讲。"

我喜欢他生活在自己的地方,诚实,且只代表自己的状态。至少在这一点上,我可以向他学习。所以在这本书里,我也只诚实地代表自己;同时,不可能只代表自己——因为纵览古今中外,我所谈的大部分内容一直在以不同的方式被讲述着。实际上,人类可以企及的心智活动,早已被各种文献描述过了;人类可以获知的任何讲述,也早就在书本里出现过了。我所做的只是在新的环境里将它们重新讲述一次,就像过去的许多人也曾在各自的环境里所做的那样。我对过去的所有思想者都充满敬意,所以选择以更直白的方式去批评他们,然而这些批评也并非我的原创,它们以各种方式出现过。人从不缺乏思想,人只是健忘,并很容易被新环境冲昏头脑。我很喜欢费曼讲过的一件事:他说人们总认为树是从地里长出来的,但树里面有至少一半的成分来自空气和阳光,也就是说,树也可以被看作从空中长到地里面去。在费曼之前说过类似内容的人也有很多,甚至可以追溯到《周易》的"巽卦"。这并不说明《周易》有多么伟大,而是说明人类虽然经常很愚蠢,但多少是可以克服表面环境的不同,达成一些共识的。

我会努力写得好一点,但不想说"敬请指正"这样的话。作家怎么会喜欢别人指正呢,何况我所说的都是再明白不过的事情。另一方面,这本书谈论的主要对象是思想原理。思想原理的基础地位就在于,它所说的永远是其字面上的内容,而一切复杂的思想体系都是其字面含义的发展。所以,如果读者觉得内容过于直白,请不要觉得这是一本给"初学者"的书。如果读者觉得内容过于复杂,也不要担心是自己读书少了;相反,可能是书读得太多,导致了一些固有的思维习惯。比如,

"我是谁？我从哪里来？"，这不是"终极"的哲学问题，而是形而上思想原理的实践者才会问的问题。只有当一个人认为理念比现象重要，才会认为"我"的某种理念层面的出处，比"我"作为此刻的现象，更加需要追问。另一方面，自然思想原理的实践者更喜欢挖掘现象和经验的"深度"，而不在意"高度"。他们不倾向于问"为什么"，而倾向于问"怎么样"。比如他们不会问"花为什么会开"，却会问"花是怎么开的"。在更多情况下，当一个人明白了花怎么开以后，还是难免会想"为什么会这样"。这让他成为一名哲学家。继续着迷于"怎么开"的人，往往会成为一名生物学家或者物理学家，或者卡勒布。哲学的悲剧往往开始于对"高度"而非"深度"的追求。而"深度"本身的悲剧则在于其普遍性。太普遍的东西往往容易被忽视，比如人们更容易注意到高山，却忽视了更普遍的大地，这反而让高山变得吵闹。幸好还有卡勒布，在他看来，土地是生动且具体的。

还有几个更基础的问题：首先，"哲学"仅仅描述了一个起源于古代欧洲的思想体系；那么显然还有别的思想体系，比如本书会提到的理学和心学体系。进一步地，虽然"哲学"给人一种与"行动"相分离的"纯粹"印象，但并非任何一种思想体系都是如此。而且，这样的"纯粹性"并不能令哲学在任何层面更加优越。它尤其不是，也不可能是某种经常被虚构的道德立场。它仅仅是一种人为的观念，而这本身就是不纯粹的。最后，没人能以中立的姿态讲述或理解任何一种思想，"客观"本身就是一个必须被怀疑的词，它和不同原理所提供的逻辑息息相关。所以，不可避免的"非中立化"角度是讲述者必须保持谨慎的原因。同时，这让"判断"比"论证"更具决定性。"论证"本身已经是思想原理的体现，而"判断"则是天然的、直觉的、不纯粹的。它往往比某种抽象的"理性"更加严谨。典型的判断包括审美以及科学的猜想，它们往往出现在论证过程之前。有趣的是，今天的思想家虽然对科学一无所知，却喜欢假扮科学家。他们在谈论思想的时候,往往会假装自己的结论经过了严谨的论证;反而是科学家们,在真正知晓何为严谨的情况下,才不掩饰自己对直觉判断的依赖。简单来说,如果一个人没有在夕阳和云彩那令人震惊的美面前闭嘴,反而开始了"只是近黄昏"这样的哲学讨论,那么他一定不适合当朋友。

人能在心智层面找到朋友是多么不容易的事,一旦找到了,就可以像赫尔佐格(Werner Herzog)那样感叹:原来自己在世界上从来就不是孤独的。对于时常处在荒谬现实中的短暂生命来说,这一点至关重要,它指出了光明所在。

目 录

1

哲学的起源
——从神话到理性

首先,这世上本没有"哲学"这种东西;其次,"哲学"也不是思考必然的最终形态;然后,哲学从来没有像蒸汽机那样被一下子发明出来——它是经历了漫长的演变后,才在后世的追溯与书写下,变成了今天人们看到的样子。这是一个基本的、基于事实的逻辑前提,但人们今天在提起"哲学"时,依然会认为它是"本来就在那里"的、全人类思想的"最高"形态。人们还很容易认为,"哲学"是诞生于所谓"西方"的,于是只有拥有了"哲学"的"西方",才是先进文明;而诞生了其他思想形态的文明,因为没有诞生"哲学"这个概念,就被认为是次一等的。这是多么巨大的刻板印象和逻辑谬误,其荒谬程度跟"只有生育了男孩的女性才是成功的"不相上下,同样流行。

在毕达哥拉斯(Pythagoras)之前,古希腊世界被后世广为谈论的智者是泰勒斯(Thales),他常常处在"西方哲学史"的开头。他的学说只有支离破碎的说法。根据后来亚里士多德(Aristotle)的记载,他提出万物都以水为基本元素,并认为"水是最好的"。泰勒斯还认为神处在一切物体当中。这反映了希腊当时尚未定型的信仰体系:每个追求智慧的人都可以给出自己对"神"的理解,唯一确定的是几乎所有人都认为有某种形式的神的存在。

泰勒斯还预言过一次日食,据信这是受到了巴比伦天文学家的影响,但他并没有留下任何成体系的论述。他还被认为去过埃及,并给希腊人带回了一些简单的最早的几何学知识。他带回来的知识是零碎的、缺乏系统性的,但对于当时的古希腊而言依然是稀缺和具有启发性的。关于他的可靠信息实在太少了。泰勒斯和他的同仁们并没有准备好成为"哲学家",因为他们甚至没听说过这个名词。他们是一群热爱思考与智慧的人,他们留下的只言片语是对世界某种真相的单纯追求,并证明了一个古代文明之于世界的好奇心。在今天最怀有敬意的审视中,这些学说中"诗意"的部分也是大于其实际学说的价值的。

泰勒斯被当作第一位"哲学家"显然是被追溯的,因为其"万物都是水"的言论符合后世对哲学家的印象:"哲学"一定要从讨论世界是什么开始,这具备了"形而上"的特征。真正系统性的形而上学是从柏拉图(Plato)开始的。泰勒斯,以及在他与柏拉图之间的其他几位著名智者,比如赫拉克利特(Heraclitus)、巴门尼德(Parmenides of Elea)、恩培多克勒(Empedocles)等人,都作为柏拉图"形而上学"的先驱被记录。这体现了后世设立哲学舞台的规则:泰勒斯没有发明哲学,是后世的哲学根据自身的既有特点选择了泰勒斯。

泰勒斯与之后的阿那克希曼德(Anaximander)以及阿那克西美尼(Anaximenes)共同组成了后世所说的"米利都学派",因为他们都生活在一座名为米利都的繁荣都市里,时间也前后相连。抛开后人无穷的发挥,他们的学说本身都很易懂,这里不再赘述。更重要的是后人对他们实践的记录,透露出他们在自己时代的真实处境。亚里士多德在他的《政治学》里记录了一个广为人知的故事:米利都的市民指责泰勒斯的贫困,并以此证明他的思考是无用的。这很容易理解,那时连"哲学"

这样的说法都还没有，所以"哲学家"并不具备任何社会或道德层面的优势，没有人会天然地尊敬一个仅仅在思考的人。泰勒斯懂得一些农业知识，预料到即将到来的橄榄大丰收，于是提前租下了米利都所有的榨油机器，并在橄榄库存大增、很多人都需要榨油机器的时候抬价，靠此大赚了一笔钱。他由此向世人证明：智慧的思考当然可以带来财富，他平时只是不屑于这样做而已。他于是得到了更多认可和尊重。这样的事情古已有之——在一个原始部落，一个人如果既不善于打猎，也不善于战斗，而是喜欢观察世界，那么他/她也许能给出一些简单的"预言"，比如"闪电之后会打雷"，或者"春天之后是夏天"，由此指导生活与耕种。这便是先知的开端，他们有时被后人以神话的方式传颂。

这些故事存在于每个地方的蒙昧时代：那时人类还没有宗教与世俗知识的划分，也没有明确的社会分工，有智慧的人没有理所当然的优越性。为了在社会中找到容身之处，他们必须多少展现一些"神迹"。古希腊的哲学家能够获得尊敬，最初也是在无数这样的自我救赎中争取的。古希腊人并非天生就作好了迎接哲学家的准备。这是显而易见的。任何思想首先都是自己的产物。哲学告诉人们的第一件事，便是许多在今天看起来理所当然的事情，都经历过一番波折。

"哲学"这个词最初被使用，一般追溯到泰勒斯之后、公元前 6 世纪的古希腊学者毕达哥拉斯。他使用了希腊语的"philosophia"一词，意为"对智慧的爱"，这个词后来变成了英语中的"philosophy（哲学）"。毕达哥拉斯也将自己称为"爱智慧的人"，这个表明身份的词汇后来成为了"philosopher"，也就是"哲学家"。当毕达哥拉斯使用"philosophia"一词的时候，他并不是在谈论一个业已存在的"哲学"。柏拉图对理念世界的描绘为后世所说的"哲学"奠定了至少一半根基，尤其让"形而上学"逐渐成为某种有脉络的学科。而毕达哥拉斯处在柏拉图之前一百多年，他所说的仅仅是这个词的字面意义：对智慧的爱。然而，他为哲学作出的贡献超出了一般的想象。他奠定了包括柏拉图在内的后人看待"哲学"的方式。

与泰勒斯的榨油机不同，毕达哥拉斯的"神迹"是数学。这是他那"对智慧的爱"之所以成为"哲学"的关键。有关他的记载也是只言片语，夹杂着传说。他的前半生似乎为了躲避战争而背井离乡，后来定居在意大利南部的克罗顿。也不知道他在旅途中学到了怎样的本事，来到克罗顿以后，他竟创建了一个宗教性质的团体，成为领袖，并制造出一种舆论，令人相信他是太阳神的儿子。于是他再也不需要囤积榨油机了——那时候，如果人们相信一个人是太阳神的儿子，他们就真的是这样认为的。

毕达哥拉斯通过自己的宗教团体所宣扬的学说有以下这些要点：

首先，世上的一切都来自某种不可见的统一实体，神是这个统一体的化身。可见的世界是虚幻的，只有灵魂是不朽的。这可以被看作他学说中有关"世界是什么"的部分。那个"不可见的统一整体"也影响了柏拉图的实体论。

其次，人都是神的造物，神是人的牧人，而他自己则是独一无二的半神——"既有人，又有神，还有像毕达哥拉斯这样的生物"[1]。

第三，灵魂是不朽且可以轮回的，身体仅仅是灵魂的载体，人在来世也可以变成别的生物。于是，这世界上可见的一切都在循环当中，没有什么是新的，事物的多样性仅仅是循环中的假象。人需要净化自己，最终摆脱轮回，让灵魂回到神的怀抱，也就是回到那个不可见的整体。

最后，"在现世生活里有三种人，正像到奥林匹克运动会上来的也有三种人：在赛场周围做买卖的属于最低的一等，高一等的是来参加比赛的运动员，最高一等的是观众。因此，最能够净化灵魂的便是无所为

---

[1] 罗素.西方哲学史.马元德,译.商务印书馆,2018:39.

而为的智慧。只有献身这种事业的人,也就是哲学家,才能使自己摆脱轮回的约束"[1]。

作为宗教团体领袖,他要求追随者们必须在指定的规则中生活与思考,这些规则包括:禁止吃豆类——吃豆人犯下的是重罪;东西掉在地上时不要捡起来;不要碰白公鸡;不要掰开面包;不要掐花环;不要在大路上行走;不要让燕子出现在房间里……后世哲学家常常会各自设立一套道德规范,毕达哥拉斯这套源自神秘信仰的规则,便是那些规范的雏形。即便看上去最现代的道德规范,也是为了强调某种看不见的结构。曾有人问我,这些规则看上去过于荒谬了,是不是出于一种幽默感,或者是后世学者的讽刺性描写。我回答说,如果你注意到现在还有些国家不允许女性在公共场合露脸,就会发现荒谬的规范一直是无处不在的。

毕达哥拉斯最著名的数学成就是勾股定理,但这并不是他在数学方面影响最大的,因为这个定理很早就被古埃及、古印度以及中国的学者们分别发现了——谁发现都不奇怪,勾股定理本身并不复杂。他还将"演绎"式,也就是带有论证过程的数学,在古希腊世界发扬光大。公正的学者会旁征博引,论证他在这一点上也受到了古埃及的影响——据说毕达哥拉斯本人去过埃及。

毕达哥拉斯更重要的成就,在于把数学看作认识世界的基本方式。他提出了"万物皆为数",认为数学的结构是一切自然事物的基础。他说:一切物质,一切自然现象,包括天体的运行,都是变化的,也是会消失的,只有数的规律是不变不灭的,因此一切自然物都要服从数学的规律。另外,数学象征着他所说的那个制约万物的不可见的统一整体。数不仅是神的意志,也是灵魂的永恒性的体现。数学与宗教原则就这

---

[1] 同 p4 注 1,p40。

样结合起来。

进一步地，毕达哥拉斯认为，世界的物质体都由一个个类似原子的最小单位构成，这些单位和数相对应，并且都是"整数"。他说，一切事物都可以用"有理数"来表示——这个数学概念便是他发明的："有理数"包括一切整数和分数，其中分数也可以看作整数之间的除法（比如2/3，可以看作2除以3）。"有理数"也可以被理解为"理性的数"，因为在毕达哥拉斯看来，理性的数才是规范的，体现着神的意志。所以他说一切数字都是有理数。也可以说，他认为组成这个世界的最小单位就是整数。这些"整数"影响了后来亚里士多德所说的"原子"，而这种理念一直影响到牛顿时代的"以太"学说。它们被想象的存在方式是一致的，是构成这个世界的最小物质实体。

为了方便让数字构成世界，就像《我的世界》(*Minecraft*)中的像素那样，毕达哥拉斯还给数字赋予了一种形状感：数是方形的。数学中的"平方"和"立方"这些概念由此而生。这些沿用至今的说法，就建立在毕达哥拉斯的形状感之上。这一说法直到今天也符合人们对"整数"的直觉：整数是干净而整洁的、富于秩序感的，因此不仅是理性的，而且是容易把握的。反之亦然，"理性"也应该像整数那样，不仅好识别，而且好打扫，方便且简洁。他由此推论：人要通过"理性"（拉丁语"ratio"）而非感官来获取知识。理性并非源自感知的复杂化，而是源自感知的简化和秩序化。

毕达哥拉斯的论述融合了数学的严谨、易懂的形状感以及宗教的崇高性，并指出了一条探寻真理之路。当然，这样的理论并不会天然受到欢迎，它需要一种具有威慑力的权威来推行。毕达哥拉斯具备这一能力，因为他是太阳神的儿子。如果违反了他的规则，就是违背了神的理性。有一个著名的故事，他的学生西伯斯（Hippasus of Metapontum）发现，根据勾股定理，如果直角三角形的两个直角边的长度为1，那么斜边长度就是$\sqrt{2}$,这个数无法表示为两个整数之间的除法,它并不是一个有理数。也就是说,这世界上除了有理数之外,还有无理数存在。这极大地威胁了毕达哥拉斯的世界观体系。传说这个学生被毕达哥拉斯以宗教领袖的身份判处死刑,用石头困住双腿,扔到爱琴海里淹死了。

毕达哥拉斯认为无理数不符合理性的看法似乎是原始的,并因为与"爱琴海"的结合而沾染了某种原始浪漫主义的色彩,但今天许多原本能够带来进步的事情,其遭遇也跟无理数一样。每当一个学科诞生,人们往往都致力于将世界变成类似整数的样子,装进新学科的一个个格子里,并将那些无法装进格子的部分形容为"不理性的"或者"不科学的"。这些形容也带着某种正教之于异教的原始色彩,只是他们不再把人扔进爱琴海了。

抛开偏见来看,毕达哥拉斯的学说很难被看作后世所想象的"哲学",而更像是个人崇拜、迷信以及初级数学理论的混合体。这种奇怪的混合在现代人的视角下是很难被理解的。于是即便专业的学者,常常也只能将他的数学与个人崇拜式的学说和行为划清界限,并给后者加了一个中性的形容,叫作"神秘主义"。

可是在古希腊,没有人划分"神秘主义""宗教"以及"对智慧的爱"之间的界限。人们无法用千年之后的宗教观与哲学观来看待自己的世界。对于相信毕达哥拉斯的人来说,他就是智者、半神以及宗教的领袖。没有人认为他是"神秘"的,因为在那个世界,一切关于信仰、科学以及智慧的理论同样神秘而不可思议。这些理论也正是凭着彼此的交融与依靠才获得了足够的说服力。

以爱德华·泽勒(Eduard Zeller)为代表的现代学者们不这么看,他们对毕达哥拉斯的学说进行了更加符合"哲学"要求的修饰。他们说:"毕达哥拉斯及其教派的追随者们关心四个基本问题:首先,一切事物从哪里来？其次，一切事物由什么创造？第三，我们如何解释自然界万物的多样性？最后，我们如何用数学的方式描述自然？"[1]这样的总结听起来，比上面那些描述要"哲学"得多了，因为那些"神秘主义"的部分也被理性的话术掩埋了，变成了后世所想象的"哲学"的部分。毕达哥拉斯于是成为人们心目中古希腊智者的形象——这些智者就像他们的雕塑那样，身披长袍凝视远方，那理性的眼眸一眼便望到西方哲学的光辉未来……

如果不追求这样的方便，那究竟该如何看待毕达哥拉斯这"混合式"的学说与实践？抛开哲学史舞台那庸俗的灯光特效，事情就会明白得多。首先，毕达哥拉斯学说中的宗教色彩，在很大程度上受到了当时盛行于古希腊的奥尔弗斯教（Orphism）的影响。奥尔弗斯教徒也相信灵魂的轮回，相信人类在世间的作为会影响到死后灵魂的境遇。他们认为人属于天和地，如果通过纯洁的生活净化了自己的灵魂，他们就会更多地属于天空而非大地，并最终可以逃离无尽的轮回。奥尔弗斯教还可以被看作更为原始的巴库斯教（The Cult of Bacchus）的某种改良版本，因为奥尔弗斯教也信仰一个名为巴库斯（Bucchus）的神——巴库斯就是后来的酒神，他的另一个名字是狄奥尼索斯（Dionysus），最早似乎是色雷斯人的神。虽然色雷斯人被古希腊人看作野蛮人，但"文明世界"并不拒绝巴库斯所带来的那种与酒有关的迷醉与癫狂状态。只不过，古希腊的奥尔弗斯教把"放纵感"改良为了"净化感"。在奥尔弗斯教的信仰里，巴库斯是无形的，充盈于天地之间；一个人通过灵魂的净化，可以与巴库斯合而为一。从这些讲述里能找到毕达哥拉斯世界观的依据。

---

[1] 见他在《古希腊哲学纲要》中的相关论述，Eduard Zeller, *Outlines of the History of Greek Philosophy*, Routledge, 2014。

从今天的眼光来看,谈论"净化"的宗教,当然比谈论"放纵"的宗教显得更加端庄、更加"宗教化",但它们的起源是一致的。奥尔弗斯教当中的"圣礼"一词就来自"orgy"(原意是"狂欢")。宗教给人的固有印象是肃穆而庄严的,但在古希腊时代,狂欢与宗教并不冲突。基于人性的欢愉、欲望以及放纵的成分,便是"崇高"最初的来源。

　　奥尔弗斯教不仅在教义上影响了毕达哥拉斯,酒神所代表的由狂欢而达到净化的状态,也是毕达哥拉斯所说的"灵魂净化"的源头。只不过,毕达哥拉斯将狂欢的具体形式从醉酒变成了对数学的沉迷。他认为,数学激荡人的思维,并将人带入另一种境界,使人的灵魂摆脱轮回,进入那个永恒不变的统一整体。在奥尔弗斯教那里,这个轮回之外的去处是与巴库斯融为一体;在毕达哥拉斯那里,这个轮回之外的统一整体是神的意志,并且体现在数学的完美结构中(不允许有无理数),这个结构又支配了世界的基本构成。

　　数学所带来的思想的战栗感,对于擅长数学的人来说并不陌生,而毕达哥拉斯将它变成一道连接醉酒感官的桥梁,将宗教的信念、沉醉的状态以及理性的思考结合为一个整体,并赋予彼此更加深邃的魅力。于是,奥尔弗斯教派一个用来形容"热烈而迷醉的思索"的词汇"theory",到后来就变成了"理论"的意思。

　　从毕达哥拉斯开始,"理性"一词获得了源自宗教的崇高、源自数学的可靠以及源自醉酒的感官吸引力。这种肯定令"思考"获得了一种可以言说的精神性,并使"理性的沉思"对于"净化灵魂"的作用变得合理了。从毕达哥拉斯开始,理性不仅是神授的,而且可以令人进入超然的状态。看上去,醉酒体验与哲学思考并无关系,但实际上直到今天,所有研究哲学的人,都接受这几乎潜藏在一切哲学书籍的字里行间的、自古以来的暗示:相信自己正在通过严谨的思考而进入某种迷醉的状态。这一迷醉又反过来暗示了理性的所有美德,包括它在中世纪与基督教神学结合后的崇高感，或者说压迫感。直到工业革命之后，理性才又与机械时代的图景联系在一起，并具备了精密性和力量感。这种冷静的力量感取代了宗教的崇高性。

毕达哥拉斯将人分为三等且观众为最高等的理论，还赋予了哲学家"人上人"的地位。这种地位，加上理性带来的迷醉感，以及宗教式的"灵魂净化"，使得与世俗活动无关的"沉思"成为迷人且绝对不容置疑的高尚行为。这种"沉思"属于处在最上等的思想者，也就是看别人比赛的人，因此它并不是"实用"的。这一点在启蒙运动后才有所改观，但其影响是深远的——一个"无用"的思想者至今仍具有自洽的高尚性，以至于人们常常以为这是理所当然的。罗丹（Auguste Rodin）的名作《思想者》便是这种理所当然的观点的体现：一个人只要拥有了"哲学家"的头衔，就自然拥有了游手好闲的合理性。后世哲学家所获得的这种自我认同与社会承认，首先要归功于毕达哥拉斯所做的这个铺垫。

柏拉图继承了上述理念，并进一步通过对哲学家德行的要求，加强了这种价值观。在柏拉图时代的古希腊，无名的"爱智慧的人"逐渐增多，但"智慧"毕竟不是一门营生。他们的主要收入来源是收费讲学，以及向政治家传授辩论术。柏拉图拥有天然良好的经济条件，于是他反对一切要求报酬的讲学，更反对传授辩论术这种被他视作"卑鄙"的营生。能够做到这点的智者寥寥无几，因为哲学家显然还是要吃饭的，于是他们只好承认自己低了柏拉图一等。亚里士多德的境遇很好，成为亚历山大大帝的老师，并建立了"逍遥学派"。但他也强调毕达哥拉斯所传达的"高尚的沉思"，认为思想如果与任何收入挂钩，甚至与任何社会实践挂钩，都是不道德的。于是，亚里士多德也不认为自己担任帝王的老师是一种工作或责任，而只是他理所当然获得的尊敬。从学派的名字就能看出，他们认为自己可以凭借哲学家天然的高尚而独立于尘世。他们并非在辅佐国王，而是通过国王确立自己"观众"的地位。

毕达哥拉斯对数学的推崇令柏拉图相信,关于这个世界的任何真理,都可以通过数学般严谨的逻辑得以证明,并且都存在一个像数学那样脱离任何现象、单纯而抽象的实体。这个实体便形成了以柏拉图为开端的"形而上学"。柏拉图强调,这个世界不仅仅由眼前的现象构成,它背后还有某种纯粹而完美的结构或规律在支撑;眼前的现象世界仅仅是理念世界的表现形式,甚至仅仅是幻象。他令无数哲学家相信,这些理念或规律是超然于可见世界的,是隐藏在层层迷雾中的,它们可以像毕达哥拉斯发现数学定律那样,经由最显而易见的公理以及严谨的逻辑演绎而被发现。那么自然,推翻一套哲学理论的方法就是找出其中"演算"的漏洞,而建立一套哲学理论的方法就是让其显得"演算正确"。这个过程塑造了欧陆哲学的传统,虽然其后来受到了经验主义哲学的挑战,但也至少以学院哲学的形式一直存续到今天。

在柏拉图看来,"道德"便是数学式的形而上存在的一种,它和数学一样拥有不受世俗影响的客观标准,并且可以经由严密的演绎而得出标准。道德的纯粹性、思想的纯粹性和数学本身的纯粹性一样,都是一种独立而高贵的绝对存在。这一信念配合哲学家的崇高感,使得他们自信拥有了给道德和人性制定标准的能力,而且他们相信自己的推理和数学家的计算一样,都是无可置疑的。

《理想国》里那个可怕的斯巴达式的反乌托邦国家由此诞生。全书的论述以"假想对话"的方式进行,在不同角色的问答或争论后得出结论。这种方式也是"思辨"这个词的由来。书中特拉希马库斯(Thrasymachus)等许多人物都是当时真实存在的,整个对话展示了这些人的不同观点,但对话本身是虚构的。对话的发展只遵从柏拉图自己的逻辑和戏剧般的内容安排,这是他"演算"自己学说的必要。其中,即便特拉希马库斯展示出一些重要的反对意见,在柏拉图的剧本中也只是作为必然会被驳倒的意见而存在。例如当特拉希马库斯就"善"在社会中的体现方式以及人的内在需要提出疑问时,柏拉图反驳的方式就像是只有他才看到了那个善的"实体",并以公正的名义驳回了一切。对此,书中的特拉希马库斯则像一个提线木偶般表示由衷的赞同。

最终,柏拉图的理想国家的标准里甚至包含一个城邦里不能存在戏剧家和演员,因为表演是说谎的一种。而《理想国》里此类意见的反对者最终都显示出毫无理由的顺从。与其说这种"思辨"是心智健全者之间的一问一答,不如说是一出建立在修辞和辩论术基础上的戏剧。所以柏拉图应该先把自己逐出他的"理想国"才对。

《理想国》所体现的是柏拉图所认为的绝对客观的"善"。与之相比,柏拉图对人性的特征及其需要没有任何兴趣,人只需要服从"善"的要求便是。这种冷漠无法从他的论证中找到理智的原因,只能解释为他个人的好恶。而柏拉图用辩论和演绎的方式,将这种好恶变成了普遍化的"道德"与"正义"的标准。这种标准是他所声称的"数学式"的,因此在他看来是理想而完美的,而这种状态里并不包含人的需要。柏拉图还曾想借助当时政治家的力量实现自己的"理想国",但最后失败了。与其说是政治家拒绝了他的理想,不如说这个理想压根就没有在乎过一个国家和其中任何一位国民的任何需要。但在柏拉图看来,问题不在学说本身,而在于人的世俗需要本身就是庸俗的。

《理想国》至今仍受欢迎的根本原因在于,它给后世学者树立了一个例证:高贵的是哲学本身;其有关道德与社会的理论,并不需要与真实的道德实践或社会实践挂钩,更不需要在实践中验证。它令人相信:哲学家的思考与俗世无关,哲学家的行动也与俗世无关;同时,俗世又必须接纳哲学家,因为作为观众,哲学家的理性对俗世具有崇高的指导意义——如果那些理性没有真的起到实际上的指导作用,比如像《理想国》那样,那是因为它理所当然高于俗世。这样的自相矛盾并没有被揭露,反而强化了"理性"不容置疑的观念。流传至今的现象便是:没有人愿意生活在《理想国》描述的国度里，但几乎所有哲学教授都愿意给学生推荐《理想国》这本书，或者去看一出关于《理想国》的戏剧。

　　《理想国》带来一个后世默认的认知方式：关于道德的论述永远可以按照自己的意愿，在一种看似"理性"的推理过程中，得出自己早已预设的答案。"理性"变成了一种辩论术和传播力量所使用的工具，因为它从根本上否定了一个基本事实：很多道德问题本身并不能像数学那样，可以通过"演算"过程得到。这一点直到经验主义哲学兴起才得以改观，但由于其深刻的根源，直到今天，"理性"依然在无数的道德讨论中深入人心。道德被客体化，并由此成为一种工具和武器。这种被错误认可的"理性"产物有一个前文提及的巨大支撑：纯粹的沉思与理性已经足够高尚了，所以就算错了又有什么关系呢？

　　这种理性高高在上的逻辑形态延续至今，影响深远，并形成一种对标准制定者的崇拜，以配合标准制定者的自我陶醉，比如人们时常谈论的以"诺贝尔奖"为代表的各种奖项。树立某种至少在一段时间内有效的标准固然是令人尊敬且具有激励作用的，但依靠旁观者的奖赏来肯定实践者的成就，这样的社会文化并非多么健康。它延伸为更为广泛的 21 世纪当代症结：社会规范成为规则制定者的游戏，并由此对真诚的道德实践产生了一种精致的排斥。一切道德实践只需要符合表面的规则，也就是所谓的"程序正义"，至于规则之下的"精明操纵"则理所当然是对道德无所伤害的。因为这些规则，比如法律本身，都是经由"理性"的方式产生的，所以只要符合了规则，那么任何手段都可以被看作在理性约束的框架之内。这使得任何道德标准都不再具备对个体的实际作用，因为"卑鄙"与"合法"并不冲突。一方面这当然保证了一个文明社会的运转，但又难免让其中的个体陷入道德的虚空以及价值认定的虚无当中。

　　柏拉图的论述过程与其说是一种演算，不如说是一种修辞，而修辞的重要性贯穿了古希腊的文化和社会生活。同时,哲学家凭借理性而以观众自居的观念,与古希腊的社会形态是相互呼应的。在当时,绝大部分"爱智慧的人"都是自由市民,他们相互之间平等而民主,但他们都要依赖奴隶的劳动。他们将其视作理所当然:享受闲暇是高尚的,下等人才需要劳动。上等人的沉思之高尚是自洽的——因为沉思,所以高尚,也就没有改善下等人生活的义务。奴隶则处在下等人之下。古希腊固然是一个强调平等的文明,但在这个文明里,平等与奴隶和女性无关。在古希腊最辉煌的年代,也没有哲学家想过去改变身边奴隶的处境——至少,没有任何这样的论述被保留下来。即便被视作道德楷模的苏格拉底,在他死前所发表的高尚言论中,也仅有对身为自由民的公众之愚蠢的同情。

这种漠视成为逻辑链条上默认的习惯,以至于当基督教终于意识到了底层民众的存在并开始对他们讲话时,人们也欣然接受了自己"罪人"的身份。沉思的高尚性,以及对自身地位的认同感,通过"对底层民众不必抱有责任感"的逻辑习惯结合在一起,再通过修辞让一切思考飞向远离世俗的高处,这一切看起来顺理成章,以至于即便在书写"西方哲学史"的后世欧洲学者眼中,古希腊的奴隶都常常是可以忽略不谈的。

到了19世纪,为了追溯工业力量的深远传统,古希腊文明甚至被定义为"城市文明"。谁都知道城里人单靠自己是活不下去的,因此不可能有任何文明是"城市文明",除非起这个名字的人根本没把城市之外的人看在眼里。19世纪的奴隶贸易显然还是合法的。我相信奴隶主们不一定关心哲学,但他们完全可以从古希腊的哲思中、从哲学的历史中,找到自己是高尚之人的依据。

我并非站在现代哲学的立场上,脱离古希腊的实际背景,去指责古希腊的智者缺少人文精神。但是,无论如何,对最底层人的漠视并非一个古代文明的必然面貌。一个人会同情另一个人，这并不需要多么现代的教化。在中国，"亲民"的思想最迟在孔子的时代就出现了。在中国智者的脑海里，底层民众从来都是需要被关怀和考虑的一部分，即便墨子认为应该对民众施加严格的法律，"民"也是被作为"人"来管理的。因此中国从来没有结构性的奴隶制度，而且至少在理念层面，君主被要求作为全体民众的服务者和奉献者。思想者则必须是教导并辅佐君王，令其造福于民的。在这个系统里，没有人自视为高高在上的"观赛者"，每个人都必须付出更多劳动并承担更多责任。尽管思想者常常无法避免社会实践中出现的不公，但他们无论在理论还是实践中，都拒绝为奴役寻找任何的合理性，并以无法避免奴役为耻。

不仅中国如此，最早明确提出"社会平等契约责任"[1]，以及"人是自由和理性之代表"[2]的是穆斯林的哲学家——这或许与人们从今天的畅销书中获得的印象不符。柏拉图认为自己是高尚的，是理性的代表，但绝不认为每个人都是。而《古兰经》则说："一个人绝不能忘记自己是世界的一部分。"这里的"人"是指每一个人，而不是古希腊智者口中的城里人。

相对应地，既然要造福他人，中国的高古智者们也就没有将沉思与实践分离，更没想过将纯粹的沉思崇高化。《古兰经》也强调把宗教实践和世俗生活结合起来是正当的。有识之士应该让世界变得更好，这并不是多么伟大的见解，更像是人的本能。从远古开始，中国的思想者就主动投身于世俗与大众之中，为了获得改变世界的力量，他们常常看重自己对皇帝的影响力，并切实地投入改良社会的实践中。他们并不把"高尚"看作可以经由标准或思辨去量化的东西，而是基于实践结果

[1] Marshall G. S. Hodgson, *Rethinking World History*, Cambridge University Press, 1993, pp. 111-116.
[2] 约翰·霍布森. 西方文明的东方起源. 孙建党，译. 山东画报出版社，2010:159.

的内省：自己究竟在何种层面和程度上让世界变得更好了。柏拉图以及他后来的信徒们不这样认为，他们认为道德实践上的瑕疵无非是有趣的"轶事"而已，反正他们可以随时用自己的学术辞藻来改变有关道德的规则。

这些区别并没有让中国在任何意义上成为一个具备"更高"道德情操的现代国家。如果把不同的思考方式都看作追求智慧与文明的努力，那么它们本无高下之分。但是，现代学者继续奉行标准制定者的方法：贬低中国文人的实践是"实用主义""讨好皇帝"；穆斯林的人文思想则是古老而不可靠的理想主义；只有古希腊的"逍遥"代表了人类的崇高与纯粹……这是很容易获得认同的，跟"女性穿得暴露就是为了勾引男性"异曲同工。

这样的卑鄙并非源自任何"文化隔阂"，而是源自哲学自毕达哥拉斯开始树立的形态：思想的掌握者不仅是崇高的，而且居于旁观的评判者的地位，有设定标准的能力与权力，因为理性从根本上是神赋予的，是崇高的。这种崇高令哲学家甚至可以定义"神"本身。可是，崇高地位的确立必然伴随着对他者地位的践踏与漠视。当神授的理性与基督教相结合之后，这种践踏并没有因为其理性而进步。

这一源自古希腊哲学的逻辑又反过来影响了人们对哲学的认知本身，并表现为一种精致而理性的狡猾。例如翻开奎纳尔·希尔贝克（Gunnar Skirbekk）和吉列尔（Nils Gilje）的《西方哲学史》（*A History of Western Thoughts*）的第一章，会发现除了"古希腊城邦"的思想之外，还有"古代印度思想和古代中国思想"；这种比较也许是必要的，但寻遍后面的章节，直到 20 世纪的海德格尔（Martin Heidegger）与罗蒂（Richard Rorty），就再也看不到欧美之外的思想家了。这便是普遍的"西方哲学史"舞台的一个隐藏观点：古希腊的智者固然是与其他古文明中的智者并驾齐驱的，但只有"西方文明"才诞生了真正的现代思想，所以后来的"东方思想"不值一提,仅仅是衬托古希腊文明的古董而已。由此,"哲学"便成为只有"西方"才有可能诞生的、崇高且代表了人类文明高度的产物,因为只有"西方"是"文明"的,才可能诞生哲学。"文明"的标准又是哪里来的? 是哲学里来的。

毕达哥拉斯和柏拉图毕竟在寻找一条追求智慧的路径。根据人类智慧传播的基本规律,每一位前人的思想都是在后世的筛选中逐渐产生影响的,他们本人并不能决定用自己的哪部分去影响后人。那么谁需要为今天扭曲的文明史负责任? 没有人。每个人都是严谨而虔诚的研究者而已,只是偶尔会有意无意地体现出一点人性的偏见。现代主义思潮认为,人是在进步的,这点无伤大雅;但现代主义思潮还因此认为,人天然就拥有对前人的思想"取其精华"的能力,这往往与事实相反。聪明的庸才偏爱那些容易理解、容易传播且更有利于自己的部分。偏私与卑鄙就由此被放大。学说越是被仰望,那些卑鄙之处就愈发显得合理,或者说有些仰望本身就是卑鄙的。

2

形而上学的起源
——哲学的新神话

　　早期古希腊哲学中的宗教感、数学以及逻辑的结合，终于在柏拉图的实体论中成为一个明确的形态。这个形态将世间万物及其相互关系分为不可见的"实体"与可见的"现象"。柏拉图相信存在一种超出一切可感现象之外的"实体"，并认为这种"实体"只能通过纯粹逻辑和理性的推演去认知。对"实体"的讨论广泛地存在于从泰勒斯到苏格拉底的许多智者的思考中，并终于在柏拉图那里形成一个可供追溯的节点。这是一种自圆其说的、无法证明的、却又难以辩驳的理论推演。对这一"实体"及其认知方法的讨论，就逐渐构成了哲学中的"形而上学"。"形而上学"不仅贯穿了基督教对上帝的合理性的论证，也贯穿了人们对某种"真理"的探寻——因为"上帝"和"真理"都属于某种统摄着一切可见现象的不可见的"实体"。

　　"形而上学"这个名词并非来自柏拉图或亚里士多德，而是来自后世哲学舞台的追溯。这个名词最初见于亚里士多德的著作，他在讨论了物理学之后，又论述了基于柏拉图的实体论的内容。因为这部分内容在当时并没有现成的学科分类，所以亚里士多德称之为"第一哲学"，也可以理解为"对智慧的爱的依据",可见亚里士多德是很重视这部分内容的。那本书的编辑者,另一位古希腊哲学家"罗德岛的安德罗尼卡(Andronicus of Rhodes)"根据这段论述的位置,将其标注为"在物理学之后"。后来,斯多葛学派第一次尝试为"对智慧的爱"分类。这个分类的行为,意味着"对智慧的爱"终于成为一个完整的学科,可以被称为"哲学"了。他们将哲学分为"逻辑""伦理"以及"物理"三个部分。其中的"物理"又包含两部分:一部分是物质世界的结构;另一部分就是亚里士多德所说的"第一哲学",或者说"在物理学之后",可以看作对前一部分的概括。

后世的阿拉伯世界学者进一步误解了词义,将"在物理学之后"理解为"在物理学之上",这似乎更加接近"第一哲学"的本意。"形而上(metaphysical)"这个概念由此诞生了。这个概念随着文艺复兴的进程重返西欧,并在新时代的善思者当中掀起了重新审视柏拉图与亚里士多德的热潮,中世纪的黑暗由此打破。"形而上学"从那时开始,在哲学舞台不断搭建的过程中,才真正成为哲学里的一个学科。在柏拉图和亚里士多德心目中,"形而上学"本来还不存在,那仅仅是他们讨论一切问题的必然开始。

回到柏拉图的实体论。他认为世间每种具体的事物,只要被认为是一个独立存在的事物,就有自己的一个完美原型。比如每只猫都来自一只唯一的、不可见的、决定了世上每一只可见的猫的基本特征的、完美的猫;或者说一个唯一的猫的"实体"。这只猫无法被看见,只能通过理性去认知。那么,如果说一只猫有很多根毛,是不是每一根毛也都是完美的呢?当然,如果一只猫是完美的,那么每一根毛也都是完美的。

这又广泛地影响到后来的分类学甚至仓储管理:人们之所以需要研究事物的分类,首先是认为某一种分类更加接近事物本身的特质与规律。这同样源自实体论的认识，例如，一只猫的毛首先属于那只猫，而不是首先属于所有的毛发，所以猫有自己的实体，而毛发却没有。当然，对毛发进行分类也是可行的，但"猫的毛发"与"人的毛发"的区别，肯定要先于"黑色毛发"与"白色毛发"的区别。如果不先从实体论的角度确定这一点，那么一切都无从谈起了。这样的例子很多，比如人们会毫不迟疑地认为空气中的水和海水中的水首先都是水，也是基于这样的分类法。

实体论也让柏拉图自己陷入了一些麻烦。他认为"大"与"小"这样的特性也是拥有"实体"的，于是他无法解决一个很简单的问题：如果一个人比另一个人高，又比第三个人矮，就陷入了自相矛盾的境地。他的关乎高矮的"实体"到底是高还是矮呢？这种荒诞的问题在许多形而上的讨论里都曾出现，因为逻辑的一致性是很难保持的。

柏拉图似乎得出了一些很荒谬的结论，一个人怎么可能既高又矮呢？但是，一个人如果胆敢嘲笑这一点，那么最好先反思一下自己的日常思考是否能保持基本的逻辑统一。比如中国的时评人总喜欢说"中国人就是被孔子教坏了"，似乎包括他自己在内的所有还不坏的都不是"中国人"了。归根结底，这也是受到了实体论的影响：似乎所有中国人都属于一个完美的"中国人"实体。然而分类学的一个基础在于，这种由复合名词来形容的事物是不具备"实体"的，比如不管我养了几只猫，"我的猫"都不是一个"实体"。这看起来一点也不难，但那缥缈而荒谬的"中国人""西方人"等归纳却总能大行其道。愚蠢的人总以能够总结规律为荣，其中的部分原因便是柏拉图以来的形而上学实在太深入人心。

作为形而上学的基础，实体论对今天的影响无处不在。比如当人们从一件事物中领略到某种模糊的、难以言说却又切实的、关于"美"的经验时，如果这个人是善于思考的，便很可能希望推导出某种关于"美"

的一般标准。这是因为人们普遍相信,任何现象、感受,任何实在的经验,都源自可以导致同类经验的、不可见的"实在"。这种"实在"对于"美"来说,是某种永恒的审美规律。今天的大众在观看艺术的时候常常发现自己审美能力的缺失,并期待得到一劳永逸的、关于美的标准或者"什么是好艺术"的答案。另一方面,即便是最专业的美学研究者,也会发现"美"的标准是难以总结的。归根结底,美是一种经验,而非形而上的理念,所以它没有先天的规律可循。

其他的规律或准则,比如"正义""真理""道德"也是同理。对这些概念的信念显然对人类社会的发展起到了重要的作用,但这些词汇所说的东西,真的是以某种可以推论出的形而上理念的方式存在吗?一个善良的人能体会他人的痛苦,并力所能及地帮助他人,但如果他无法告诉别人"什么是善",他是否就真的不懂得"善"呢?

从实体论开始,人们倾向于无理由地相信有某种不可见的、客观的、永恒的、支配着世界运转的"规律"或者"真理"存在。很多时候,整个"哲学"体系都被误认为就是对这些形而上的"实体"的寻找,因为"实体"是否存在这一点似乎已经不用讨论了。可以说"形而上学"常常被当作"哲学"的全部。即便是一个自称海德格尔信徒的哲学教授,也时常会不自觉地把最基础的形而上学的逻辑导入自己的讨论中,并对自己论述的谬误之处毫不自知。从亚里士多德开始,形而上学的确被当作哲学中的第一要务——即便一位哲学家不这么认为,也要首先给出自己的理由。在某种程度上,"形而上"的确成了人类对某种超乎自身的"高处的智慧"的信念本身。

柏拉图以实体论为基础,继承了苏格拉底关于"善"和"灵魂"的讨论。他将灵魂分为"理性的"和"非理性的"两部分,并认为一切经验的知识和感官的需求,最终都仅属于非理性的部分。理性的部分只与数学和对"实体"的某种数学式的领悟有关。进一步地,也只有这部分与

"善"有关。这一点很关键,因为这样一来,不仅一切基于现象的实验科学与"善"无关,连人性的基本需求也与"善"无关了。柏拉图的这些学说与实体论构成了一个整体,并体现出一种信念:"善"是与人性或生活现象无关的;它不是常识的,不是经验的,而是绝对的,像数学般可以证明的。这一对"善"的定义法的具体结果出现在前一章提到的《理想国》里。

《理想国》的同情者会辩解说人性的复杂本来就需要理性去规范,由此才能得到"善",所以柏拉图仅仅是规范过度了,不应该被如此责备。这种辩解恰恰就源自形而上学灌输的一个逻辑预设:"善"在人性之上,而非在人性之中。这在大部分时候看起来仅仅是概念差别,无伤大雅,但这个预设支持一个基本的理念:只要以"善"为目的,就可以用一个设定的理念去随意规范和规训人性。这样的理念虽然具体内容不尽相同,但它们都相信,任何人性内在的部分,即便是符合"善"的,也仅仅是恰好符合了外在的数学式的"善"。人性的内在需求是无需被先决地考量的,仅仅需要被评判和规范。柏拉图的错误不在于对人性的规范过度,也不在于他认为自己可以去评判,而在于他认为自己有设立规范标准的资格。

柏拉图的实体论被亚里士多德进一步发展了。后者延展出一整套包括"演绎法"和"归纳法"在内的逻辑体系,并将"实体"与"现象"的逻辑关系,与语言学中的词汇和语法结构结合在一起。这种结合的基础理念在于,语言也是来自一个完美"实体"的,并组织出对每件事物的称呼方式,因此语言和万物的"实体"之间有着天然的联系,也就成为认识"实体"的通道。这使得后世的形而上学发展出基于语言逻辑的分析方法。其中最具代表性的就是对"上帝"之存在的论证:既然有了"上帝"这个名词,而且这类名词在各种语言中都有其存在的形式,那么它就一定对应着某种"本来就在那里"的存在;这个存在如果不是上帝,还能是什么呢？

语言学与形而上学的结合，可以看作原始的文字崇拜在早期理智中的延续。它虽然发展出一整套自圆其说的逻辑，但从来无法正面回答：为何事物的存在与语言和语法息息相关。这种逻辑关系与其说是理性的，不如说是源自单纯的对理性的信念。可是，这一套逻辑实在太迷人，它的权威形象太过高大，对结构主义的影响也极其深远，以至于它虽然已经在后世哲学发展的历程中被推翻了无数次，至今却仍作为哲学的必修课程保留下来。从语言学开始，哲学具备了一种别的学科不具备的特点：哲学没有"过时"的内容。如果今天的一位物理学家开始研究地心说或者以太论，他的同事不会认为他是在搞科学研究，顶多是个人兴趣；但今天的哲学家如果学习柏拉图的实体论或者索绪尔（Ferdinand de Saussure）的语言学，却依然会被看作在进行哲学研究。这固然也有一些特别的益处，但足以证明人的思想并没有像科学那样发生任何进步。同时，学习哲学和思想也就注定不会是那么复杂的事情。

另外，亚里士多德引发了后世对一个模糊概念的使用习惯，就是"本质"。他说每个具体的事物都有其"本质"。"本质"是每一个具体而可感的事物所拥有的内在特质，由此区别于同类事物所共同拥有的那个完美而不可感的"实体"。两者的共同点在于，都只能通过理性而非感觉去认知。但是，"本质"究竟是什么，亚里士多德以来没有人解释清楚过。比如，今天当人们说"这个人的本质不坏"的时候，通常毫不怀疑一个人是有其本质的，但这个本质到底是什么？是性格、人格或者想法，还是以上的总和，甚至灵魂？仔细一想，似乎怎么理解都对，那就意味着这个概念本身是不准确的。

在形而上学的发展中，"本质"又常常和一个事物的名字结合在一起。根据名词和实体的联系，名字就代表了事物的存在状态。一个东西如果有了自己的名字，就表示它有了自己的本质。这就像两个人认识的时候，一定要先知道对方的名字，不然就算不上认识，似乎名字代表了某种超越身份的一个人的核心。"本质"理论发展到后来，一个概念的出现甚至就能令人相信它所指的事物存在，比如直到18世纪才出现的"西方"和"东方"。在这方面，维特根斯坦（Ludwig Josef Johann Wittgenstein）已经作出了充分的说明：哲学本来不用这么牵强。但即便是一位熟读且同意维特根斯坦观点的学者，也很可能在谈话甚至论述中不经意地继续使用"本质"这个词，因为这个词实在和"真理"一样，太深入人心了。

"本质"这个概念预设了每件具体的事物都有其内在的、唯一的决定性特质。这个预设进一步弱化了可感知的现象的地位：现象要么仅仅是某个似乎永远飘浮在天上"实体"的副本，要么仅仅是自身某种"本质"的显现，或者两者兼而有之。"感觉"与"直觉"的地位自然降低了，"理性"便几乎成为理智的唯一标准。许多看似"理性"的评判便可以更加地简单粗暴。这对今天的影响十分深远，比如人们往往因为自己使用了"本质"一词而沾沾自喜："西方人的本质是工业文明，中国人的本质是农业文明。"——无论这句话从语法到逻辑显现出多少荒谬之处，说话的人都自认为笼罩在理性的光芒中。

亚里士多德将对个体"本质"的理论应用在人性与善的关系方面，并建立了"心灵"与"灵魂"两个概念：首先，亚里士多德认为"心灵"是不受肉身束缚的，"灵魂"则是依附于肉身的，因此"心灵"比"灵魂"更加独立于个体的生命，就像永恒之物独立于非永恒之物那样；另一方面，"心灵"并不源于个体生命，也不属于个体生命，但它仍然是个体生命的一部分。也就是说，个体生命中带有某种永恒之物的碎片，这种碎片就是"心灵"。他还认为"心灵"在个体生命中的存在感，体现在个体对数学这类永恒知识的理解中。与之相对的，"灵魂"只能感知和理解现象。结合他的"本质"说，他认为是"灵魂"让万物拥有了个体化的"本质"。

"心灵"则超乎这种本质,来自神的不朽本身,因此"心灵"更加接近柏拉图所说的那个"实体"。

看上去,亚里士多德所说的"心灵"与"灵魂",仅仅是柏拉图划分灵魂的理性部分与非理性部分的另一种说法:"心灵"是理性的部分,"灵魂"是非理性的部分。重要的区别在于,亚里士多德认为"善"是幸福,而幸福是源自"灵魂"的。也就是说,亚里士多德认为,"善"源自事物的个体部分。这让"善"从人的外部回到了人的内部,并从一种实体转变为内在现象。

为此,他还将柏拉图所说的非理性部分的灵魂作了重新阐述:非理性的灵魂应当分为"生长"和"欲望"两部分,"生长"的部分是最基础的,而"欲望"的部分,只要不超出一定的限度,也是属于"善"的。换成亚里士多德自己的概念,便可以说:个体的"欲望"是个体的"灵魂"的内在特质,它与"心灵"的理性与永恒特质并不矛盾,因此个体的"欲望"也是"善"的一部分。这是亚里士多德对人性的阐述当中至关重要的部分:他是承认人性之需要的。

不难看出,亚里士多德认为人性需要通过更为内省的观照去认知,这种内省是基于对"欲望"的经验和直觉认知的,这与后来的经验哲学有着相似的出发点。从可见的学说来分析,这无疑与亚里士多德对个体事物的"本质"的兴趣有关。虽然"本质"削弱了个体事物的一切可见表象的重要性,但它让个体事物有了可供探究的内涵。这终究成为一种经验的自省,并承认了人性在"善"当中不可忽视的地位。相比之下,柏拉图对人性和任何个体事物都是缺乏兴趣的。二者学说的区别归根结底,与其说是理念上的不同,不如说是不同的哲学家之间心性与性格的显现。

由于亚里士多德对"欲望"进行了程度上的划分,认为只有适当的"欲望"才是善的,因此对欲望程度的规范也贯穿了他对道德的讨论。根据形而上的理念,他总结出对道德模范的要求:这个人既不失尊严,也没有傲慢；既爱憎分明，又隐忍感情；既慷慨大度，又从不炫耀这种慷慨大度；既能时刻真诚，又能委婉谦逊……这样的规范看上去并无问题，但它们几乎是无法实践的，或者说即便抄在小本子上时刻遵守，也只能是个令人同情的虚伪形象。

中国的智者讨论过人的品格会如何表露，许多描述与亚里士多德是十分接近的。根本的区别在于，亚里士多德所设立的标准是需要去遵守的，而这些标准在中国的智者看来，并不是需要被遵守的，而是人达到一定境界后必然流露的结果。例如"谦逊"，对中国人来说是认识到"天地生物之心"之后的必然表现；再比如"孝"也是一种天然的显现。在孔子看来，"孝"和饿了要吃饭一样，都是人性的本能，一个人怎么可能对父母没有感情呢？进一步地，人可以在自己的天然表现中观照自己的人性，比如通过自己对父母的天然的爱，体会人性中更加广泛的爱心。"孝"是自我发现的开始，而非自我规训的规则。如果仅仅把"孝"当作规范去遵循，则是自己天然的人性被遮蔽的表现。

亚里士多德讨论的"标准"是被界定的规范，而非内心境界的表露。他关心的是哲学家的道德约束。这些道德标准虽然考量了人性中的欲望，但人性并非亚里士多德得出任何标准的依据。他的依据更多来自自己对道德的直觉认知。在这点上，亚里士多德和柏拉图一样专注于制定标准。

亚里士多德和柏拉图对标准的关心大于对人性的体察，其根源在于他们对"自然"的更深层的看法。亚里士多德的所谓"自然"一词是"phusis"，这个词并非我们今天所知的自然，而是更倾向于"性质"。正如他所说："一件事物的自然是一件事物的目的，它就是为这个目的而存在的。"[1]亚里士多德的"物理学（physics）"就是来自这个词，是"目

---

[1] 同 p4 注 1，p262。

的之下的物体变化",或者说为了各自的"目的"而变化着的物体。这源自古希腊早期的,也是亚里士多德所深信的"目的论"。他认为,自然界的一切变化都是为了一个内在的固有的"目的"才产生的,比如种子的目的是成为一棵大树,河流的目的是汇成海洋。这些"目的"与事物内在的"性质"相通,而非与事物展现出的外在面貌有关。柏拉图的宇宙论持有同样的看法。亚里士多德所说的"自然",让今天的"nature"一词拥有了"现象之下的性质"这个意义;它与"nature"的另一个意义恰恰相反,即"自然而然的现象"。

重要的究竟是现象本身,还是现象的目的? 亚里士多德和柏拉图都认为是后者。"自然"也是因其目的而值得重视的。"目的"与形而上学中的"实体"有着异曲同工之处,那就是对"终极之处"的重视。作为通往终极的过程,现象本身的固有与复杂是可以被绕过的,或者仅仅是被归纳的材料,而非探索的对象本身。在人性的层面也是一样:人性与自然都必须去达成自己的目的,所以它们自身的需要并不是第一位的。因此亚里士多德才认为给"善"定下规矩,要比了解善与人性之间的关系更为重要。

同理,亚里士多德对基于个体现象的"自然科学"的兴趣,实际上源自他对"目的"的兴趣,而非对现象本身的兴趣。他认为世间现象虽然有趣,值得探究,但它们归根结底是"实体"的副本,因此它们展现出的现象并没有它们所依附的规则和目的重要。他所谓的"物理学"并非基于今天自科学式的(也就是基于现象的)观察和实验,而是由形而上理念所想象的某种规则决定的。这首先要服从神的意志,其次要符合自圆其说的概念体系,而非以实验和观测为基础的科学逻辑。亚里士多德的物理学一直统治着欧洲,直到伽利略(Galileo)带来了真正的科学方法为止。亚里士多德被塑造为科学的奠基人是毫无道理的,与之相反,正如罗素(Bertrand Russell)所说,在伽利略之前的欧洲,亚里士多德的自然观是"科学进步的最大障碍"[1]。他所谓的"自然"更是阻碍了欧洲人对真正自然的认知。

比如行星的公转,在亚里士多德看来,公转本身就是行星内在的目的,因此是"目的之下的自然",是不受外力干扰的。可是牛顿告诉人们,行星的公转是受到了外力的作用;这从"目的论"的角度去看就是不可接受的。"目的"让自然界许多复杂而深刻的现象间的相互联系变得可有可无了,这不仅让基于现象的"情感""审美"变得可有可无,也让实验科学变得可有可无。这带来的后果就是欧洲成为古代文明中最晚发展出实验科学的地区,即便被视为先驱的罗杰·培根(Roger Bacon)也只是在普及他从穆斯林科学家那里得到的知识而已。如果说哪个地方曾经明确地拒绝过实验科学,并因为其理念而系统性地迫害从事实验科学的人士,启蒙运动之前的欧洲可以说当仁不让。

中国的智者则相反,他们认为自然既没有目的,也没有本质,而是"自然而然"的。自然的现象本身就是最重要的启示,人性也是如此。外在的道德标准是不存在的。因此他们将人性与自然看作约束自己的力量,并在无数的具体现象中寻找自己对某种经验化的、无法用理念归纳的领悟。所谓"良知",简单来说,就是通过具体现象,体察自然中的善和人性中的善,并且让自己的行为随时随地都出于这两种善的驱使。"良知"是没有具体条款和标准的。"善"本身就存在于自然万物的具体细节当中,并等待被发现和模仿,而非任何可以被追求的标准。"有德之人"也仅仅是对一个人一生行为的回顾性总结,它们无法通过任何预设的行为规范去达成。这就是中国的思想家强调"知行合一"的另一个原因:"善"无法通过符合标准去完成,它最终体现在一个人的具体行动当中。

---

[1] 同 p4 注 1,p263。

显然，这样的区别并不妨碍古希腊出现一个真正的"有德之人"，也不妨碍古代中国出现一个"伪君子"。但古希腊对道德标准的讨论方式对后世产生了深刻影响：道德是可以有标准的，如果做到了这些标准，那么内心怎么想似乎都不重要了。这便在根源上允许了某种普遍存在的、尤其在现代世界愈演愈烈的、无法通过道德律去归纳的虚伪。中国的智者则给后世留下了太少的规范，行动中的"善"在很多时候是只有自己能分辨的，它是一种自我约束，却很难具备推而广之的力量。于是他们的只言片语也在明代以后逐渐退化成外在规范，并成为解释自身虚伪的理由。这种退化本来仅仅是出于教化大众的方便，但后来却无法再具备任何教化功能了。

本章讨论到的概念也许过多了，但形而上学基础中的原有概念比本章节提到的复杂许多。单单为了搞清楚其中无止境的细枝末节，以及无数概念在漫长时空中的变化辗转，比如"唯名论"和"实在论"的各种区别，就足以令许多哲学爱好者殚精竭虑。人们愿意相信这些概念能带来前文所说的某种崇高的沉思，因此这些概念在宗教般的氛围中获得了类似咒语的力量。它们象征着古希腊毋庸置疑的概念制造水平，也成为阻碍后世智慧的高墙。哲学舞台更喜欢戏剧化的复杂，同时喜欢简化那些真正复杂的部分——就像所有的舞台一样。

"形而上学"让后世的许多哲学家有了充分的理由相信："哲学"本身可以与"人性"无关。哲学关乎纯粹的理智，而人性则包含了天然的缺陷，因此需要被排除在理性的讨论之外，等待理性的裁决。而"理性"也正是在这个时候成为残缺而自负的理智。当然，"形而上学"也给后世留下良好的信念：道德无论如何是崇高的，它和正义、真理或者"至善"一样，是需要去追求的。

最近有一位学生问了我一个问题："如果赫拉克利特思入的'存在'是出于自行遮蔽的持续涌现，那么亚里士多德是否把'存在'思为在场化的一种方式?"他的确比我更像是在研究古希腊哲学,因为他的语言更像是在喝醉以后说出来的。如果读者看不懂他说的话,甚至感到其中的词汇不属于任何中文规范,那么不要怀疑是自己的哲学素养不够好,只是他把语言的扭曲和深刻当成了一回事。这样的虔诚带来为思考而思考的习惯,并或许会伴随着痛苦的醒悟。如果那醒悟不是那么痛苦,也许后现代思潮的解构就不会来得那么凶猛,以至于连正义和良知本身都被波及了。

形而上学还对后世产生了一个无比深远的影响,就是二元对立逻辑的固化。从实体论的"现象"与"实体"之对立开始,这个世界的任何东西,都常常被两相对应的理念所认知和归纳。这与每个人脑海中每一个最细微的念头都息息相关。正因为有二元对立,才有了"外表"与"本质","形式"与"内容","表象"与"目的","原因"与"结果"……在语言层面,才有了"能指"与"所指";在科学层面,也才会有"事实"与"规律";在哲学层面,也才会有"现象"与"真理";在历史层面,也才会有"进步"与"倒退";在文明层面还有"东方"与"西方"……二元对立逻辑起源于形而上学。甚至在中文的翻译里,"形而上"与"形而下"的对立本身也是如此。

人类对二元逻辑的迷恋,似乎可以归结到人的身体结构就是以左右对称关系为基础的。从人类的思考来说,似乎没有什么比二元对立更加本能的逻辑了。"上"与"下","左"与"右",这样最简单的概念与其说与形而上学有关,不如说与人类天生对时空的感知方式有关。形而上学只是把这种感知理念化了。

在二元对立的逻辑里,这个世界就像是被画了一条线:任何事物都必须选择在这条线的某一侧存在,而与此同时,这条线的另一侧都会有一个它的对立面存在。如此一来,就只有这条线本身是没有对立面的。这条线便是二元对立的结构本身,它是先验的,必然的,无需证明的,脱离万物的,并且引导着万物的存在方式。这个结构不是任何学科去讨论或证明的对象,而是许多学科展开研究的前提。因此,在欧洲的思想脉络里,基于二元对立逻辑的学说被归纳为"结构主义"。它贯穿了从柏拉图到解构主义之间的欧洲思想,并体现在哲学、历史、美学、法律、经济等一切具体的人文学科中,甚至也体现在一切追求"终极真理"的研究当中。在思考的最深处,以及生活的最日常处,结构主义的影响都是无处不在的。

这一影响带来了许多美好而单纯的信念,这些信念支撑着人类长久以来对真理和正义的追求。例如人们倾向于相信"正义终将战胜邪恶"——虽然没有谁能说清什么是"正义",什么是"邪恶",怎样算"战胜",以及什么是"最终"。一个人即便没有信仰,也常常在信仰着自己的这套逻辑。不难发现,总有一些东西很难被归入这样的结构和逻辑里,它们往往被称为"特例",就像家里一切无法拿上台面的东西,都被扔进乱七八糟的储物间里那样。所有这些"特例"才是世界上最重要的东西,而直到很久以后,终于有哲学家说,这个世界上的每件事物都是"特例"。

3

孤独的思想者

——中世纪之前的智慧火花

在亚历山大大帝和罗马人统治的时代,希腊人的活力逐渐转变为对过往的怀旧。那个时代虽然整体上是尊重希腊的,但并不需要他们的理论——整个社会需要为生存付出更多努力,分工逐渐细化,身份结构更加稳固,疆域的扩展让国民结构更加复杂,战乱和变故更加频繁。至少在统治者看来,一切都在务实的规则下运转良好。

哲学家对世俗事务高高在上的态度在接下来的几百年里产生了负面的影响。他们的学说从来没有被看作务实,于是当他们不得不寻找宫廷的庇护时,就失去了引路人的地位,成为统治者可有可无的消遣对象。亚里士多德之后的"逍遥派"就是如此。古希腊哲学家的特长在于说服社会改变对自己的看法,但是当人们失去对哲学的耐心时,哲学家就只能把自己封闭在另一个世界里了。他们能够从事社会实务,却没有将自己的学说与任何实务结合起来的能力——这不是他们自己的问题,而是"哲学"本身就不务实。维护"崇高的沉思"变得异常艰难,不是因为人们不够崇高,而是因为那是一个需要被"维护"的东西。

从这一点来说,清代以来的中国思想和欧洲思想有着某种共同性:

传统的光环在残酷的时代里不再闪耀;思想家们,以及思想本身,都需要重新寻找自身与世界之间的关系。这时候的大部分人并不会意识到这一点,他们只是本能地想要以讨好的方式变成可以谋取眼前私利的意见领袖,于是思想就变成了马戏团式的表演。那个时代的大部分人也是如此。

任何时代都不能阻止天才的闪光,但任何时代的天才都需要与现实达成一种死亡之外的调和。在这种调和之下,他们会在无法自持的不经意之处显现那个时代的特征。当哲学家们不得不趋炎附势、左右逢源的时候,柏拉图在当初设计"理想国"时那种毫无顾忌地追求人类理想状态的姿态——而非结论——就变得高尚而可贵了。而当哲学家面对一个德行被当作弱点、精神追求被当作妄想,而财产与性命都必须在退让中苟全的世界时,他们的形而上学就会产生变化。

犬儒学派的安提斯泰尼(Antisthenes)只比柏拉图小二十岁左右,但雅典的沉沦让他在中年之后转变了自己对哲学的认识。他反对形而上学里一切复杂的论述,并建立了一套简单易懂却足以令人发现奴隶制需要被谴责的学说。他强调回归自然,并寻求内心的纯善。中国同时代的智者普遍认为感官的快乐源自对自然的回归,因为自然是具体的,人可以从具体的感受中寻求对善的理解。而安提斯泰尼认为,自然的纯善是纯粹理念的,与一切感官知觉没有关系。在这一点上他显然还是受到了柏拉图学派的形而上理论的影响。同时,安提斯泰尼为罗马时代的哲学家开创了一个范例:在一个哲学不受重视的时代,哲学家似乎更应该讨论个人德行与幸福层面的问题。当哲学家们发现自己的修辞不再有人倾听时,他们就会更倾向于自己内在的感受。

安提斯泰尼的学生狄奥根尼(Diogenes)则因为那场与亚历山大大帝之间的对话而出名:亚历山大希望像厚待亚里士多德那样,毫无条件地厚待他,而他让亚历山大走开,不要挡住他的阳光。他以行乞为生,并把流浪的野狗当作自己的典范。这场对话其实也驳斥了亚里士多德的逍遥派接受馈赠的选择。这便是"犬儒"的由来。需要注意的是,"犬儒"里面不含有任何"像狗一样讨好人"的成分。相反,只有"逍遥派"的门生才会那么做。这个无比明确的要点并不复杂,但"犬儒"在今天竟然时常被赋予逃避、讨好、玩世不恭、左右逢源等色彩,简直是明白如雪的知识被愚蠢所歪曲的典范。

犬儒主义中的逃避色彩仍然值得更深入的讨论。首先,这个故事也许是真实的,也许是虚构的。如果这是虚构的,那么它能流传下来,无非是狄奥根尼后人希望强调他的学说的要点:他有另外的选择,他并非因为没得选择而被迫流浪,而是有了足以吸引亚历山大的声名和无数人希求的机遇后,却仍然选择了继续流浪。这是一种"拒绝"而非"逃避"。这就将它与一种走投无路后的无可奈何区别开来。其次,这种流浪时常是作为一种姿态被讨论的,这是它被误解的根源。流浪并非狄奥根尼的行为艺术表演,也不是他说教的手段,而是他一生的实践。一个人花费一生去实践,就意味着他相信这种实践不能仅仅是暂时的,而必须是一贯的、固有的。在行为层面一贯而固有的实践,就不再是姿态。姿态仅仅是为一种观念的表达而存在的,而实践则是对其必要性的体会和领悟。

因此,无论狄奥根尼在表达什么、体会什么,无论他内心的真正想法或收获如何,他都在根本上否定了"沉思"的合理性,因为"沉思"是不需要实践的。一个"高尚的沉思者"不需要刻意去流浪,完全可以待在亚历山大的花园里。"沉思"是与理念有关的,方便传递的,外向的;而"实践"是与个人感悟有关的,难以言说的,内敛的。犬儒主义用实践否定了任何纯粹形而上的理念世界的存在。

狄奥根尼的拒绝也表现了一种绝望:无论他在拒绝什么,他都认为即便借助亚历山大的力量,也无法改善他所拒绝的东西。他知道逍遥学派获得支持并非因为能带来任何与现实有关的改变。亚历山大支持逍遥学派,恰恰是因为他认为哲学与现实无关。就像今天的很多艺术收藏家,他们收藏艺术品并非因为明白艺术与自身的关系,而是因为自己与艺术没有关系。狄奥根尼无法为哲学寻找到与改变现实相呼应的部分——因为柏拉图以来的哲学家从来没有真正回答过这个问题,狄奥根尼也无法想象一个既符合自身的精神需要又符合现世需要的学说是怎么样的。思想要么高高在上,要么一文不值。这在萧条的时代除了感人的故事以外就无法再有什么积极的部分了。

犬儒主义在后来发展为一种平庸的信念,认为即便没有充足的物质生活,精神依旧是可以被满足的。后世的人们倾向于认为,自己的才华"值得"充裕的物质,只是因为运气不好所以错过了。他们没有看到早期的犬儒派拒绝物质的根源在于,拒绝物质对精神的奖励;或者说,他们拒绝以物质奖励精神的社会结构的存在。他们认为物质应该被精神奖励才对。后世的犬儒主义信奉者则相反,他们喜欢因为自己的才学而被奖励,所以不再推辞偶然的恩赐或赠予,也渐渐不再放弃靠着献媚而获取更多物质满足的机会。

哲学的乏力感进一步导致了"怀疑主义"的出现。早期代表人物是皮浪(Pyrrho)和他的弟子蒂孟(Timon of Phlius),他们的基本论证是这样的:在柏拉图和亚里士多德的形而上学说里,唯一能够确定无疑的逻辑是演绎的逻辑,而演绎必须从公认的、自明的、确定无疑的普遍原则开始。那么,这样的普遍原则是否存在呢? 例如蒂孟曾说:"虽然我尝过的蜜对我而言都是甜的,但我无法肯定蜜本身一定是甜的。"在这之前,"如果每个人尝过的蜜都是甜的,那么蜜本身就是甜的",这是被作为普遍原则使用的。但是皮浪问的是:这个"普遍原则"真的可靠吗?显然,即便它是一个常识,也是永远无法被证明的。

简单来说,蒂孟的说法质疑个别现象和普遍理论之间的必然联系,也就质疑了柏拉图和亚里士多德对一切形而上理论的演绎。这与后来休谟(David Hume)的怀疑论十分相似，但蒂孟留下的字句不多，看起来也粗糙许多。的确，柏拉图和亚里士多德对形而上的论述，是建立在许多粗暴的论断之上的，例如语言和实体关系的论断，以及普遍规律和具体现象之关系的论断，等等。二战后的解构主义依然在努力推翻这些论断。

怀疑论的建设性是很有限的。现象与规律之间的必然联系是永远可以被质疑的，它们之间确实不一定是必然的，但也不必妨碍任何认识世界的进程。怀疑论指出其中的可疑性，或许可以提升人的逻辑水平，但永远无法对达成更深入的认知有任何助益。"怀疑论"很容易出现在思想大繁荣之后的萧条时代，体现出思考的倦怠感，以及自以为是的小聪明。其基本方法就像是朝《蒙娜丽莎》扔一只鸡蛋，然后抛出"什么是艺术"这样的问题。这样的讨论一般会以每个人都自认为是一无所知的智者，或者"值得进一步讨论"这样的结论而结束。

在当时，怀疑论也无法带来任何新的思想，而是倾向于用"聪明"取代思想本身。它首先助长了诡辩术的发展。在任何一个思想失去力量的时代，人们都更喜欢看聪明的人争论，通过别人的小聪明来获得消遣，而不愿意费力去了解真正的思考。其更深入的影响，是让人们对思想和神的故事都失去了兴趣，以至于人们失去了精神上的支撑。这就为基督教的兴起铺平了道路，就像二战后的解构思潮为资本主义的胜利铺平了道路一样。

当人们对崇高的追求遭受打击，怀疑与消解的论调就会出现。这些论调在一开始也是以追求真理为名义的，但它们往往会成为随后到来的虚无主义、实用主义以及工具主义的前奏。就像原本看起来很前卫的解构思潮成为资本大潮的前奏一样。到今天，科学的力量似乎也不足以抵御资本了，因为任何思想和科学都可以被怀疑，而资本是无需怀疑的,也只有资本可以跟诡辩术两相助益,让彼此发展壮大。"输赢"以及"真假"的标准本身都可以由资本来制定,于是它甚至可以创造一个"元宇宙"。

这里多说一句,为什么思想常常要在辩论中分胜负呢? 中国古代和古希腊的思想领域都充满了辩论。它是一种思想领域的暴力行为,也是一种受听众欢迎的"比武"式表演。所以即便是一位思想家,对暴力的依赖也常常会超过自身的想象。大自然的美丽景象也是充满暴力的。天与地的平和与仁爱是诞生一切暴力的基础,只有最具内省能力的人才能体会到暴力之下的平静。平静的体会无法通过平静来传播,因此思想的发展本身无法摆脱这种暴力。这便是个体的思想高度与人类整体思想高度之间无法解决的矛盾。

在那样的时代背景下,除了哗众取宠的学说,往往也会诞生独立于世的真正智者。在基督教时代之前,古希腊学派中真正的智者与斯多葛学派有关。早期斯多葛派忙于在萧条的时代寻找内心的落脚之处,于是将学说的重点放在道德和信仰层面。与柏拉图一样,早期斯多葛派也都倾向于把伦理和德行看作需要去规范的对象,只是各自给出的道德标准不同罢了。由于结合了柏拉图世界观的道德论,他们在人性层面也常常是冷酷的,例如他们认为不应该为亲人的去世而难过。

斯多葛派常常希望能在柏拉图的基础上更进一步,却又无法找到新的思想原理。比如芝诺(Zeno of Elea)就明确反对形而上的内容,但他也无法明确给出自己的理由,只能将常识、宗教、道德以及关于神的种种特质的猜测混合在一起。最终,他不得不声明德行和正义也都和物质一样,是坚固的,是有物质性的。这令人想起泰勒斯说世界是水组成的——最终又回到了懵懂的起源。

斯多葛派的克吕希普(Chrysippus)等人并不是那么倾向伦理学,他们对知识形成的过程和人的共同经验更加重视。有趣的是,他们一方面重视被形而上学所反对的感知与经验,另一方面又完善了亚里士多德以来的形而上学的核心,也就是逻辑学和语言学,尤其在三段论、文法以及名词的"格"的变化等方面。这是一个微妙的信号:在斯多葛学派之后,逻辑学和语言学逐渐独立为形而上之外的学科。从这时开始,注重逻辑和注重个人感知也可以不再矛盾了,因为其逻辑的一致性被学科分立破坏了。在这方面,克吕希普等人并没有给出明确的理由和推论,只能推测这似乎与斯多葛学派重视德行,并由此重视个人经验的思考倾向有关。与其说这是形而上学本身的进步,不如说是思辨的高墙也随时会被思想家的常识所穿透——人的感知是切实而无法回避的。这种常识与理论规范之间的矛盾贯穿了欧洲哲学的发展。

另一方面,在一个思想萧条的时代,他们对逻辑和语法的专注,流露出一种超然时代之外的、对纯粹理智的重新关注。这种关注令人想起中国明清时代那些与斯多葛派处境相似的考据学家。他们自以为醉心于纯粹的考据是高尚的,但那实在是一种无可奈何的消遣。斯多葛派的学者们除了高谈道德,就只能一再苛求三段论和语法的严谨性,并由此追忆那"高尚的沉思"。

到公元 90 年左右,罗马皇帝图密善(Titus Flavius Domitianus)开始将哲学家驱逐出境。在思想的萧条到达极致的时刻,一位曾经做过奴隶的哲学家爱比克泰德(Epictetus)却将思想上升到了一个新的层面。他被后世的哲学舞台归入斯多葛学派,一方面是因为他教给学生一些由斯多葛派所流传下来的基本理论;另一方面是因为他的学说在表面看来依然是有关道德和信仰的。但在我看来,他与早期斯多葛学派的苦苦挣扎已经毫无关系了。

爱比克泰德的出身让他憧憬一个每个人都自由而平等的世界。他认为每个人都是"宇宙的公民"。他以教学为生,认为每个人都能获得智慧;他也不认为自己有任何敌人,因为每个人都应该被爱所笼罩。他没有试图为德行制定任何标准,但他给出了基于内省的、提升德行的路径:首先,意识到自己的灵魂是被肉体所囚禁的,并且仅仅服从神的权威,除此之外,人的意志是自由的。由此,内心可以获得人性自发的安宁与平静,不依赖与他人的联系。这种安宁与平静本身就是通往高尚德行的路径,因为道德就源自意志的自由。

对爱比克泰德来说,如果没有自由意志,就根本无道德可言,这是很关键的一点。自由意志与道德是合而为一的,因为一个人的一切思想和行为都源自内心的"感觉"。这种"感觉"源于人的"本性",而人一旦拥有了自由意志,那么任何或大或小的"感觉"本身就体现着人性与神性的结合。这不仅是安宁与平静的,也是最高的德行的代表。

由此,人性与德行不再是柏拉图以来的任何道德律中需要被规范和束缚的对象,而是相反,人性的自由自然而然地带来高尚的德行。也就是说,高尚蕴含在人性之中,而人性是需要以内省的方式去发现的。这种内省的参照是日常的感觉,而各种最细微的感觉最终都呼应着神性。

这与宋代以来的心学对人性与自然的看法非常相似:自然是善的,人性中顺从自然的一面也是善的,是自由的。但是,"顺从自然"并不容易:它需要人不断学习,体察自然的运作,才能让自己的内心与自然一致。这种一致就是自由。爱比克泰德认为"自由"源自神性,理学则认为"自由"源自自然。"神性"和"自然"在某种程度上是一致的。它们很难被条款所规定,却可以在日常的一切行为和思考中显现出来。因此,爱比克泰德也强调在生活的一言一行中体察自身。

爱比克泰德认为每个人在世界上都有自己的角色,都有需要去完成的实践,高尚的德行也需要在这一实践中去体悟。"成为老师"则是他对自己在这个世界所需要扮演的角色的认定。他所践行的教育并非任何知识的传达,而是令人获得精神的自由,从而主宰自己的命运。他的教学基于日常的平实讨论,教学内容除了早期斯多葛学派的学说以外,都是每个人在生活中遇到的各种真实的问题。这与中国自孔子以来的教学方式十分接近。同时,他将自己的行为看作自己思想的一部分,所以一生从未有过任何著述,所有文献都是由他的学生阿利安(Lucius Flavius Arrianus)整理的。

这里面有一个很容易被忽视的部分,就是在爱比克泰德的教学中,斯多葛派流传下来的形而上理论依然是需要被学习的。这种学习并非为了遵循理论本身,而是对自身思考能力的培养。对他来说,知识的重要性已经不再是知识本身,而是大脑所必需的思考实践的一部分。在这样的思考实践中,知识本身所设立的规则都不再重要,重要的是每个学生对这些知识的学习和思考过程。这样的教学没有任何"学术成果",不仅无法让老师凭借自己的学说扬名立万,甚至都无法树立自身的权威。

即便在西方哲学史的舞台上,爱比克泰德的地位也是很尴尬的。流传在中文网络上的评价很有代表性:"作为罗马时期的哲学家,爱比克泰德的思想毫无疑问是有局限性的,但这不妨碍我们取其精华……"[1]这句话首先认为"罗马时期"一定会给哲学家带来局限,却没有看到爱比克泰德正是在这种局限中发现了新的思想形态。"取其精华"则代表了一种经典的态度:"我们不需要他来改变我们的任何想法,我们只需要在他那些符合哲学舞台设定的学说下面打勾就可以了。"这就像在典型的刻板印象里,中国的精华就是毛笔和京剧,玛丽莲·梦露(Marilyn Monroe)的精华就是她的笑脸和身材一样。爱比克泰德无法在哲学的舞台上显得很重要,因为他可供选择的"精华"实在不多。毕竟,能像他那样经历惊心动魄的人性与神性碰撞的人,本来就不多。

---

[1] 引用自搜索引擎提供的网络百科。——作者注

另一位在思想形态上取得突破的是 2 世纪的罗马皇帝马可·奥勒留（Marcus Aurelius Antoninus Augustus），《沉思集》（*Meditations*）便是他留下的著作。在皇帝的角色方面，奥勒留称得上是整个欧洲最受爱戴的君主之一；在思想方面，奥勒留对科学和形而上都没有兴趣。他与爱比克泰德一样，认为每个人都是宇宙的公平造物，而每个人都拥有独立的自由意志；这种自由仅仅受限于宇宙的意志本身。他也认为，自由意志能让一个人发现自己的"本性"，并且成为高尚德行的来源。

与爱比克泰德不同的是，奥勒留认为一个人的命运，以及每时每刻的行为，包括与他人之间的种种宏观或微观的联系，都是早在宇宙诞生之时就已经被安排好的。爱比克泰德虽然也认为命运有决定作用，但仅限于决定了每个人在世界上的角色；奥勒留则认为人的一言一行都是命运的体现。奥勒留又说，"来自命运的东西与本性并不矛盾"。既然本性是通过自由意志发现的，那么"命运"与"自由意志"也就不矛盾了。这就引出了著名的对"自由意志"与"命运决定论"之间的矛盾性的讨论：一个人怎么可以既有"自由意志"，又被命运所决定呢？

以罗素为代表的当代研究者通常从逻辑推理的角度来说明这种矛盾的不可调和之处。按照罗素的分析：首先，如果两者能够调和，那么唯一的办法就是"命运决定论"只针对人的行为部分，或者说与外界因素有关的部分；而"自由意志"是内心的部分。其次，"自由意志"必须与内心世界之外的行为或外界因素无关。因为，如果这种自由与行为有关，而一切个人行为都处于被决定的状态，那么这种自由也就是被命运决定的。如果自由是被决定的，那么"自由意志"就和"不自由的意志"没有区别了。

然后，根据罗素的分析，既然高尚的"德行"或者说"善"，必须是来自"自由意志"的，那么这种"善"也应该和外在因素无关。因为，如果"善"要依赖外在因素实现，就说明这种"善"是被决定的，是不自由的。

不自由的也就是不善的。最后,既然如此,那么一个人就只能拥有"善"的内心,而再也无法做出"善"的行为了。或者说,既然德行必须来自自由的意志,那么任何行为都不可能是有德行的。可是,奥勒留作为皇帝明明又做出了许多善举。对此,罗素认为唯一合理的解释就是:奥勒留为了皇帝所独有的使命而接受了命运的安排,放弃了意志的自由和善的境界。这也符合大多数人对奥勒留的看法:一位为了皇帝的责任而放弃当哲学家的理想之人。罗素还认为,既然推导出了人不可能有善举这样的结论,那么奥勒留伦理学本身就是一个谬误。

罗素的分析法有一点需要纠正。奥勒留所说的命运的决定力量,并不是消极的、只能去接受的,而是积极的、需要去发现的。发现命运的方式是把自由的意志实践到极致。也就是说,如果一个人没有自由的意志,没有发现自己的本性,那么根本体会不到命运的安排,或者说还没有被命运安排的资格。命运不是一直在那里的,人与外部世界的联结方式也不是固有的,而是需要在日常行为的点滴当中去发现的。这就是日常行为的重要之处。

奥勒留作为皇帝,非常明白他的每一个哪怕是最微小的行为所能带来的影响,所以才如此强调行为与德行之间的关系。即便自己只是一个普通人,每一个日常行为也都事关重大。行为是德行的显现,也是德行的源头;行为是对自由意志的体悟,也是衡量意志是否自由的尺度。只有拥有自由意志的人,才能发现自己的命运。

这么说来,"自由意志"和人的"本性"就不矛盾了;"命运"和人的"本性"也不矛盾了。同时,"自由意志"和高尚的德行也就不矛盾了。可是,每个人都有自己的本性,每个人都有自己的命运,也就是说,只要按照自己的本性去行动,那么每个人都是命中注定要去做高尚的事情了。是这样吗?是的。在奥勒留看来,每个人都是命中注定要去做高尚的事情的。只不过,大多数人无法将自己的本性和命运付诸实践。

人,什么时候才能每一个都是完整的呢?

奥勒留认为斯多葛派最迷人之处在于对高尚德行的塑造,而他自己对形而上那一套论证是出了名地毫无兴趣。那么高尚的德行是怎样的呢? 他无法给出论证和标准,无法说明什么才是"高尚的德行"。但他成了欧洲历史上的一位明君,几乎具备一切开明而有力的皇帝的美德。这就是奥勒留对"命运"以及足以发现命运的自由意志的解释:不是通过具有概括性的理论,而是通过具体的行为。行为是具体的、个人化的、无法推理的。从另一方面来说,奥勒留的行为和学说是一体的。对他而言,"自由意志""命运"以及"德行",在他作为皇帝的所有行为中得到了统一与和谐。

需要注意这里的逻辑。错误的逻辑是:因为奥勒留是一位明君,所以他的理论正确;正确的逻辑是:因为奥勒留的行为和理论是一体的,所以他成了一位好皇帝。实际上,爱比克泰德也是如此,他虽然不是皇帝,却也是一位知行合一的人,所以他的思想才显得如此不同,并完成了与众不同的事情。他们两人都认为人的本性就是德行的来源,而人的本性需要在实践中去体悟。对他们来说,理论本身是否成立,或者是否在哲学史的舞台上有价值,根本就不重要。事实也是如此:爱比克泰德没有留下任何著作,奥勒留的《沉思集》则更像一本生活感受的笔记。

他们不仅没有用任何"伦理学"的方式,为德行设立任何可供推理的标准,还让各种概念失去了概念的特质。它们最后都是一样的:我的行为解释我自己的德行,而我的德行又解释了我的行为。这个说法似乎很接近尼采的观点:人需要为自己设立规则。不仅如此,他们还可以用"命运"来当挡箭牌,这岂不是可以无法无天? 的确。唯一让他们不把"无法无天"看作高尚行为的理由,在于他们早就在实践中发现,"无法无天"不是自己的"本性"。罗素先生或许会说,禁不起推理的思想并不是合格的哲学。可是,不能在实践中显现的哲学首先就不是合格的思想。

另外一个值得强调的地方,就是奥勒留和爱比克泰德的思想其实早就超越了"伦理学"范畴。这需要还原他们当时的状态:作为爱比克泰德的学生,如果要了解自己的"本性",就需要和他讨论生活中的一切问题,而不是仅仅讨论"本性"这一个问题,因为对每一个问题的认识过程都与"本性"有关。如果这个说法还有点抽象,那么假设我是奥勒留的学生,我就需要深入了解他作为皇帝所做的每一件事所牵涉到的纷繁复杂的体会和知识,梳理自己的选择与这些信息之间的关系。这绝不仅仅是"这件事符合本性吗""那件事高尚吗"这么简单,而更像是"这件事是什么,我要怎么做"。在现代社会,这样的实践更是需要对许多专业知识与技巧的掌握。

这样的思想的确很难具备传播性,它就像是一门武功,重要的不是招式,而是在十年如一日的挑水砍柴的过程中对身体和心智的训练。可是,没有招式的思想与没有招式的武功比起来,更容易是虚假的,因为它在很多时候与辩论术十分相似,一般人是分辨不了的。与严谨的哲学相比,这样的思想不仅更容易成就君子,也更容易培养夸夸其谈的虚伪之人。

爱比克泰德和奥勒留,一位是雅典时代的哲学家所无视的奴隶,一位是被雅典时代的哲学家所仰望的皇帝。他们完成了雅典时代的哲学的最终形态:作为哲学家,他们领悟了如何让自己的学说以真实的状态面对这个世界。这一形态没有阻止欧洲陷入黑暗时代,正如明代心学的最终形态没能阻止中国陷入停滞。他们的学说也没有被后世的哲学舞台所重视,正如明代心学在当代中国变成了机场书店里的成功学。个人化的过于高级的东西,不仅在当时难以传播,即便过去许多世纪,也难以被普遍理解。

但是,它们会以另一种方式影响后世。首先,奥勒留和爱比克泰德用实践所展示的,对人性、德行、命运之间的先天联系的信念,提示了后世的认识论对"先验性"的认识。简单来说,他们相信一些东西是无需证明的,比如人的本性以及一些世间现象的可靠性。这些可靠的东西就是自明而普遍的,可以成为逻辑演绎的开始。这不仅回答了怀疑主义,也为科学的发展提供了前文所说的、在假设的基础上继续发展的基础。这也让他们本不赞同的形而上学获得了继续发展下去的活力,笛卡尔(Rene Descartes)就是遵循他们的路径而奠定了现代形而上学的根基。

无论什么学派,相信这些先验性的假设,在某种程度上说,就是相信人在认知世界过程中的必然不完备,并相信严谨和谦卑的必要。更重要的是,他们对"自由意志"与"命运"的双重肯定,以及奥勒留对人人平等的制度和法律的信念,为后世的"天赋人权"学说打下了基础。在欧洲启蒙运动时期,他们是最鲜明的远古回音,也成为现代欧洲最重要的价值观的基础。

他们的思想之所以能获得这样大的影响,是因为他们在一个哲学萧条的年代显出个人思想与人性的光芒。这种光芒是在现实的挣扎与退让中产生的,因此是经过磨砺的。这种磨砺会让大部分人失却对哲学的信心,却让他们在与生活的真实交锋中,把实践变成思想最为敏锐的触角。同时,他们一直遵循着自己的"自由意志"。人类世界一直有一个谜一般的规律:即便圣贤被低估,声音被淹没,学说被扭曲,他们的信念和力量也总是以各种各样的方式回到世间——即便像奥勒留的声音那样过去了一千多年。这种回归并不是因为他们自己的力量,而是正如奥勒留所说的,因为他们的一切都是为了所有人类而存在的。

即便如此,今天的哲学舞台还是喜欢把奥勒留描写成为一位渴望归隐田园的、对形而上学不甚了了但崇拜苏格拉底而且"文采非凡"的哲学爱好者[1]。在这一点上,奥勒留受到了与许多中国古代文人一样的误解:谈论田园不等于渴望归隐,即便归隐也不等于放弃实践。他们对自己的命运和自由有着超越普通人的透彻认知。另外,对有思想的人来说,根本就没有"文采"这种东西存在;而对于没思想的人来说,即便在《道德经》里,也只能看到"文采"。对此,奥勒留也早有体会,他说:不同无知的人作无谓的交谈。

基督教的发展已经不可逆转,罗马的衰亡也是如此。奥勒留之后的罗马帝国还出过几位力挽狂澜的皇帝,但终于,在公元 410 年,罗马被哥特王阿拉里克(Alaric)洗劫,之后西罗马帝国在公元 476 年正式灭亡。那之后就再没有什么古希腊哲学了,欧洲进入了黑暗时代。古希腊哲学中的形而上部分,尤其是柏拉图的学说,以及斯多葛学派的许多内容被基督教神学所吸纳。亚里士多德则几乎被遗忘了,直到文艺复兴时期才重新引起人们的兴趣。在那个无法上网查资料、印刷术还遥遥无期、书籍只有手抄本的时代,延绵不绝的战乱对知识和信息的破坏要超过今天很多人的想象。能保存下来的更多是对前人德行与智慧的想象,以及在此基础上对自身知与行的自发要求。在这种时候,柏拉图以及"逍遥学派"那种崇高的形象本身,无论被任何人记起,都是具有感人心扉的启迪作用的。

直到文艺复兴,哲学都是作为神学的一部分被保留的。在今天看来,这似乎是一种倒退;但在当时,在包括哲学家在内的所有人看来,神学显然是一种更好的哲学。少数不这么想的人最终也被烧死了。这就像今天的人们理所当然地认为科学比哲学更好一样,甚至很多最聪明的大脑都想象不出任何反驳的理由。

---

[1]引用自搜索引擎提供的网络百科。实际上,这样的评价无处不在,而且是可以预见的。——作者注

当时的中国正处于南北朝时期，情况也很类似。那时最主流的思想是道教和佛教。因此当时中国的"文人"角色也是由佛教徒和道教徒来扮演的。无论葛洪还是王羲之，都不是站在任何中立的"文人"角度去研究玄学的，他们本身就是今天所说的"道士"。他们可以出仕为官，这与宗教实践并不矛盾，就像中世纪的基督徒也常常大权在握一样。要注意的是：并不是那个时代的思想者一定要选择一个宗教，而是那个时代的思想和智慧就是由宗教学说来传递的。并不是任何时代都会有独立于宗教之外的思想存在，没有哪个时代是天然就把思想和宗教区别对待的，就像今天的科学在传播过程中也变得越来越像宗教一样。所以，"思想家"的角色在很多时候都是由"神学家"所扮演的，就像今天的科学家也往往被人们当作"神学家"来崇拜。

今天许多人本能地难以接受宗教和思想之间这种无边界的关系，他们倾向于认为中世纪的神学家都是虚有其表的"神棍"，并认为思想家理所当然就应该是纯粹的思想家。但是，"纯粹"的思想这个概念原本就是柏拉图给人灌输的一种一厢情愿的想法。在宗教中思考，在俗务中思考，在科学中思考，都不影响智慧与德行的获取，唯有为了思考而思考是有害的。在公元500年前后的那个时代，宗教无疑能带来真正的思想。不仅如此，宗教实践也是一种实践，而实践总能让思想有所进展，就像爱比克泰德与奥勒留在自己的人生实践中找到了智慧一样。

中世纪的圣奥古斯丁（Saint Augustine）、圣边奈迪克特（Saint Benedict）、大格雷高里（Saint Gregory I）以及约翰·司各脱（John Duns Scotus）或者圣托马斯·阿奎那（Saint Thomas Aquinas）等人的神学思想，在任何时代、任何背景的学者看来都是卓越的。从任何方面来说，教会和经院哲学家的确是那个时代的欧洲一切最杰出思想的源头，就像佛教和道教就是那时候东亚思想的顶峰一样——即便他们各自的同行都偶尔（或者经常）参与一些争权夺利甚至杀人放火之类的事情。从另一个角度看，这也是因为那个时代的思想家本身就在举足轻重的、性命攸关的实践当中。

在中世纪那个文明衰微至极、知识传导极其不畅、文化氛围如一潭死水的时代，神学家们通过自己的宗教实践，将柏拉图以来的形而上学和道德观与神学思辨结合在一起。因为宗教实践的关系，在中世纪的神学家看来，爱比克泰德所倡导的知行合一反而不再是一个问题了，因为宗教对个人修行的要求使得"实践"在思想中的地位变得顺理成章。到今天，为何一个哲学家最好（虽然不必要）还是行为高尚一些，或至少要假装自己还是很高尚的？这个习惯要归功于神学的巩固。

4

自然与经验的描绘者

——周易的结构、起源、流变

在哲学之外，另一种思想形态的发展是以《周易》为基础的。关于《周易》的基本内容历来不缺误解和偏见，所以抛开之前的印象来理解它是很重要的。简单来说，《周易》讲述了世界运行的方式，以及人的行为与这种运行方式之间的联系。它涵盖了人所能触及的包含物质、精神、生命、思想以及其他类似概念所讲述的一切。晦涩之处在于，它并不是以百科全书和分类学的方式去对待"一切"的，而是以最具体的案例讲述抽象的原理。对于习惯了源自形而上学的现代思想的人来说，《周易》并不符合今天的世界观和逻辑，或者说今天的思考之"规则"。它所谈论的"抽象原理"是十分陌生的。如果说毕达哥拉斯的学说体现了形而上哲学的逻辑与世界观的基础，那么《周易》就体现了以后世的理学与心学为代表的中国古代思想中的逻辑与世界观的基础。

《周易》首先是一本分类法与今天不同的百科全书。在这本百科全书里，"天气"与"友情"之间的联系比湖水和雨水之间的联系还要紧密，它讲述了一个对今天的人来说极其陌生的世界——但又是同一个世界。很多人认为《周易》是一本占卜指南。这种谬误自有它的起因：如果一个人对了解"世界运行的方式"怀有任何目的性,那么这些目的当中最迷人的就是预知未来。如果一个人能够预知一切未来,那么这个人显然可以在很大程度上成为真理的代言人,或者说成为"神"。这本经典被理解和流传的方式便常常和这样的实用性联系在一起。但是,《周易》首先教会人的,是没有任何事情仅靠读书和遵守书中的规则就能学会的;其次,这个世界上还有很多比预知未来更重要的事情。

众所周知,《周易》有八个基本卦,每一卦由三个"爻"组成。爻有两种形态,分别是实线表示的"九(—)"和虚线表示的"六(- -)"。这八个基本卦分别是乾(☰)、坤(☷)、震(☳)、艮(☶)、坎(☵)、离(☲)、巽(☴)、兑(☱)。它们可以理解为八种不同的基本事物,或者说基本情境。

"九(—)"被后世称为"阳爻","六(- -)"被后世称为"阴爻",但在《周易》原文的卦辞和爻辞中是没有"阴"或"阳"的说法的。至于"阴阳"学说何时与《周易》产生联系,是后面会讨论的内容。在这里需要知道,"九"与"六"的对应,并不如常见的介绍所说,源自任何客观存在的阴阳关系。它们强调的是一个观察者或者说感知者,也就是"我"的存在。爻所描述的,是"我"与不同事物之间的相对关系。

具体来说,爻的"九"表示在"我"与事物的相对关系中,事物处于相对强的地位。这里的"强"可能是位置更高、力量更大、更加坚硬、更远、更显著、更恒定……而"六"则相反,表示与"我"相比,事物更低、更弱、更不可见、更安静、更短暂……"九"也可以是离"我"更远,或者在"我"上面,"六"则相反。爻也可以是事物与"我"的亲疏,比如"九"是"我"所看得见的,那么"六"就是"我"看不见的……也可以是事物与"我"的动静、冷暖,以至于生死等等。

爻在描述某种事物的同时,强调了"我"的存在。每一个事物的基本性质,在今天看来都是独立的,或者说客观存在的,但在爻的归纳当中,没有事物是独立存在的,它们都与作为这个事物的观察者或者感知者的"我"息息相关。任何看上去"独立的整体",都是由"我"与这个整体之间的关系来决定的。

没有任何事物是绝对的,只有"我"是必然的,事物必然是通过被"我"所察觉、感知、理解或者想象,而后才具备各种特征。这里的"事物"不仅包括物质,也包含事件、理念直至情感本身。它们被后来的中国思想家称为"物"。简单来说,"物"是"'我'所面对的一切对象",而不是"一切对象"。

任何理念,比如柏拉图所设想的那个绝对存在的理念世界,在爻的描述里都不是绝对存在的。在爻看来,它并不是一个可能存在或者不存在的"理念世界",而只是"柏拉图所设想的那个绝对存在的理念世界",或者说,一切自居于经验之外的理念或概念,都被爻转化为人的心智对这些理念或概念的理解和思考的过程,以及这些过程所带来的经验——比如"真理"不一定存在,但人对"真理"的崇尚和追求,以及这个过程所唤起的情感与希望,或与之有关的付出与收获,都的确是存在的。在《周易》的世界观里,任何理念都无需得到证明,因为无论它们是否真的合理,它们都在持有者的理解和想象中具备了自身的特征,并在后人的理解和想象中不断延续和发展。情感、记忆、纯粹的思考等等也是以这样的方式被理解的。简单来说,任何一个想法、一个念头、一套思想,只要有人想到了,它就因为那个人而存在着。决定它们生命力的,并不是它们自身的合理性,而是人们是否因为自己的需要选择去接受它。

在这样的逻辑里,"科学规律"本身也不是独立存在的,相反,"科学规律"是人的理念的产物,依赖于人对现象的理解方式。实验科学就是理解现象的方式之一。从科学史的角度来说,这一说法的正当性是毋庸置疑的。所谓"科学规律"并不是绝对的"客观存在",而是"被人的理念所认为客观的存在"。这里的"理念",从后现代思想的角度来说,也可以理解为托马斯·库恩(Thomas Samuel Kuhn)所说的"范式(paradigm)"。

至于那些看上去理所当然的、物质化的,或者说"客观"的存在,比如阳光雨露或者空气,在爻的描述中,也是首先借助每个人的感知和理解而存在的。如果没有"人"的存在,没有人与阳光的相对关系,那么阳光也就不再是阳光了——并不仅仅是它的名字会改变,而是它会变成另一种存在:谁知道它在鸟的眼中是什么呢? 比如,或许阳光对鸟来说仅仅是一种家用电器?

总之,如果没有"我",任何事物都不会有任何特质,也就没有爻;没有爻,就没有爻的组合,也就没有任何事物了。"我"所在的世界中的一切,都是因为"我"而存在的。

在《周易》的八个基本卦里,每一卦都由三个爻组成。三个爻共同构成了每一个事物的基本特质。这里的"特质"与亚里士多德以来的、人们所说的事物的"内在性质"是完全不同的。它们不是事物内在的,而是在"我"与事物的相对关系中存在的。

根据爻的排列顺序,每一卦的三个爻都遵循由下而上的顺序来组合。比如,下方的爻处于时间上的开头、更早,或者方向上的下方、初始部分,或者是事物的基础部分;上方的爻则处于时间上更晚,或者方向上的更上、更远,或者是事物的发展部分与最终部分。例如"震(☳)",就要理解为一个"九"出现在两个"六"之前;或者理解为由"九"开始,发展为"六",并由"六"结束。上述所讲具体应用到这八个基本卦里,则是下面这样的:

乾(☰):三个"九",描述了完全的从头到尾的一致性或者恒定性,并且是一致高于"我"的。显著具备此特征,或者说"乾"所对应的代表性物质,就是"天"。

坤（☷）：三个"六"，完全的从头到尾的一致性，并且是一致低于"我"的。这里的"低于我"，当然也可以理解为"我"的基础或开始所在。由此，"坤"所对应的代表性物质是"地"。

震（☳）：一个"九"作为两个"六"的开端。这意味着它以比"我"活跃的"九"开始，变为比"我"还要沉寂的"六"。于是"震"所对应的代表性物质是"雷"。

艮（☶）：与"震"爻的排列完全相反的一卦，是一个"九"在两个"六"的上方。处于开始与中间部分的是比"我"低的下沉的态势，而它的最高处（或最远处）变成了比"我"高的上升态势。这如同低平的地形最终高耸。由此，"艮"所对应的代表性物质是"山"。

坎（☵）：由"六"开始，成为"九"，再以"六"结束，可以看作一个"九"被上下两个"六"所包裹。中间的比"我"坚硬的部分被柔软的部分所包围。以柔软包裹坚硬，于是"坎"所对应的代表性物质是"空气中的水汽"。为什么"坎"是"空气中的水汽"，而不是"空气"本身？因为空气在每一个卦里都存在着，它是无处不在的。

离（☲）：与"坎"相反的一卦。一个"六"被上下两个"九"所包裹，也可以看作开始于强势的"九"，发展成弱势的"六"，最后回归强势的"九"。有此特征的基本物质是生于高温、表现为柔软，并最终在柔软的尽头（外焰）散发高温的"火"。

巽（☴）：由"我"所看不见的"六"开始，变成两个我能看见的"九"，可以理解为越来越显著的变化过程。树木会越来越茂盛地生长，而风也是开始于无形，但在吹动外物的过程中彰显自己。因此"巽"对应的代表性物质是"木"或者"风"。

兑（☱）：两层位于下方的、比"我"坚实的"九"，承载着位于上方的比"我"柔软的"六"。由此，"兑"所对应的代表性物质是"聚集在地表的水"，或者聚集在坚固容器里的水，比如湖泊、河流等等，当然也可以是海洋。那么"兑"会不会是聚集在水盆里的水呢？一般来说不会的,因为"我"往往是比水盆更强大、更稳固的,那么水盆对"我"来说就不会是"九"了。

在《周易》看来,空气中的水与聚在地表的水是两种完全不同的物质,它们的区别与火和木的区别是一样的。另一方面,风和木却可以被看作同一种物质。世界观的区别在这里就显而易见了。

这就是《周易》所描述的八个基本卦或者说八种基本物质。对今天的人来说,它非常依赖对感官特质的抽象归纳。每一卦中的爻所描述的"我"与事物的基本关系都是不同的,有的是方向,有的是强弱,有的是可见与不可见,等等。同时,它对每三个爻从下往上的变化的理解也是不同层面的——有的是时间先后,有的是位置远近,有的是整体关系,等等。每个爻的意义都随着它所在的位置以及组合方式而产生变化。

从整体来看,这种变化从解释方法上来说,是缺乏可归纳或可演绎的规律的。简单来说,一个人在看到答案之前,即便完全明白了"巽(☴)"的来历和理解方式,也几乎没办法通过同样的推理,想象出"兑(☱)"是在说什么。这就像文字的产生,无论象形文字还是拼音文字,即便看上去是一个整体,每一个字符的产生也都有其难以想象的偶然起源。《周易》的八个基本卦,就像是用一种文字的方式,描述了这个世界的八种基本物质。另一方面,这些"文字"通过爻的组合,在外形的变化上有着明确的演变规律:一个人即便不知道这八卦都说了什么,也很容易通过排列组合得出它们的样子。所以很多学者也把它们和数学联系在一起——数字化的文字,或者说文字化的数字,概括了与"我"有关的、世界的组成和运行方式——这大概也是《周易》无论是否被理解,都显得神秘而迷人之处。可是,无论数学也好,文字也好,将《周易》与任何既有的概念或模式进行类比,都有可能造成无可挽回的误解。谨慎而具体的观察则可能带来全新的发现。

每一个基本卦由三个爻组成,意味着这些性质是以"三"为基本单位产生的,这是《周易》最为核心的结构。用三种特质描述一个基本物质,是因为万物都处在不断运转的三元逻辑当中。

"一"意味着单一的存在,而单一的存在就等于不存在;"二"意味着有相对的不同存在,不同的存在可以彼此确认对方的存在,比如有生才有死,有长才有短。"二"意味着最为常见的二元对立,意味着事物的存在必须依赖一种先天存在的二元对立的理念结构。"三"则意味着这种二元结构被打破,意味着事物在运转和变化,并且融入彼此,成为一个整体。这个整体可以被看作一个独立的事物,也可以被看作其他事物的集合,而没有任何事物是绝对独立的。

"三"的关系意味着事物的存在不需要依赖任何预设的理念结构,而仅仅依赖其他事物以及自身在其他事物中的位置。于是,所有事物都不再受二元结构的引导而存在,它们都是独立的,但又是彼此依存的。同时,二元是在结构中取得平衡,二元对立令结构走向一个终极的终点。"三"则是无对应和不平衡的,它不断变化且没有结构,也就没有终极的终点。于是,万物才能为自己而生,同时为他体而生。

正如第二章所说,二元逻辑是现代世界最常见的逻辑,并几乎成为一切讨论的前提。《周易》则与此不同,它体现了一种三元逻辑,并强调了"我"的存在。从"平衡"的角度来说,《周易》看到的是不平衡,不平衡才有变化和运动。在这个世界上,没有任何事情是真正平衡的——平衡只是一种理念化之后的设定,并不是具体的真实。比如人的身体,看上去是左右对称的,但实际上,不要说内脏,就连面孔也不是真的左右对称。对称与平衡都是归纳后的理念,而《周易》植根于真实的经验。对于《周易》来说,那种看似对理念的归纳影响不大的"误差",或者前文所说的"特例",正是真实世界得以落脚和运转之处。

所以老子在后来的《道德经》中提到"一生二,二生三,三生万物"。

没有"三"就没有对应关系的打破,没有打破就没有变化,没有变化就没有万物。如果说"二"意味着两种事物之间的相对关系,那么"三"才意味着各种不同的、独立的、具体的存在。"二"只是不变的结构,"三"才是多变的万物。所谓"三生万物"就是如此。

这就是"九—六"之间的关系与"阴—阳"之间的关系的区别。"九"与"六"看上去是对立的,但它们不强调彼此间的对立,它们都仅仅与"我"产生相对关系,而这种相对关系是不断变化的。"阴"与"阳"则是一种被预设的二元关系,它们相对于"我"来说是绝对的,是先于我的,是世界本来就有的结构。

上述八个基本卦的两两组合有二十八种;再把每种组合的上下位置互换考虑在内,就有五十六种组合;再让每个基本卦与自己组合,便又多出八种;加在一起就有了《周易》的"六十四卦"。所谓"卦",在八个基本卦里,强调的是基本的"事物";而在六十四卦里,则更强调人所能见到或经历的各种世间"情境"。当然,在《周易》的世界观里,"事物"与"情境"并没有实际的区别,它们都是"物"。八卦与六十四卦,简单来说,归纳了人在这个世界上所能感知与经历的一切,包括自己在内。

六十四卦对情境的描述,具体可以《周易》下半部的第七卦"家人"(见图1)为例。它描述了所有人都熟悉的以家庭为代表的情境。构成它的下半部的是离卦,可以看作火;上半部是巽卦,可以看作风。火上有风,便是家人卦最直观的情境。这从情境的角度很容易理解:在《周易》诞生的那个时代,日常围坐在一个火堆周围的便是一家人。火苗上方的风提醒着一个比家庭广大许多的外部世界的存在,以及家庭之边

图1　家人卦

界的脆弱性。从家人卦在六十四卦中的位置来看,其前一卦是"明夷",描述了以"太阳落入地下"为代表的情境;后一卦是"睽",描述了以"离散"为代表的情境。那么在《周易》看来,人对安全感的需要,是组建家庭的最初动机,家人卦就处在人在日落后对安全感的需要以及人世间终将到来的离散之间。

一个卦的组成,除了卦本身,还有说明此卦的文字部分。《周易》的原文在每一卦里,都分为解说整个卦的情境的"卦辞"和解说每一爻的情境的"爻辞"。必须要注意的是,《周易》的原文本身与预测未来无关,这些卦辞和爻辞没有任何预测、劝诫或者判断好坏的含义,它们仅仅在描述不同的情境而已。就像八个基本卦描述了八种物质的特征一样,这些描述是中立的,不含任何立场的。

"家人"的卦辞只有很简单的三个字:"利女贞"。卦辞里的"利"字有两种常见的意思:第一种是"乾"卦所提出的四种天德"元、亨、利、贞"中的第三德。所谓"天德",就是大自然以天为代表的、最为重要的特质。关于这四种特质,程颐的解释最为简洁:"元者万物之始,亨者万物之长,利者万物之遂,贞者万物之成"。简单来说,就是天有爱心让万物出现(元),有力量让万物依赖(亨),有规律让万物遵从(利),有胸怀让万物成为自己(贞)。

"利女贞"的"利"并不是天德中的"利",也不是后世汉语中"有利于……"的"利",而是《周易》中常见的第二种解释:"依靠……而变好"或者"以……为重点或支点"。翻译过来,"利女贞"并不是"家人有利于女贞",而是"家依靠女贞而变好"或者"家以女贞为核心"。

"女贞"的意思并不是女子的贞洁。所谓"女",一是指女性,二是指与女性有关的特质。这些特质不一定是性别特质,而是包括一些抽象的性格特征,例如温暖、包容、孕育、宽广等等,具体随每一卦的情境而变化。"女贞"中的"贞"则是天德的"元、亨、利、贞"中的"贞",也就是成为自己，或者说得以实现。如此一来"利女贞"三个字的意思就明白了："以女性特质的实现为支点"，这便是"家人"这一情境的核心。一些流俗的《周易》预测学常常把"利女贞"解释为"有利于女子守妇道"或者"有利于结婚"之类，显然偏差过大了——《周易》成书的年代还没有所谓"妇道"呢。

接下来是每一爻的爻辞部分，因为内容较多，这里只作简要介绍。每一卦的六个爻与八个基本卦一样，也是按从下往上的顺序来排列和命名的。"家人"的第一爻（即下面一爻）是"九"，因此名为"初九"。"家人"的初九意味着家庭在创建之初所需要的规则、基础或者所蕴含的对家庭的希望与向往。这种可靠的力量是初九之所以为"九"的原因。

第二爻是"六"，因此名为"六二"。"家人"的六二意味着家庭中比较弱小无力的成员，例如小孩和女性。这种弱小是这里的"六"所点明的。但是，每一卦的第二爻都意味着某种"中正"的、受关注的、处于正确状态的、支撑性的或者发展中的事物。这意味着家庭中的小孩和女性虽然弱小，却是家庭的核心所在。

第三爻是"九"，因此名为"九三"。九三处在下面二爻的上方，又是九，是在描述一家之主的情境。这一爻非常重要。它的爻辞原文为"家人嗃嗃，悔厉吉。妇子嘻嘻，终吝"。翻译过来就是：家人不服管教，管教太严也不好；家人们按各自舒服的方式行事，这最终不会合一家之主的心意。

这里的"最终不会合心意"，也就是"终吝"，和其他的卦辞与爻辞一样，都是对情境的中立叙述。既然"不会合心意"，那要怎么办呢？不能怎么办。不合心意是自然的，是"家人"这一情境中的必然。这是显而易见的：一家人都会有各自的想法，小孩长大了更是如此，不可能都听一个人的。谁要是以一家之主自居，希望家里人总是对自己恭恭敬敬，总是听自己的，那自然不会合心意。《周易》在这里说"不会合心意"，就像说"冬天会下雪"一样。有人觉得下雪会冻死人因此不好,有人觉得雪景好看因此好。这都无所谓,总之冬天就是会下雪。

最早成文于春秋战国时期的《易传》对《周易》原文作了详细的解释。《易传》的作者在当时的时代背景下希望借助《周易》建立稳定的社会秩序,所以在解释卦辞与爻辞时经常使用劝诫语气。于是《易传》在解释这一爻的时候说:"家人嗃嗃,未失也;妇子嘻嘻,失家节也。"翻译过来就是:家人不服管教,问题不是很大;老婆和小孩跟自己没大没小,就违反了家庭的规矩。这样一解释,老婆和小孩跟自己没大没小,就不再是家庭的自然状态,反而成了不合规矩的事情。不合规矩就是不好的,就需要纠正。于是一件在《周易》看来顺其自然的事情,在《易传》那里就变得需要纠正了。家庭就此有了莫须有的规矩:老婆和小孩一定要听一家之主的。

就像这样,《周易》许多卦的内容在后人的注释里发生了许多改变。它对家庭以及各种情境的中立描述,根据不同人的需要,被加入了肯定或者否定的立场。这就不难理解,为何在后世的解读中,《周易》原文的语气显得不可捉摸——明明差不多的说法,有时候是在肯定,有时候是在否定,有时候是在鼓励,有时候是在讽刺。其实这些语气都是后人莫须有的解读,只是为了满足自己的需要而已。《周易》原文并没有这么多转折,它永远在说"事情就是这样"。

按照《周易》原文的说法,家人和小孩不按自己的要求来行事,一家之主就会不满意。这里的一家之主处在第三爻,讲述的是不太成熟的,或者说普遍的家庭中的一家之主状态。在《周易》看来,作为一家之主,对家人有控制欲,这是人性使然;既然是人性使然,就一定是普遍的。家庭和一家之主也需要蜕变,才能更加接近所谓"天德"。接下来上方三爻就描述了更为理想化的家庭状态。

"家人"卦的第四爻,也就是"六四",处在上三爻的开头。这一爻描述了一个在各方面都运转良好的、更加幸福的或者一个受到尊敬的、更有影响力的家庭的情境。这一爻是"六",是因为虽然这样的家庭运转良好,是强势的,但在更高的层面来看,家庭的顺利是顺势而为的,与那些足以影响家庭的外在力量相比,它是较弱的一方。再成熟的家庭也无法抵挡时代的车轮,这就是"六"的所指。

第五爻"九五"描述了以"王"为代表的,在居家和治国方面都有成就的人的家庭情境。爻辞原文用了"王假有家,勿恤,吉"。"假"是"极致"的意思,而这句话的意思是:王者的家庭极其和睦,不用操心,一切自然就好了。这不是在说只要成了王就能家庭和睦,而是在直白地描述圆满的王者的状态与情境。要注意,《周易》中的"王"都有一个前提,就是符合"王者"最高要求的王,是一切君王的榜样,简单来说是能够以诚治天下,且为天下利益而治天下的王。如果一个人自以为在某个领域有了"王者风范",就把《周易》里的"王"套用到自己身上,那他一定是搞错了。王既然已经能够以诚治天下,那么必然也是一家之主的典范:他的家庭应是自然而然就美满的,不需要多耗精力去操心,这并非因为他太厉害而使家人都崇拜他、惧怕他。他对家庭的爱因为"诚"而动人,这是一个自然而然就幸福的家庭的基石。如果一个"王"没有如此,说明他还没体会到对家人的爱,也就更体会不到爱天下人胜过爱自己的感觉。

最后一爻"上九",描述了家中理想的老人所具有的特质。在这样的老人看来,前文所说的"妇子嘻嘻"不会让自己不满意,因为他/她已经完全明白家人与家庭是怎样一回事,他/她能坦然接受家庭的喜怒哀乐、离合聚散,似乎连下一卦"睽"也预见到了。这样的长者其实并无很大的能力,但他/她因为通透人生而获得圆满的力量,因此是"九"。

由此不难看出《周易》的几个特点:首先,它的内容本身是与占卜无关的。它没有讲述任何有关占卜的方法;其次,它平铺直叙地描述各种情境,以及不同情境各自的发展方式。《周易》的语气,就像在讲述"春天之后是夏天"一样,它所讲的内容不仅是必然的,而且是自然的,是无条件的。《周易》所讲的并不是"事情有可能这样"或者"事情必须是这样",也不是"事情如果要这样,就必须怎样……",它甚至没有说"相信事情是这样"。《周易》所讲的是"事情本来就是这样"。

这六十四卦所描述的六十四种情境,以及每个情境中由六爻所描述的六个部分,成为中国思想领域之"自然"的基础。这些"自然"的情境不仅包含了自然界的现象,也包含了人与人之间或者人与自然之间的现象。这里的"自然"是自然界的自然,也是"自然而然"的"自然"。人们熟知的自然界或者说"大自然"是"自然而然"的典范。如果说自然而然的依据是"道",那么自然界就是认识"道"的最为直观的通道。

与单纯的自然界相比,"道"有一个最大的不同,就是"道"中必然有"我"的参与。或者说,从"道"的角度来看,不存在"单纯的自然界"这种东西。

说《周易》的六十四个复合卦都是由两个基本卦组成的,其实不太准确。每个复合卦,比如前面所讲的"家人",都有第三个组成部分——这部分是不可见的,也是最可见的,就是处于卦的阅读者或者说领会者位置的"我"。

"我"是如何被规定的,这一点《周易》并没有直接讲述,却又时刻在规定。前面讲过,每一爻描述的都是事物与"我"之间的某种相对关系,这种相对关系以每三爻为基础构成一个整体。"九"意味着事物相对于"我"来说更强、更远、更稳定……反过来说,就是"我"相对于事物来说更弱、更近或更多变……而"六"则相反。从这个角度重新考量每一爻,则会发现每一卦在描述情境的同时,也对"我"进行了具体的描述。这里再次用"家人"这一卦为例来演示一下。

"初九"是九,意味着家庭基础必须是强的,那么"我"相对于家庭基础来说就是弱的，是被约束的一方，"我"需要顺应这样的基础。"六二"是六，意味着家庭的核心是弱的，也就是"我"相对于家庭的核心来说是强的，是处于保护者的位置。"九三"是九，成熟的家庭成员不再受约束，意味着"我"相对于更加成熟的家庭成员来说是弱的，是想要约束却又无法再约束他们的。"六四"是六，意味着相对于让家庭变好的大势来说，"我"是处于能够或者懂得去利用的位置。"九五"是九，意味着完美的一家之主，而"我"相对于那个完美的标准来说是不够完美的。"上九"也是九，意味着"我"的状态也不如家中那个理想的老人。

综合这六个描述，会发现"我"在家庭这个情境中，不是需要被保护的家庭成员，而是正值壮年的一家之主。这个一家之主大致处于"六四"和"九五"之间，能够让家庭更上一层楼，但还不够理解基于大爱的持家之道，因此"九三"位置的成年家人依然会给"我"带来困扰。

《周易》在家人卦中通过"九五"的描述，对完美的一家之主提出了标准。在这个标准的映照下，"我"仅仅是一家之主较为常见的状态。"九五"与"上九"则成为"我"需要去追求的境界。只有达到了最后这两爻所描述的境界，"我"才能够体会整个家人卦所描述的那种"自然而然"的情境。在此之前，"我"仅仅体现了"人之常情"，但人之常情是不够"自然"的。

可是，什么样的人需要做得这么完美、这么自然，需要以爱天下人的情怀来对待自己的家庭呢？在宋代以后，这样的人往往被形容为"圣人"，也就是心怀天下，同时能够运用世间的力量，去让世界变得更好的人。在《周易》成书的年代，则只有一个人，就是周王本人。《周易》本身就是为统治者所作。

非常重要的是，这里"统治者"的重点不在于拥有权力，而在于有能力为天下人服务。《周易》在描述自然情境的同时，也对作为"统治者"的我给出定义，并确立了标准。这样的"我"必须能够体察"自然"，提升自己。《周易》所面对的对象是希望自己变得完美，以此去为天下人服务的人。

于是，《周易》所描述的"我"那种符合"人之常情"的部分，可以帮助"我"自省；而那种"自然而然"的部分，则为"我"指明了"道"之所在。能够真正实践"道"的人，则被称为有"德"之人。在《周易》成书的年代，"有德之人"只可能是对已经去世的统治者的追溯——如果那个统治者被后人认为切实实践了"道"的话。这样的人极少，后世所承认的标杆唯有尧舜而已，他们不仅是统治者的典范，也是所有有心成为"圣人"的人的共同典范。

另一方面，普通人则不需要有"德"，他们只需要有"人之常情"就可以了；而"我"则需要有德，因为"我"是要为天下人服务，并让天下人生活在更好的世界里。"我"往往是不完美的，但"我"如果想得到《周易》的教诲，首先也不能是一个太差劲的人，至少不能是一个自私的人。

这就是《周易》所对话的人，它的标准是极其高的。一般人跟《周易》没有关系，这也不是一件可耻的事情。而任何人为了一己之私去学习《周易》，都是不可能领悟其中的"道"的。这也奠定了中国思想的一个核心：思想是为有心服务天下的人而准备的，是自我完善的依据，最重要的是行动的参照和指南。

《周易》并不是最初的"易"，一般研究认为在《周易》之前还有《连三易》（也作"连山易"）和《归藏易》两部失传的著作，《周易》像是在它们的基础上延展而成的。《周易》的作者一般被认为是周文王，或者那个时代一些与周王有直接关系的人。占卜行为出现的时间要早很多，一种普遍的观点认为这些不同的"易"都是基于占卜行为而生的。而这往往会令人误解《周易》的主要内容，但它并不是讲解占卜的著作，甚至不是因为占卜才诞生的。

在人类文明形成之初，并没有学科分类的概念，人类的知识和思考都是认识世界和实践过程中的经验总结，这些知识和思考彼此穿插，没有系统的分类。今天人们对远古部落的常见印象是每个部落都有一名巫师为首领服务，这个巫师负责所谓"超自然"的部分。实际上，最初的领袖和巫师角色常常由一个人扮演，而他/她所负责的内容也没有"自然"和"超自然"的划分。这位"巫师"掌握的是许多当时先进的自然知识和实用技术，往往还拥有很强的作战能力，因此有能力领导部落。这样的全能领导者自然不多，而这样的领袖一旦出现，他/她的教导就会影响后人，他/她的部落可以不断变得强大，甚至成为一个稳定文明的基础，他/她因此会被后人作为"神"来传颂，并发展出许多神话传说。

在人类早期，自然规律和别的规律都被看作天地之间的同一种规律，要发现尤其是总结这些规律需要抽象的思考能力。比如第一个凭借经验"预测"出打雷之后会下雨的人，也可以被视作发现了一种规律。在"巫师"们逐渐脱颖而出的时代，根据夏天的气候预测秋天的作物收成、发明新的工具、寻找驱除害虫和野兽的方法、治疗疾病以及判断明天是否应该出门打仗，都是"巫师"式的行为。

逐渐地，随着文明的发展，这些使用规律的行为不断产生分类，其中一类对未来的预测则成了"占卜"。当时的"占卜"并非一个比其他类型的行为更加"神秘"的类型，它也并非基于任何独立于其他行为之外的规律而产生的。如果说"占卜"是神秘的，不如说其他所有使用规律的行为，都带有同样的神秘色彩。

"对未来的预测"本身就不是神秘的。回想泰勒斯预测橄榄丰收的故事就不难发现，他对未来的所谓"预测"，是基于对自然规律的发现。随着学科分类和实验科学的发展，用牛顿定律"计算"出火车到达时间不再被视作占卜，用气象学"预测"天气不再被视作占卜，用化学手段"检测"物体的成分不会被视作占卜，用历史的规律去"预见"未来走势也不会被视作占卜，用医学手段"判断"疾病发展更不会被视作占卜，只有用古代流传下来的具体筮法和占法进行的狭义"占卜"才是占卜。在上古时代，所有这些预见即将到来或者即将可见的现象的过程，都与狭义的"占卜"是同源的，是基于同样世界观和同样经验的产物。因此，即便是狭义的占卜行为，也是基于对实践经验和世界观的总结。

本书无意讨论各类远古的占卜方法或结果究竟有多可靠，重要的是，《周易》所总结的是上古时代的世界观。这个世界观的形成囊括了那个时代的各种实践。《周易》并不仅仅是由上古时代的占卜产生的，占卜只是那个时代各种实践的一小部分。《周易》之所以可用来作为指导占卜的参考，是因为与《周易》同源的占卜行为也拥有同样的世界观，但指导占卜并不是《周易》的本意。它的重点更不在于与它有关的占卜行为是否准确，而在于对后人智慧的启示本身。这就如同历史，一个熟读各家历史、总结出深邃历史规律的人，也无法准确预知未来世界的走向，但这样的人依然具有历史给予的智慧。

出土的战国时期的《筮法》，可以看作占卜的工具书，它不像《周易》那样讲述各种世间情境，而是专注于卦位、卦序、卦象、占法、人的身体等与占卜行为有直接关系的内容。其中有些与《周易》呼应，有些则不相符。这首先证明了《周易》不是一本占卜书籍，不然它完全可以像《筮法》那样直接地讲解占卜方法。战国《筮法》的成书时间显然比《周易》更晚，体现了与《周易》同源的不同分支的独立发展。

《筮法》解决的是占卜的问题，就像《黄帝内经》解决的是医学问题，《周易》则没有专注于任何具体问题，而是成为一本囊括了上述内容并有着无限延展可能的思想著作。在上古时代，无论世界观、占卜还是医学，都是同一门学问：认识世界并解决问题。而占卜和医学是其中较早独立出来的学科。毕竟，治疗疾病和预知未来，这两件事在今天也有着巨大的吸引力，在当时被重点讨论也不足为奇。另一方面，有关世界观的著作与占卜行为同源，这令东亚思想总被看作是"神秘"的——虽然也从来没有人解释，为什么相信世界的真理藏在某种源自醉酒的绝对理念当中就是"正常"的。

狭义的占卜行为还有一个经常被人忽略的重点，就是这类行为只能为部落首领或者一个国家的领袖来做。这不是因为他们地位高，而是因为他们责任重大，需要为自己的人民谋取福利。只有如此，他们才有资格洞察天地间的规律，并在具体的事物中使用这一规律。它要求使用者必须怀有对世界规律的敬畏和一颗无私为民谋福利的心。这与《周易》的讲述对象是一致的。但显然，这一规则在后世很快被打破了。对《周易》的解释过程也体现了中国早期思想体系的演变。

最早解释《周易》的著作被统称为《易传》，包括《彖》《象》《文言》《系辞》《说卦》《序卦》《杂卦》七部，共十篇。它们也被称为"十翼"，大约是不可或缺的意思。有时这十篇也被统称为"传"。与之相对的，《周易》的原文，也就是卦辞和爻辞，则被称为"经"。《易传》大部分内容含有汉代儒家的世界观和立场明显的规训倾向，显然不是司马迁所说的那样，由孔子所作。后世各类考据也认为，《易传》内容基本是在秦汉之后完成的——最早也在战国后期。"十翼"当中的大部分内容并非对《周易》原意的解释，而是歪曲《周易》的源头所在，今人对《周易》的很多误解就是由它们带来的。

首先，根据《易传》尤其是其中《系辞》的内容，后世常常把《周易》和"阴阳"联系在一起，似乎它们的关系是古已有之的，是不言自明的。事实并非如此。"阴阳"与"道"之间的关系并不是自古就有的。这方面可以考据的文字一般可追溯到春秋时期老子的《道德经》。与读者历来被史学家灌输的印象不同，《道德经》中只出现了一次"阴"字和一次"阳"字，即"道生一，一生二，二生三，三生万物。万物负阴而抱阳，冲气以为和。人之所恶，唯孤、寡、不穀，而王公以为称。故物或损之而益，或益之而损"。这段话出现在《道德经》第四十二章，主要讲万事万物的整体联系和损益关系。其中的"万物负阴而抱阳,冲气以为和"常常被解释为"道包含阴阳,并在平衡中产生和谐",这显然是后世的强行解读。如果真要讲道包含阴阳,这么重要的事情,怎么会仅仅在第四十二章冒出一句似是而非的话?

这句话的真正意思是:万物都由道所生,所以万物的好恶都是相通的。"负阴而抱阳"只是对万物具有相通好恶的举例:它们都喜欢向阳的地方,不喜欢背阴的地方。这里的"阴阳"用的是"背阴"与"向阳"的本意,没有任何世界观层面的暗示,正如后文说人的好恶也相通一样。苏辙也在《道德经解》中解释说:"虽有万不同,而莫不负阴抱阳,冲气以为和者,盖物生于三,而三生于一,理之自然也。"意思是:万物本性相通,因为都同源于"道",而"道"以三生万物,万物都在一体的关系中。如此就衔接下文:万物的损益也都是一体的,所以人也应该向万物学习,不能只求好处,因为一个人好处太多就会带来整体的坏处,只求好处的人没有看到万物的一体性。接下来,老子在这里举了王公以"孤""寡"这类谦称自损的例子,指出有智慧者往往懂得让自己承担损失,以求利于他人。这与《周易》当中的"损"和"益"两卦的讲解相呼应:损下益上谓之损,损上益下谓之益。《周易》的意思是:就像植物的根部获益才是真的好;从社会层面来说,让广大民众获益才是真的益,如果让民众损失,让位高者获益,则是"损"。不难看出,老子对《周易》的引用也是基于其世界观当中的智慧。

纵观《道德经》全文,但凡识字之人就会发现,"阴""阳"在这里出现,既不是内容上的重点,也不是结构上的重点。老子并没有用《道德经》提出"阴阳学说"。

"阴阳"思想成为学说,成为对"道"的理解方式,并促成以此为基础的二元逻辑,是从战国后期以邹衍为代表的"阴阳家"提出"阴阳"和"五行"学说开始的。在他之前,没有任何先秦大儒或可考的文献或学说将

"阴阳"作为一种世界观或基本逻辑。可见的文字比如《诗经》当中有"笃公刘,既溥既长。既景乃冈,相其阴阳,观其流泉",这里的"阴阳"指山南山北,用的也是"阴阳"的原意。有关"五行"的文字更是没有出现过。有关这点,梁启超已经考据得很明确:"春秋战国以前,所谓'阴阳',所谓'五行',其语甚稀见,其义极平淡。且此二事从未尝并为一谈。诸经及孔、老、墨、孟、荀、韩诸大哲皆未尝齿及。然则造此邪说以惑世诬民者,谁耶?其始盖起于燕齐方士,而其建设之,传播之,宜负罪责者三人焉……曰邹衍,曰董仲舒,曰刘向。"

梁启超不仅指出"阴阳五行"并非任何"中华民族自古有之的神秘智慧",还指出它的起源是燕国和齐国的本地方术,而后被用来"惑世诬民"。根据胡适的研究和《史记·封禅书》的记载,燕齐地方有基于男女日月的阴阳崇拜。齐国人邹衍正是根据这些民间迷信发展出阴阳学说,之后该学说在汉代经由董仲舒和刘向推而广之。

阴阳家的学说之所以如此流行,是因为它将阴阳五行与一统天下的治国之术联系在一起,不仅有逻辑、有权谋,还融合了占卜、神仙方术等用神秘力量辅助统治者"生大业"的学说。为什么"阴阳"学说更利于统治者呢?因为它提供了一套最容易被大众理解、最容易推广的世界观,而且这套二元对立的地位关系,比如男尊女卑、天尊地卑,特别有利于确定社会秩序和统治者的合法性。邹衍提出的"五德始终"还结合了这一系列需求,成为后世统治者纷纷效仿的治国神学。当时的齐宣王和齐闵王有统一中国的愿望,所以大力支持邹衍的学说,让阴阳家成为政治色彩浓厚的齐学正统。

战国时代群雄割据,是一个强调"正统"的时代。各国各王为了确立自身合法性,都自称是继承了商周血脉的"中国"统治者。相应地,各家学者也有此倾向。"阴阳家"虽然深得上心,却也不能将创立学说的功劳据为己有,更不能讲明是来自民间方术——这样会让学说显得不够可信。于是，他们拉出了黄帝这位传说中的神一般的祖先，以及老子这位几百年前的春秋智者——把"阴阳"学说归到他们名下，自己便"师出有名"了。这成为实际上肇始于阴阳家的"黄老家言"、也就是后世所说的"黄老之学"得以普及的关键。黄老二人本身与这些学说没有丝毫关系，但很多出自战国晚期的相关书籍都假借他们的名字，令其成为后世学说的代言。于是《道德经》也就成了"阴阳"的起源。这么明显的曲解，在无数次重复之后，真的就被无数人相信了。"黄老家言"还引发了一个潮流，就是从战国后期开始，春秋和上古时代的很多学说，都被后世以符合自己需要的方式重新解释甚至篡改了。

有《道德经》作为"阴阳"学说的起源还不够，"阴阳"最好有更遥远的起源，才能显得足够神秘，以具备某种难以解释的神秘力量——须知道，一种思想，或者从更广泛的层面来说，一种信息，如果希望被更多人很快接受，最好就是把自己变成简单易懂的、带有魅惑性的谎言或者神话。于是，《周易》当中用来标注"六"和"九"两种爻的符号成了阴阳家发挥的对象，被歪曲为"阴爻"和"阳爻"，《周易》也就被"阴阳学"认作自己的起源。从那时候开始，《周易》的内容就逐渐以齐国境内传统的阴阳崇拜和神仙方术的解释为主，并因其比老子更加古老而权威的作者周文王，成为齐国这一系列迷信的学术支点。邹衍们的理论随之成为正统，而《周易》本身的内容则被抛在一旁了。

《周易》原本要求统治者有一颗为民谋福利的心，不可借助天地规律为自己谋利；神仙方术和阴阳逻辑则不同——只要能讨好统治者，或者让人感到自己被某种神秘力量所支配就足够了。那么更受欢迎的自然是后者了。

之后的汉代是中国历史上第一个稳固的大一统帝国，与过去的商或周相比，国家的组织形式或规模都发生了结构性的变化。在当时，佛教还没有传入中国，对后世中国有所影响的基督教和道教实际上也没有诞生。虽然老庄被认为是道教创始人，但这一身份也是被后世道教追溯的。老庄仅仅提出了有关"道"的思想，却没有创立任何以"道"为名义的宗教团体或体系，其内容也与后世道家大相径庭，连阴阳双鱼图都没有——老庄那时既然没有阴阳学说，又怎么会有阴阳双鱼图呢？但在今天人们的印象里，老庄二人简直是身披双鱼图出生的。孔子的儒家思想那时已存在，但在战国后期"黄老家言"的冲击下，孔子几乎要被人忘记了。

汉代以董仲舒为首的学者意识到统一的意识形态对帝国的重要性——就像罗马帝国在动荡时期也发现了基督教所具备的凝聚力那样。在当时的背景下，齐国阴阳家的思想最适合大一统帝国，且在秦汉之前就借助"黄老家言"有了广泛的基础。但是，在董仲舒和刘向看来，邹衍毕竟是战国人，没有春秋时期的思想家显得脉络深远。而直接把"黄老家言"和老子选为正统，又等于变相承认了齐国的合法地位，对汉帝国不利。选来选去，孔子和他的"儒家"最适合被作为思想偶像进行"神化"。另一方面，之前的秦帝国有同样的打算，只是没来得及实施就灭亡了——这也给了董仲舒他们一个参照。

于是，以董仲舒为首的汉儒们的毕生事业，就是综合先秦的阴阳家、法家、道家、儒家的思想，拼凑出一套适应帝国意识形态的"大一统"学说，并且把其中大部分重要学说都归到孔子名下，实行"推明孔氏，抑黜百家"策略。这时的孔子和他的儒家思想只不过是一个偶像化的空壳，其内容很多不是出自他自己，而是融合各家，并经过了董仲舒们的再加工。这种借前人之口表述自己观点的策略，在"黄老家言"的普及过程中得到了充分表现。例如西汉的《大戴礼记》杜撰了曾子与孔子以阴阳为基础讨论"天圆地方"的对话，这就制造了一种阴阳学说被孔子认可过的假象。汉代的"儒家"实际上是一种为了汉帝国的统治而被创造出来的宗教化的"儒教"，和先秦的儒家思想已经不是一回事了。

从那时开始,黄老二人的学说便又成了儒教正统的注脚,而儒教也因为并入其中的黄老学说的神秘性而具备了宗教般的力量。

关于"儒教"的宗教化,还有一点需要说明——至少从唐代开始,"三教"这一说法就用来指代儒教、道教和佛教。但是,这里的"教"与欧洲概念里的"宗教"是有区别的。东亚文化中的"教"始于汉代的"德教",当时用来指代后来的"儒教",而"儒教"这个概念在当时还没有出现。从"德教"开始,东亚体系中的"教"并不区分世俗偶像与神格化的偶像,只要有教主的记录及其经典就可以成立。更重要的是,儒教完全没有讲述任何一种超然于现世的往生世界,这让东亚体系中的"教"具备更多的世俗色彩,有了"教化"的含义。即便道教或者佛教看上去更像"宗教",但在当时的东亚文化里,也与"儒教"的概念更加接近,而远离"基督教"那样的神学概念。日本历史学家小岛毅据此认为,中国的"教"更可以直接影响王朝体制的理论基础。这个看法强调了儒教与汉代体制的关系。但实际上,无论儒教与汉王朝,还是基督教与罗马帝国,都是理论基础与体制的关系,因为那时候的大型帝国必须拥有某种统一意识形态之"教化"。

《易传》的编修就是在这样的背景下开始的。其中的《象》解说每一卦的卦辞内涵,对卦辞所讲的情境进行展开,没有涉及爻辞。从目前的考据来看,《象》最早成书于战国时期,可能出自孔子门下的子弓。《象》的内容并无《易传》其他文字那种明显的教育和规训意味,行文没有秦汉习气,世界观十分开阔,也没有实用指向,与《周易》原意最为接近。从其气质来看,即便认为是孔子或某个先秦大家本人所作,也不失水准。

《象》分为解释每一卦卦辞的《大象》,以及解释每一爻爻辞的《小象》。《象》的解释常常带有劝诫统治者的意味,也加入了许多汉代儒家的价值观,但其内容依然紧扣原文,语气也没有居高临下之感。在后世,《彖》和《象》的内容一般被分成对应不同卦辞和爻辞的小段落,排在相应的卦辞和爻辞之后,几乎已经被看作《周易》的原文了。北宋以来对《周易》的注释也都奉行这个方法。

《文言》专门就六十四卦中的"乾"和"坤"两卦发表评论,其成文时代最早在战国以后。《文言》内容无非是些"正确的废话",而且行文很有汉代特征,显然是汉儒为了强调"天尊地卑""天地人伦""男尊女卑"而硬生生加入的。《说卦》《杂卦》和《序卦》当中有很多内容与出土的战国《筮法》相似,都是占卜工具书的内容和体例。由此可见这三部很可能原本是同一部占卜工具著作,只是被汉儒拆成了三本,为《周易》补充了它本来不在意的占卜功能。其中《说卦》从占卜的目的出发,对卦象的内容作了许多发挥,极大影响了后世的占法,也影响了人们对《周易》整体内容的理解。明末清初的黄宗羲以及现代的日本学者高岛吞象就指出这类发挥无非是一家之言,不可专信,因为占法——也就是占卜过程中对卦象的解读方式,是根据不同占卜者的方法而变化的。令人扼腕的是,今天把《说卦》内容当圣谕一般去解释卦象甚至《周易》原文的人依然很多。

《序卦》的内容最为干净,讲解了六十四卦的排列顺序所反映的每一卦的前后关系,这部分虽然也与占卜有关,但也是对《周易》所述的世界观的一个很好的补充,因此程颐在他的《周易程氏传》中也将《序卦》的对应内容写在每一卦开头。前文提到的"家人"卦与前一卦"明夷"和后一卦"睽"的关系,就是参照了《序卦》的解说。

《系辞》是最明显为汉儒所作,也是《易传》中内容最为杂糅、目的最为明显、影响也极深远的一篇。人们今天对《周易》的认知常常是以《系辞》为基础的。《系辞》第一章大谈"天尊地卑";第二章则直接把《周易》定义为设卦观吉凶的工具;第五章开头一句加入了阴阳家的学说,提出"一阴一阳之谓道"——对于不了解先秦思想的人来说,这句话似乎有种斩钉截铁的魅力,但在先秦文献中,从来没有如此简单粗暴而又居高临下的对"道"的描述;第七章之后常常无来由引用孔子的话,例如"易其至矣乎"这样的感叹句,把孔子塑造成了一位对《周易》发表了许多讲述的权威。可是这些话是哪里记载的,如何流传的,为何孔子别的讲述没有这么详细的记录,就都是云里雾里了。第九章则直接开始介绍筮法了。

《系辞》对《周易》影响最大的是第十一章的这一句:"是故易有太极,是生两仪,两仪生四象,四象生八卦,八卦定吉凶,吉凶生大业。"这句话十分重要,它将《周易》和阴阳家的阴阳思想联系为一个整体,每当后世提起"阴阳八卦",都会追溯到这里。

其中的"太极生两仪,两仪生四象"是要确立"阴阳"学说,把《周易》作为"阴阳"的起源。后面的"八卦定吉凶,吉凶生大业",则是沿用了阴阳家的策略,把《周易》变成了与神仙方术相同的、一种供统治者为一己之私而使用的神秘工具,或者说把《周易》变成了神仙方术的起源和代言。汉儒如果要树立新的思想权威,那么《周易》就不能是与其不同的独立的思想,而只能是"圣人"为了"所居而安"和"所乐而玩"的工具。这不仅消解了思想性,甚至把占卜本身也变成了一件神秘而轻浮的事情。

《系辞》的逻辑很明确:读者需要知道天地尊卑、男女长幼的规矩,需要知道"一阴一阳就是道",需要知道《周易》是基于"阴阳"世界观而创造的占卜工具,需要知道连"最正统"的孔子都喜欢《周易》。然后,想进一步了解《周易》吗?那就来学习筮法和占法吧——反正想有"大业"就要学会占卜,就像如今想当"贵族"就要会骑马一样。

从《系辞》开始,《周易》当中的"阴阳"有了更加玄妙的起源。《系辞》有"河出图,洛出书,圣人则之"这句话。古代"图"指图案,(作者注:也有人认为是地图,但我认为这关系到对制图技术的考据,在没有明确证据之前,最好采取保守的看法。)"书"指文字,今天的图案和文字都是大众可以随意获取的,但在上古时代,文字和特定图案是最高权力者才能掌握的东西,也就成为权力和责任的象征。"河"指黄河,"洛"指洛水,都是权力所在的地方。这句话可以理解为在描述一个国家的面貌逐渐形成,是在为大一统的汉帝国溯源,无伤大雅。但不知从什么时候开始,对这句话的解释变成了如下内容:在神话人物伏羲的时代,有龙马背着"河图"从黄河出现,神龟背着"洛书"从洛水浮现,"河图"和"洛书"上面是神秘的符号,这些符号指明了"阴阳"的规律和八卦的结构,伏羲则根据这些符号创立了以阴阳为基础的八卦,而后才有了周文王的《周易》。从此,"阴阳"学说就不仅只是源自《周易》,还成为《周易》之前的神迹。

于是,"两仪生四象,四象生八卦"又和"河图洛书"的神话联系在一起,成为一句从河里冒出来的神谕。如此《周易》就被彻底神秘化了,汉帝国的文明起源也随之成为一个神话,而儒教则成为这个神话的代言。汉代以后出现的道教大约明白这个故事的力量,便也常常把这句话挂在嘴边,把它变成了道教的起源传说之一。由此,道教的理论基础也被《系辞》提前准备好了。

从那以后,天地间的规律,或者基于此规律的占卜之事,就常常以"阴阳之事"来描述了。有趣的是,"阴阳之事"一词出现的最早文献是《左传·僖公·僖公十六年》的"传"的部分——"退而告人曰:'君失问。是阴阳之事,非吉凶所生也。吉凶由人,吾不敢逆君故也。'"这个词在此处形容人力得失之外的天理的运行,不仅突出了"阴阳",还区分了人的吉凶和世界的阴阳,突出了阴阳的神秘和不可触摸。《左传》相传是春秋末期的左丘明所作,是大大早于战国后期的阴阳家的,因此,这句话甚至被后世作为阴阳说古已有之的依据。对此,宋代以来考据多认为《左传》是战国时人假托左丘明所作,而康有为甚至认为是西汉末年刘歆所作。总之,如果"阴阳之事"真是左丘明记录的,考虑到这个词在他同时代以及比他更早的其他文献中找不到任何呼应,那么他必然是一个独自继承上古神谕的天才。

看了阴阳家和汉儒改造前人文字的方式,也就不难理解为何《系辞》中要凭空加入孔子的语言了。既然孔子需要被塑造为汉帝国思想的正统,那么他"必须"对《周易》发表意见——他的具体意见如何不重要,重要的是他的话语需要出现在"两仪生四象"与"河图洛书"这样的内容之间,且必须和这些"神谕"彼此映衬和认可。在"黄老家言"流行的年代,孔子几乎要被人忘记了,而到了汉代,这位连"阴阳"都没听说过的老先生,却凭空成了充满阴阳神怪之气的汉代儒教文献里最重要的"往圣"。

这样的神话创作直到近代还在延续,比如莱布尼茨(Gottfried Wilhelm Leibniz)发明二进制算法这件事,不知道经过哪个史学家的考据,便成了受到阴阳学说的影响;甚至整个《周易》的八卦体系,以及那份汉儒杜撰的河图洛书的阴阳八卦图,都被认为是二进制的先驱。稍微有一点数学知识的人,去稍微了解一下八卦的相互关系,就不难发现八卦和二进制算法一点关系都没有。倘若,万一,莱布尼茨真的是看到阴阳图的二元关系之后发明了二进制,那这样的启发就像牛顿被苹果砸了之后发现万有引力定律一样:厉害的是牛顿和莱布尼茨,而阴阳图和苹果的角色是一样的。

根据尚秉和的《周易古筮考》,孔子倒是真的曾为自己占卜过:首先,作为心怀天下之人,他认为自己有资格向天地之理寻求指引;其次,他并非为自己来问具体的事情,而更像是一种对自己生命整体处境的求问。他用古老的筮法得到了"贲"这一卦。然后,他没有用任何既有占法来解读这一卦,只是参考了《周易》对"贲"这一情境的描述。简单来说,"贲"描述了"装饰"这件事。正如前文所讲,《周易》对每一卦的描述都是中立的,是对情境本身特征和变化的讲述,并用不同的情境给人启示,不涉及任何吉凶利弊。"贲"所讲的"装饰",既不是说某人某事需要被修饰,也没有说装饰是好是坏,而是介绍了"装饰"本身,就像草木被光芒照耀而生辉,也像君子需要车马帮衬,或者像家国之事需要礼仪文字来表达。

孔子看到这一卦很不高兴,他的弟子问他为何不高兴,也是想知道孔子是如何解卦的。孔子没有用任何占法,也没有任何看似严谨的解卦过程,他只是认为自己与"装饰"无关。他说:"在《周易》,山下有火谓之贲,非正色之卦也。夫质也,黑白宜正焉,今得贲,非吾之兆也。吾闻丹漆不文,白玉不雕,何也? 质有余,不受饰也。"大概意思是说:"《周易》说的'贲'是山下的火(光)照亮山顶('修饰'的卦象来源),这一卦无关事物的本色。要表现质地,黑白就够了,不用多余的色彩。我得到了'贲'的意象,但这不是我要的。丹漆不须文,白玉不用雕,为什么? 因为质地够好,就用不着修饰。"

显然,孔子认为自己是一个有着好"质地"的人,用不着装饰,所以他想不明白,为什么天地要给他一个"贲"作为提示,自然就闷闷不乐了。这里可以看出两件事:首先,孔子并没有把《周易》看作占卜之书,因为他把《周易》看作对天理和情境的描述,所以才重视《周易》的意见,为此,他甚至没有用任何占法来解读自己的卦,而只是根据《周易》提供的情境,来自行理解"贲"所描述的自己的情境。这不是一次占卜行为,而是一次根据自己的理解,对自己所处情境的求问。如此看来,他不可能发表《系辞》当中所记载的言论;其次,孔子没有料到,他一生追求质地、不求修饰,最后却被汉儒修饰得彻底,被后人供上神坛。他的言语不再重要,对他言语的歪曲和捏造反而被视作神谕。不过,若非这些"修饰",他的很多本意也无法被后人所知了。所以"贲"对他而言终究是必要的,还是无法逃避的?

无论如何,最应该生气的应该是《周易》本身,或者它也早就预料到了自己的处境? 如果说欧洲的文明史恨不得把毕达哥拉斯和柏拉图塑造成从天而降的大理石雕像,那么中国的文明史里则不乏语焉不详的神棍。这不是任何一个文化体的问题,而是思想与文化的传播总需要让步于人性对愚蠢的依赖。任何闪光的事物要被大众所接受,其光彩也必须被有意无意地掩埋在愚蠢的说辞背后。

　　董仲舒他们的工作也没有那么不堪,他们毕竟为中国思想的发展作出了某种不可逆的"贡献",或者说思想的传播终究需要在迷障中前行。直到宋代,新儒家周敦颐的《太极图说》以及朱熹的《周易本义》都结合了道家说法,强调了二元逻辑——例如在《太极图说》和朱熹的《近思录》开头有关世界观的部分,都引用了《系辞》中的"太极生两仪,两仪生四象,四象生八卦"。其中的"两仪"与《系辞》中的"一阴一阳之谓道"相对应。仔细考察宋代以来的新儒家思想,会发现他们一直在二元逻辑与三元逻辑之间反复跳跃。在讲述世界观的时候,他们是二元的;而在讨论具体的世界与自我的关系的时候,他们又跳出了二元的框架。看上去,周敦颐以来的宋代思想家们虽然在理念上不受束缚,但在讲述方式上,还是不得不遵循这一远古留下来的"阴阳"习惯。到明代王阳明之后,这些概念都仅仅是名称的区别而已,不再重要了。可惜"阴阳"这个概念实在太好用,直到今天,若不以"阴阳"概念讲述中国思想,反而显得"阴阳怪气"了。

　　另一方面,《周易》与占卜的关系也始终没有被正确认知,现代人普遍认为《周易》仅仅是一本占卜工具书。直到近代,对中国思想怀有深厚感情的荣格(Carl Gustav Jung)也上了《系辞》的当——他对《周易》的研究十分强调其占卜功能,甚至用尽全力为之辩护,解释占卜结果的某种超然的合理性。这反映了《周易》被检验的普遍方式:如果占卜结果是正确的,那么《周易》则是"有效"的思想——这么说来,《周易》已经被当作一种科学技术来看待了。这是何等的谬误。历朝历代,有关用《周易》占卜的理论和传奇故事层出不穷,人们总在"信"与"不信"间徘徊,就像荣格,努力希望人们能"相信"它。但是,《周易》本不需要人相信,就像人不需要相信有春夏秋冬,因为这世界本来也可以没有春夏秋冬。

5

佛与道的世界
——作为前沿思想的宗教

就像欧洲中世纪的思想交由神学来延续，汉代以后的中国思想则体现在佛教和道教当中。基督教的流行令今天的人对宗教有一种刻板的印象：宗教就是相信某个神，追求神的指引或拯救，而不同的宗教有不同的神。这个看法大体上没有问题，但很容易忽视不同宗教中人与神的关系。在道教和佛教里，人并不是全然处于被支配的位置，神也不是一直都"在那里"的。

在3—6世纪的魏晋南北朝时期，中国经历了空前的分裂与战乱。首先是汉末至三国时代的战乱令人口锐减，西晋的人口密度无法实际覆盖北方各省的领土，导致以匈奴、鲜卑、羯、氐、羌为代表的少数民族南迁，历史上一般将其称为"五胡乱华"。这并非任何有组织的军事入侵行动，也不是"五胡"蓄意要给中华带来混乱，而是人口自然迁徙过程中导致的民族冲突和由此带来的权力与社会结构重组。东晋王朝退守长江流域，放弃了黄河流域大片领土。中国北方则进入不同民族各自为政、吞并战争此起彼伏的"十六国"时期；最终被本来最为弱小的、由鲜卑人建立的"魏"（史称北魏）在公元439年统一。与此同时，中国南方在东晋之后由"宋""齐""梁""陈"四朝先后接管，直到杨坚在北方建立的隋王朝统一了全国。

在这个从 3 世纪持续到 6 世纪末的大动荡时代，充满战争与死亡的现实，与汉代丰富的精神遗产结合在一起，在残酷乱世中激发了自我意识的觉醒，以及由此而来的，在思想、文学、艺术，直至政体和民族身份等各方面的狂热创造力。

北魏以鲜卑族带有原始部落元素的贵族体系为基础，在孝文帝时进行了一系列汉化改革，几乎用拔苗助长的方式把一个刚脱离母系氏族社会的文明推进到封建阶段。这强大的内部张力撕裂了北魏政权和鲜卑人的内心，而佛教恰到好处地填补了这个新兴帝国的迷茫和空虚。佛教告诉人们佛在最远的地方，但又住在每个人的心里。佛教不是为征服者准备的，而是为即便在自己的土地上也缺乏家园感的人准备的。如果佛在心里，那么家园自然也就在心里，"故土"便不再重要了。作为正在习惯新家园的远行人，鲜卑人对同样是外来者的佛教有着天然的好感，并看到了以自己的方式建立一种文明和新的文化身份的依据。

南方自东晋以来的各朝以汉代贵族为基础，继承了所谓"正统"。这一"正统"往往限于贵族的自我认知，而非任何改变现状、收复故土的动力。汉代贵族的根基深厚，在东晋，皇帝司马氏的威望是不如江南王谢这样的地方门阀的。皇帝更像是倚仗贵族势力的行政长官，权力有限。随后南方四朝的皇权也从未真正超越贵族的影响力。贵族们一方面认为自己的身份和地位是某种继承自汉代的权威结构所赋予的；另一方面，除了少数有自我要求的人之外，他们普遍认为自己没有义务恢复汉代的大一统。这并非出于自私，而是当时的人大多不认为"一统中华"是任何必须的目标。站在魏晋南北朝的视角回望中国历史，分裂的时间远远长于统一的时间。相比秦汉的大一统，眼前的分裂局面似乎才是"历史的必然"。在南朝贵族们看来，没有什么朝代是长久的，那只是虚假的权力,只有家族的荣光真正延续。

汉代儒教用今天的说法是"政教合一"的。在三国之后,儒教的权威随着分崩离析的汉帝国一去不返。在北方和南方,虽然都有自认为继承了汉代正统的儒生们坚持宣扬儒教,但"四书五经"之类的东西已经不再是必读的了,它们在东晋之后变成了类似今天的"四大名著"之类:读过的人自然才算是了解古代文学,但没读过也不是什么不可接受的事情。

道教的兴起则加速了儒教的衰微。每个宗教都把许多不同的源头汇集到一个创始人身上,对道教来说,那个人就是东汉的张道陵。他把在汉代儒教的光环下重新流行的"黄老家言"发扬光大,以个人修行为基本方法,追求长生和成仙的最高境界,并以追溯的方式将老子奉为教主。他首次提出"太上老君"这位道教之神的存在,老子则被描述为太上老君的第十八次化身。道教继承了阴阳家的二元逻辑,并改造了《周易》和老子的思想。从张道陵开始,《周易》的八卦符号便一定是以阴阳双鱼为中心了。简单来说,道教将自然的规律与生命的规律以"道"和神仙的方式形象化了,一切都建立在生命与自然的和谐共鸣以及个体对这种共鸣的深入体悟之上。后世道教经历了许多变迁,但基础框架在此时已经真正形成。

道教和佛教一样,强调冥想与打坐等个人练习。在张道陵比较明确的相关论述——《老子想尔注》中,他提出了一些"和五行之气"以及长生不死的具体方法。因为其中一些与"房中术"有关,也篡改了一些老子的言论,因此并未被当作经典。汉代安世高和曹魏康僧铠对《无量寿经》的翻译,对佛教的冥想方法进入中国起到了相当关键的作用。这部典籍谈论了基于瑜伽行派的冥想行为。随后,《安般守意经》《坐禅三昧经》《达摩多罗禅经》等典籍也在中国出现,其中都包含了静坐与冥思的内容。张道陵的出生时间比安世高早一百多年,他似乎并没有提出独立的、基于冥想的修行方法。看上去，在佛教的冥想方法进入中国并逐渐普及以后，道教的修行方法才随之更新。在早期道家缺乏详细的修行方法之时，"清谈"与"炼丹"可以被看作重要的补充。"清谈"强调思辨和言行举止；而"炼丹"则强调对自然奥秘的发现。

道教缺乏改变现实世界的愿望，因为它首先对现实缺乏兴趣。它也不像大乘佛教在强调现实之虚无的同时，还要通过菩萨道来普度众生。道教对个人在现实中的操守与责任是缺乏约束力的；相反，它为个人摆脱现实约束提供信心。对儒教来说，自然界是反省自我的参照；而对道教来说，自然界是人远离世俗的自由之地。儒教强调大一统和个人之于国家的责任；而当时的道教不认为个人对国家负有任何责任。

道家修行的逻辑基础是："人"是与万物相同的自然造化，因此一个人无论其阶层和思想，先天都是高贵且高尚的。这种高尚不源自任何理论论证，也不遵循任何预设的德行标准，而是因人本来就与天地间最普遍的力量和规律联系在一起，并可以通过自身的经验和实践（修行与日常）发现这种联系，把自己提升到新的境界。这也成为后世许多神怪故事的基础：之所以在成仙的人之外还会有成仙的动物甚至植物，是因为人与万物本来就相通，并享有同样的被道教所描述的"道"。

从人的角度来说，"道"可以理解为人在自然界当中一切经验的汇总。这些经验的产生都源于人自身的行为，《周易》与《道德经》则是其汇总方式的可读总结。如果说道教给了人们信念，那就是确认了人作为人是有尊严的。这种尊严被万物平等地享有，而人与万物一样，一切权利和命运都是由自然赋予的。因此，人是自由的，不仅不必屈从于汉儒所强调的皇权，而且个人在"道"当中是可以变得高贵而非卑微的。这种高贵并非对天堂或来世的许诺，而是对当下生命的肯定。

到了魏晋南北朝时期，在佛教开始流行于中国南方之前，东晋的贵族们与道教的超然和自我中心天然地联系在一起。究竟是道教促成了魏晋时期贵族的意识形态，还是那时的贵族气质促成了道教的流行——为这类现象寻求因果关系往往是粗暴而徒劳的。历史并非由因果关系构成，许多现象只是刚好在同一时空发生了联系。重要的是，道教对"成仙"的承诺并非神对人类苦难的补偿，也并非对个人之于国家或教会等机构的忠诚行为的奖赏，也不是人类对罪过的救赎，而是人类对自己的成就、自然之"道"对个人修行和自我发现的肯定。这种肯定与现实中的任何责任或行动无关。这给了魏晋时代的人，尤其是具有现实便利的贵族，根据自己的意愿来塑造个人德行的机会。

这一思想首先在东晋贵族身上变得根深蒂固，然后成为那个时代的风气。在中国后来的历史里，尽管有很多倾心道教的皇帝，却没有任何国家结构与道教联系在一起，因为道教反对儒教的国家思想，厌恶末期汉帝国所显现的腐败与臃肿，并且以先秦思想中不曾见的方式专注于"人"本身。

贵族们在这样的思潮下也继承了儒教的民本主义，并进一步确定了自身与普通民众的平等关系——这种平等并非身份和地位的，而是作为人的平等。东晋贵族在维持自我中心的同时，并不认为自己相比平民是高高在上的存在——无论是否能成仙，他们都同样享受人在天地间的快乐。今天的人对道教的印象往往是保守而神秘的，因为作为一个古老的宗教，道教不会用现代世界的概念来解释自己，但它以独特的成仙理念让人重新发现自己在天地间的位置，这不仅为北宋新儒家对个人的强调打下基础，实际上也成为后世人文主义思想的源头。在战火纷飞、稳定秩序无迹可寻的年代，个人的光芒并没有屈从于任何临时的恐惧或迷信，而是在道教的引导下变得耀眼了，这本身就是魏晋时代的巨大成功。

由于道教的流行，魏晋文化人之中的绝大部分，包括后世津津乐道的王羲之或者"竹林七贤"，都可以被今天的人们看作如假包换的"道士"。这与人们的普遍印象不符。人们心目中的中国"文人"常常是脱离了宗教的,或者必然是"儒家"的,但这是一种极大的误解。从 20 世纪初开始,中国古代的思想者们被莫名其妙地赋予了一个刻板形象:"文人"是由某种所谓的"儒家思想"定义的意识形态集团;一个人学习了四书五经,再对着孔子的照片宣誓,就能成为一名"文人";这样的"文人"继承孔子的思想,捍卫中国传统中的一切腐朽;他们偶尔贡献一些琴棋书画方面的"精华",但总的来说,他们就是问题本身,因为他们都是孔子的信徒,而孔子教会了他们一切有关"儒家"的坏习惯,并通过他们——尽管不知道是怎么做到的——把这些坏习惯传授给了每一个"中国人"。

中国文化人的思想形态在不同时期是截然不同的,他们没有固定的阶层,也没有固定的群体组织,更没有任何"文人"会去继承任何被当作理所当然的传统的"儒家"文化。由于中国社会的丰富性和变动的广泛性,"有文化的人"在各个时期的身份和生活状态都是截然不同的。在中国历史的发展历程中,根本就没有任何一以贯之的"儒家思想"或者"文人群体"存在过。同样的,欧洲思想也并非人们熟知的那个"古希腊思想一脉相承"的神话。思想和社会都是由一个个鲜活的人构成的,没有任何人先天就会去扮演任何角色,去完成任何先天就设计好的故事。

魏晋文人常常因为"清谈"以及他们的道家信仰而受到批评,因为他们的思想被认为是迷信且与现实无关的;可是,至少在表面上没有明确宗教信仰的先秦思想家们在努力改变现实的时候,又被认为是投机且讨好统治者的。古希腊哲学家则被认为是完美的,因为他们无论说过什么、做过什么,他们都已经是"古希腊的",并且被笼罩在"理性"的光芒之下。

这样的宏观叙事还掩盖了一个非常重要的基本事实,那就是"理

　　　　　　　　　　　　　　　　　新思想的黎明

性"与"宗教信仰"从来就不是矛盾的。相反,从最初形成开始,它们就是相互支撑的。从毕达哥拉斯开始,"理性"的最终指向就一直是与迷醉或神秘崇拜有关的超然感知。在那之后的发展中,即便在最成熟的形而上学体系里,"理性"也从来就没有真正摆脱过"上帝"。在欧洲的思想舞台里,"理性"这个词是为古希腊以来的欧洲思想脉络量身定制的,因此别处的思想自然就是"非理性"的。其基本逻辑是,只有"理性"是神圣的,因为只有它与上帝有关;别处的思想都不是"理性"的,因为那些思想只与别的神有关。

于是,当"迷信"的道教将人性从儒教中解放出来的时候,中世纪"理性"的基督教信徒们却为了神圣而崇高的教义烧死不合群的"异教徒"。黑格尔便是继承这种精神的典型:他以现代的名义给"理性"和"自由"规定了狭隘的定义,再根据这一定义排除别的思想形态,甚至一厢情愿地认为,中国思想不符合他的定义是因为象形文字有问题。他或许无法代表当时的大多数意见,但他的意见显然因为其武断和浅薄而变得方便传播且流行起来了。

当东晋灭亡,南朝逐渐受到北方的魏帝国影响开始流行起佛教的时候,并没有任何形式的宗教冲突爆发。新一代的南方文化人没有遇到任何真正的阻力便接受了新的信仰。这体现了道教和佛教大乘教派的魅力:道教削弱信仰本身的强制性,并强调个人的特殊性和珍贵性;而大乘佛教也支持这一点,并且给信仰者提供了至少在字面上看起来更加难以达成的目标——成佛。"人人皆可成佛"与"人人皆可成仙"并不冲突。从根本上说,佛教与道教一样,在传播一些看上去晦涩难懂的思想之前,也将"人"的个体重要性放在空前重要的位置。佛教也是内省的,它鼓励信徒去提升自我,而非根据任何可循的规则或偶像去追随前人的脚步。在中国南方,道教与佛教的转变与融合,与其说是宗教本身的善变,不如说是这两种宗教都鼓励个人的自我发现,由此信徒个人的进退得失就比教义的传承更加重要了。

北方则有所不同，伴随着道教的发展和儒教的复兴企图，北周在武帝时期进行了大规模的灭佛运动，虽然之后的北方皇帝又迅速恢复了对佛教的支持，但依然造成了不小的文化损失。一般的分析认为北方寺庙的权力和经济实力过大，影响了北周的统治，而武帝又受到身边的儒生和道士的鼓动，希望通过排斥外来宗教以融入中华"正统"。无论武帝灭佛的原因如何，究其根本，是因为北方的强权状态让皇帝有了根据自己的理解和需要来"选择"宗教的权力；而南方的佛道相融则是由地方贵族塑造的开放思想氛围的天然选择。越是想要变得"正统"的人，越是脱离正统的轨道；真正的"正统"不需要通过强力的手段来实现，只需自然而然地演变，因为"正统"本身就是变化发展的。

道教与佛教最为具体的融合点就是"冥想"和"清谈"。"冥想"的意义显而易见，而"清谈"作为东晋道教群体常用的交流方式，强调个体的想象和跳出教义之外的独立思考，也强调通过言语交流来获得新的领悟。这本身就是一种开放的修行形态。因此，当佛教在中国南方流行之后，"清谈"的风气也没有褪去，只是谈话的内容里增加了有关佛的部分。这又影响了后世禅宗的发展，尤其是"看话禅"的形态，实际上其与"清谈"非常相似。

"冥想"和"清谈"在后来都发展为扭捏做作的表面功夫，因为只有表面功夫是容易流行的。可是，在它们最有生命力的那段时间里，它们的发展意味着佛教和道教在个人的内在领域，在内省和领悟的层面——而非在教义层面——逐渐成为可以共存的共同体。"知行合一"也由此被推进一个新的境界。在当时，"知行合一"并非一种必须遵循的经典教义或者由任何人提出的古训，而是从《周易》就开始显现的，对思想与实践之间不可分割关系的常识性认知。古希腊哲学认为纯粹的沉思是高尚的，这可以追溯到毕达哥拉斯和柏拉图；但中国的思想者从来就认为思想与实践不可分割,就像人要睡觉一样自然。如果把"纯粹的沉思"看作标准答案,人们会问"为什么要知行合一";但如果没有这个"标准",知和行又为什么要分开呢?分离后的"知"难道反而会更加可靠吗?就因为它更加靠近"上帝"吗?在问中国"为什么没有纯粹的思想"之前,很少有人发现"纯粹的思想"本身就是一个问题。

在佛道修行方法的影响下,"知"与"行"的内在关系被梳理得更加明确了。"行动"不再限于可见的、与外在世界有关的行动,而是包含了身体和精神的内在动作与感受。也就是说,"知"也成为"行"的一部分。另一方面,一个人的外在动作或言语,也不仅仅承载其表面想要传达的意思,而是其内在精神和身体状况的显现。一个人通过反省自己的言语和行动,可以更加清晰地认识到自己的内在整体,那么"行"也成为"知"的一部分。实际上,从《黄帝内经》开始,内在的思考与身体的运行,都被理解为与外在世界有关的一个整体。佛教和道教的融合让这个整体变得更加清晰,理解并提升这个整体也变得更加可行了。

更重要的是,道教与佛教通过知与行所建立的,对自我与世界之关系的理解,让中国当时的文化人开始拥有一种自觉:自己并非任何体制或神话的附属,而是作为天地间的独特造物而存在的。在这种变革里,他们更发现信仰中的神不是先验的,而是修行所要发现的对象。也就是说,在自我发现之前,自己的精神可以是飘荡的、无根的、自由的,并且随着自己在现实中的态度与行动而改变。这样的结果是道教和佛教双方所共同鼓励的,甚至可以被看作修行实践的一部分。由此,中国的思想者们变得空前自由而活跃了。

这种自由的氛围来自可供冒险的环境和可供发现的信仰两者所共同鼓励的、基于个人自我提升的自由主义。在佛教和道教的鼓励下,中国的文化人学会将"自然"作为一种自我发现和自我反省的参照,这是他们唯一需要的精神支点。中国的思想者不再需要塑造任何像儒教那样强势的、群体性的信仰，再让个人的行为因强大的信仰而变得合理。他们也不需要发明任何让自己的文明变得更加光鲜亮丽的神话，因为他们对现实的多变和暂时性有着深刻的认知。

佛与道最大的分歧在于对现实世界的态度。由于菩萨道的存在，佛教对现实世界是有着强烈的拯救愿望的，也因此更加强调基于现实所需要的行动。在这一点上，佛教与儒教的关系更为紧密。发现了这一点的重要性之后，南朝的道教领袖葛洪从道教内部进行了改革。葛洪最为人知的是医术，他也是中医免疫学的创始人，并通过炼丹术确定了许多实验化学的基础方法，这些方法后来由伊斯兰世界的科学家们发扬光大了。葛洪主张修道者必须兼习医术，"以救近祸"。由此出发，他为道教思想加入了济世的主张，这多少纠正了"清谈"对世俗事务的冷淡态度。他的《抱朴子·外篇》则更加直接地批评了魏晋的清谈风气，强调德与行并重。这里的"行"不再仅仅是个人修行，而是对社会和国家的贡献。为此，他融合了儒教的思想，并将《论语》《诗经》等内容作为道教讨论的对象，重新提出了济世理论和尊君思想。

汉帝国时期的"尊君"思想是为了大一统国家的稳定；而葛洪提出"尊君"，则是在皇权式微的前提下。在东晋的乱世中，面对北方各国的危险，各大家族往往为自身利益考虑、各自为政，导致国家屡次陷入危机。葛洪的理念实际上是一次逆潮流而动的思想改革，并不受贵族欢迎。葛洪也很难用"清谈"的方式说明经世济国的重要性，因为这本身就不是道教的内容；但他在医术方面的高超能力令他在当时显得不合群的济世理论也具备了一定的说服力。至少，葛洪作为道家领袖提出这些主张，后人即便不同意他的学说，也不会再把经世济国仅仅看作顽固不化的儒教残留物了。这让魏晋贵族的自我中心主义在一定程度上得到了约束。另一方面，当佛教传入南方，《华严经》所强调的"菩萨道"的内容实际上也支持了葛洪的学说，并终于令他的学说显得不那么令人不快了。或者说,因为佛教的传入,儒教当中那些看上去最不"宗教"的部分,才得以在道教当中延续下去。

道教的产生、它与儒教的对立关系、佛教的传入以及三者之间关系的调和,一般被认为源于东汉后期人民对国家的不满情绪,以及弥漫在魏晋南北朝的消极避世的世界观。然而,并不是任何存在不满和消极情绪的地方就会有新的宗教。基督教能够在中世纪延续,并不是因为那里的人们安居乐业,相反,那里民不聊生。道教的产生无论原因如何,都最早说明了一个不断被证实的现象:任何宗教在东亚都可以流行,但也都难以对人的思想形成绝对的控制。任何神在这里都是可以被接受、被怀疑,同时又是共存的。这显然是一种值得赞美的文化性格。然而现代以来的"西方"历史叙事灌输了一种逻辑:对"上帝"的坚定信仰是值得赞美的,对别的神的坚定信仰则是感性脆弱而反科学的;对"上帝"的怀疑代表了科学精神,对别的神的怀疑则是朝三暮四的投机主义。

南北朝时期活跃的思想环境塑造出许多独特的价值观和生活方式。"落叶半床,狂花满屋",这样的诗句不像是出自南朝人之手,倒像是二战后的摇滚歌手所作——他们的确有些许相似之处。这首诗的作者庾信身为守城将领,在"侯景之乱"中逃跑了。他不认为献身国家是自己的责任,也是一位坚定的反战主义者。另一位东晋时期京城"二十四友"之一的贵族刘琨,带领一千人独自北伐,创造无数战争奇迹,征战十年后兵败身死。对他来说没什么"忠肝义胆"之类的道德要求,战争是他主动选择的生活方式。刘琨的朋友石崇拥有倾国的文采和财富,却鄙视一切,唯一在乎的就是恋人绿珠,最终两人殉情。北齐的末代皇帝高纬,因为宠爱冯小怜而被后世塑造为"昏君";他认为国家由谁来统治都一样,所以对邻国的竞争力不为所动。在得知平阳陷落、国家将亡的一刻,他选择与冯小怜再打一场猎。唐代诗人李商隐据此写诗责怪他的不负责和冯小怜的"红颜祸水"形象,但对高纬来说,失去国家更像是一种解脱。那时的百姓安于贵族的统治,并把贵族视作大众偶像。在好的时光里,人们会在街头朝路过的贵族投掷花朵,只因为倾慕他们的美貌,并衍生出"侧帽风流"这样的故事……在魏晋南北朝时期,这类不符合任何既定价值观的故事,或许比中国历史中其他朝代的奇闻加起来还要多。他们不接受既有的历史或道德框架,有时候宛如天人,有时候则败坏得令人齿冷。

多元的价值观影响了魏晋南北朝思想文化的各个方面,例如以《文心雕龙》和《文选》为代表的文学评论开始出现。《文心雕龙》的作者刘勰以"道"为核心,强调文学和诗歌就是一个人内在境界的显现,而非既定的修辞和逻辑的产物。他认为刻意展现修辞和文字的美感是可鄙的行为,因为那种展现是表面的,而非由内而外的。而《文选》的作者萧统则强调文体的规范、传承以及修辞的精巧,体现了南朝贵族对仪表和狭隘"正统"的普遍认知,但也对后世文学尤其是格律诗的发展作出了很大贡献。这两本书所强调的不同美学也影响了中国后世艺术的发展。

《文心雕龙》的精神鼓励革新与风格的个人化;《文选》则象征了对正统的捍卫。从思想原理的角度来说,《文选》所强调的格律,实际上反映了汉代以来的儒教所强调的结构化和阶层化的世界观;而《文心雕龙》则强调了以《周易》为原理的自然思想的进一步发展。《文心雕龙》可以看作以唐代韩愈为代表的古文运动的先声。而古文运动绝不仅仅是一场文学运动,也是在反对整个宗教时代的宗教化的世界观,并呼唤着一场彻底的、以世俗化的个人心灵和理智为基础的思想变革。这场变革最终由宋代的新儒家学者完成,并一直影响到欧洲经验主义哲学的诞生。而这一切都源于道教和南朝贵族对个人自由和个体独特性的强调、佛教对世界和自我的深刻洞察,以及《周易》对自然和自我之联系的讲述。

萧统的弟弟萧绎是一名自视甚高的皇亲，他认为自己是中国文武之道的完美化身，想除掉所有碍事的亲戚自己做皇帝，最终却被迫向西魏投降。兵败之时，大约感到读书无用，他把自己收藏的十四万卷书籍付之一炬：这是中国历史上最大规模的焚书事件——到唐朝初年，全国统计的藏书也只有九万卷而已；相比之下，秦始皇的所谓"焚书坑儒"只是一种威慑性的仪式。据说萧绎当时哀叹："文武之道，今夜尽矣!"与他的想法正相反，书的存在与否并不阻碍"道"的发展，因为"道"在人心。不久之后，东亚文明就将迎来唐宋的黄金时代，那并不依赖于任何被汉儒塑造出来的虚假的孔子或者老子的教化，也不依赖于任何重见天日的神秘古籍，而是以魏晋南北朝那真实存在的思想狂潮为开端的。

6

从禅宗到新儒家
——宗教思想的世俗化演变

"禅"这个概念的起源可以追溯到梵语中的"dhyāna"（冥想，专注）一词。"禅"强调严格的自我控制、冥想练习、对事物特质的察觉（见性），并将这种察觉贯通在日常的实践中。"禅"的最终指向是生命中的每一个念头和每一个行动。如果某种经过训练的、超越理念的专注贯穿了生命的全部，那么这种专注将失去自身的存在感。因此，禅修的最终目的便是"禅"的消散——无论它是什么。对一个有所参悟的人来说，日常的每一次行动、每一场无关紧要的谈话、每一次思考，都是对禅的实践，但这个人可能依然无法解释禅是什么。

"禅宗"最初作为一个佛教流派，强调人不需要向外求佛，不需要遵循任何特定的规范，不需要传统佛教机构的引领，只需要以专注的方式内省自身，并以某种方式训练这种内省，便能"成佛"。需要注意的是，至少在古代，并不是只有"禅宗"的追随者才会进行"禅修"行为；相反，"禅修"广泛地存在于各流派的佛教修行当中。"禅宗"是从其中蜕变而成的。"禅"往往指向"禅修"本身，以及自我对"禅"的认识方式。在中国思想的发展历程里，禅宗作为一个宗教流派，极大地推动了禅修的发展,以及整个东亚思想形态的成熟。

初唐到唐中期,禅宗五祖大满禅师弘忍和他的弟子神秀创立了中国历史上第一个禅宗流派"东山法门",这实际上意味着禅宗作为一个被命名的宗教或者思想流派的真正诞生。从这时候开始,神秀以及弘忍的另一位弟子,也就是后世所说的六祖惠能,开始各自传播禅宗的理念。惠能的学说比他的同辈更具突破性,更深刻地影响了后世禅宗。他说:"不用求净土,净土只在你心中。不用坐禅,见你本性即是禅。不用修功德,见性是功,平等是德"以及"向来人说三身佛,我今告诉你,三身佛都在你自身中"[1]。后人所谓的"直指人心,见性成佛"就源于此。禅宗让"成佛"的大门朝每一个人敞开了。惠能之后再无"七祖",可能是因为禅宗已经普及开来,没有人再需要以先驱的方式弘扬佛法了。

禅宗更久远的形成路径可以追溯到发生在南北朝以及隋朝的达摩祖师和二祖慧可的传道。菩提达摩最初到达中国的时间尚未得到考证,去世的时间大致在公元528—536年之间。根据《洛阳伽蓝记》记载,他自称年过一百五十岁。达摩祖师被追溯为禅宗的鼻祖,主要在于他强调了禅宗所依托的"众生平等"理念,即"人皆有佛性,透过各自修行,即可获启发而成佛"——每个人都可以通过各自不同的禅修方式达成超越。

达摩祖师的法门核心是"二入四行"。"二入"指"理入"和"行入",分别对应思想和实践。"四行"指"抱怨行""随缘行""无所求行"和"称法行",讲述了对待自身和他人的思想及行动的内在方法。也就在这段时间,冥想练习和打坐的方法在中国普及开来。正如上一章所说,通过安世高和东晋高僧鸠摩罗什等人的翻译讲述,以及《安般守意经》《坐禅三昧经》《达摩多罗禅经》等典籍进入中国,禅修的基本形态已经形成

---

[1] 引用自胡适在《坛经考》中的记录。

了。在当时,这些修行方法并不专属于任何业已形成的"禅宗",它们不仅被佛教的修行者广泛采用,还深刻影响了道教的修行方法。

最早的禅修没有固定的规则,所有方法都是为了启发心性——也就是佛性。在这方面,释迦牟尼佛和弟子迦叶之间"拈花一笑"的故事广为流传,迦叶也因此常常被认为是禅宗在印度的祖师。显然,达摩祖师和迦叶都认为,这些方法是广泛地适用于所有佛教修行者的,他们并没有提出"禅宗"这一流派。达摩祖师认为"人人皆可成佛"理念是适合所有修行者的。

"人人皆可成佛"理论也并非达摩祖师的发明,而是大乘佛教的固有内涵之一。大乘佛教源于印度佛教中以《法华经》为基础的大乘教派。"大乘"的梵语是"Mahayana",意为大型车辆,比喻将众生不分高低贵贱,全都渡到彼岸的意思。根据印度佛经的记载,释迦牟尼佛在进行大乘法会时,似乎意识到了自己时间不多,但需要讲的内容还有很多,所以条理不像之前那么清晰,而是直指重点,强调人人皆可成佛等内容。这在表面上推翻了他自己之前的许多讲述,导致一些听众无法理解甚至因为抵触而中途退场。汉传佛教在事实上成为大乘佛教的主要发展者,禅宗的出现则以更具突破性的方式继承了这一精神。六祖以来的禅宗不仅强调人人皆可成佛,还质疑了传统佛教仪轨和机构的必要性。

更加具体的禅宗理论至少可以追溯到东晋和南朝时期的高僧道生。据说道生自幼出家,十五岁便登堂讲课,主张众生皆有佛性和"顿悟"说。在达摩所传之道和禅修的方法逐渐普及之后,有关禅宗的理论就逐渐在各家各处萌芽,道生的学说可以看作其中的代表。另外,天台宗的祖师智颛也发展出了一些独特的冥想和静修方法,对禅宗产生了深远影响,他也被后世,尤其是宋代文人,追溯为禅宗的起点之一。

弘忍真正建立了独立的禅宗流派,并让禅宗理论趋于完善。实际上,禅宗之所以在当时会显得特别,以至于需要独立成派,是因为"人人皆可成佛"这样的理念并未在佛教中得到广泛实践。弘忍的学说是基于许多佛教经典的,其中包括《胜鬘经》《大乘起信论》《楞伽经》《金刚经》《维摩经》《华严经》《楞严经》《大般涅槃经》等。惠能以这些经典为基础,结合自己的修行,留下了《六祖坛经》,这是第一部真正属于禅宗的经典。禅宗思想的来源较广,因此这些经文也没有哪一本是决定性的。三论宗的"中观论""百论""十二门论",产生于瑜伽行派的"唯识论",以及"般若波罗蜜"的影响,都体现在禅宗所强调的"非观念化的智慧"(般若)中。在禅修的具体方法上,弘忍在东山法门里开创的,以观想太阳为基础的冥想方式,也是来自《观无量寿佛经》的。

　　禅宗不重视佛经的知识和规范,偏向通过精神的练习以及同导师的交流,来达到直接的领悟,强调"不立文字,直指人心"。但是,禅宗学说仍然依赖佛教典籍、理智以及思想的力量。禅修是超越文字和思辨的,但它依然重视文字和经典,并将大乘佛教的经文作为讲述的基础。代表性的禅宗讲述,例如《六祖坛经》,也大量引用了之前的佛教经典。对禅宗文献的研究表明,早期的禅师们都是熟读大乘佛教经文的,并对大乘佛教的思想内涵十分了解。在今天的人看来,禅宗的标志性理论就是"顿悟"以及各种狡黠的思辨,其实这些仅仅是禅宗被普及化和简单化之后的假象。

　　神秀是弘忍最有天赋和影响力的学生,也是禅宗早期的推广者。他甚至被当时的唐皇武则天邀请到皇宫。据说,当武则天希望请神秀出任国师时,神秀却说他没有这个资格,传承衣钵的是师弟惠能。神秀和惠能之间的关系,便与禅宗里的一个似乎是最重要的话题有关:"觉悟"究竟是如何发生的?

　　后人的普遍看法是:神秀所代表的"东山法门",方法更偏重"渐悟"，强调理智和身心的学习与积累；而惠能则偏向"顿悟"，认为"心性本净，只要明心见性，即可顿悟成佛"。相传在神秀和惠能之间，弘忍选择了后者作为传人，并将衣钵亲自传给惠能。这里还有一个著名的故事：弘忍出题考验神秀与惠能，惠能那首"菩提本无树，明镜亦非台"，胜过了神秀的"身是菩提树，心如明镜台"，得到了弘忍的青睐。还有传说，惠能得到了真传并遁隐岭南；后来创立了"南宗"，与"东山法门"所代表的北宗相对。

抛开传说不谈，至少在惠能与神秀两人之间，似乎并没有这样惊心动魄的对立关系，因为神秀一向承认惠能的地位，惠能也没有发表过任何否定神秀的言论。惠能是否真的由弘忍亲自传授衣钵，这也是存疑的。另外，"南宗"与"北宗"的对立，或者说"顿悟"与"渐悟"之间的争论，也不是出于两人的本心。惠能本人在《六祖坛经》中对觉悟的讲述方式是调和的，并没有明确指出"顿悟"与"渐悟"的区别。惠能的顿悟说强调的是人人皆可明心见性；明心见性之后，便可顿悟成佛。然而，明心见性本身依然是需要过程的。华严五祖圭峰宗密就曾点明："顿悟资于渐修。"这并非多么高深的道理，却最能说明这类争论的无意义之处。

这些分歧和对立的传说，更像是惠能的弟子神会禅师所引起的。在安史之乱以前，皇室以及全国所流行的是神秀的学说。安史之乱以后，神会利用自己与皇室以及上层社会的关系，大力推行南宗，使惠能的学说和地位以追溯的方式，得到了广泛而正式的承认，并使得南宗在全国广为传播。这个过程被胡适先生称为南宗的"北伐"[1]。这一颇具"五四"时代色彩的定义凸显了其中与佛法无关的部分。那么关于惠能的许多故事，并不能排除是神会一方所编造的可能。

---

[1] 胡适.中国思想史.华东师范大学出版社,2016:331.

明确的是非,精彩的故事,往往比艰深的佛法要容易接受得多。顿悟说也确实因为这些故事变得脍炙人口起来。今天的读者需要对神秀和惠能的故事保持警惕,因为"明镜亦非台"这样的表述与其说能给人真正的启发,不如说更容易令人陷入机敏的巧辩当中。人们常常想当然地认为神秀的"心如明镜台"是修行不够深入的表现,但有几个人能做到心如明镜?

　　"顿悟"与"渐悟"的分歧,不禁令人想起董其昌在其关于中国绘画发展的理论中,阐述了偏狭却影响甚广的"南北宗"思想,中国其他各式各样以"南北"区别为前提的分门别类方法,也总是流行于街谈巷议。从传播学的角度来看,当一种学说需要争取更多支持者的时候,它不仅需要精彩的故事,更需要简单明了,并塑造一个即便是街头听众也懂得反对的对立面。今天的情况也是如此。虽然"人人皆可成佛"听上去很亲切,但如果把神秀要求人们了解的佛经目录列出来,恐怕很多人已经望而却步了;但听闻顿悟说的人则很容易欣然发现,自己距离佛门似乎只有一步之遥,生活中的烦恼马上就要消散了,因此自然更愿意支持这样的说法。

　　禅宗常常被看作内省的、个人化的、避世的,这恰恰使禅宗内涵里最为重要的一点被忽视了——无论是达摩祖师的传道,还是五祖与六祖的思想创造,禅宗首先是以大乘佛教为基础的,而大乘佛教对禅宗的影响在"人人皆可成佛"之外,还有极其重要的一点,便是"菩萨道"。

　　大乘的讲述一般分为五大部,分别是"华严部""方等部""般若部""法华部""涅槃部"。相应地,《般若经》《华严经》《法华经》《大般涅槃经》《无量寿经》等是主要的经文内容。其中,《华严经》可以被看作对菩萨道进行讲述的基础。菩萨道的基本是对"波罗蜜(paramita)"——意为"渡到彼岸"——之探寻,它也体现在"菩萨本愿"——也就是菩萨在修行时所立的誓愿上面。具体来说,"渡到彼岸"在大乘佛教中有比较基本的"六波罗蜜":布施波罗蜜(度悭贪),持戒波罗蜜(度毁犯),安忍波罗蜜(度嗔恚),精进波罗蜜(度懈怠),禅定波罗蜜(度散乱),智慧波罗蜜(度愚痴)。禅宗的命名便与其中的"禅定波罗蜜"有关,但禅所要解决的问题并不仅仅是散乱,而是由此入手,实现菩萨本愿。禅修之根本和最高的追求,是与菩萨道一致的,即以实际行动普度众生。这是禅宗所继承的大乘佛教的核心之一,也是与儒教最为一致的部分。同时,这也是道教在葛洪一脉的努力下不断认可的部分。

在"普度众生"这一普世目标的引领下,从五祖开始的东山法门,实际上反映了一股更为强大的思潮:思想者们开始寻求一种彻底摆脱宗教色彩的、理智的、世俗的、系统化的且可以执行的思想体系。用今天的概念来说,就是在尝试建立一种宗教体系之外的世俗哲学。但是,"哲学"在此仅仅是一个类比,因为东亚思想体系中并没有严格意义上的"哲学"。这并非东亚思想体系的不完善,相反,是因为"哲学"的定义有其特定的欧洲思想体系的背景,以及以形而上学为代表的严格定义。

在一个宗教依然统领着人类思想的时代,世俗思想也必须拥有宗教理论的依托,这个依托便是佛教、道教和儒教共同认可的"菩萨道",以及由此所演变而来的"济世"思想。这令中国的思想者在开始世俗化思潮的同时,给自己加上了沉重的责任,他们要扮演拯救者,而非观众。这种责任感既可以说是佛教所必然赋予的,也可以说是春秋以来的中国思想者的本能。他们一直认为:思想必须能够切实地让世界和每个人的生活变得更好。

这种尝试的动力一方面来自上一章所讲到的中国思想者个人意志的觉醒——这种觉醒从南北朝开始,由儒教的衰微、道教的兴起以及佛教的传入所共同铺垫;另一方面,佛教在唐代获得了极大发展,这种发展演变为佛教机构的臃肿和权力的放大,以及由此而来的部分人的腐败和百姓的不信任。在一个缺乏活力的时代,这会带来思想的停滞和衰退;在社会发生变革的时代,这往往导致宗教本身被改变;而当个人意志与时代变革偶尔结合起来的时候,这种改变会让思想者发现某种超越信仰的思想形态——晚唐五代正是这样的时代。

当惠能的地位被以追溯的方式认定之后,禅宗所代表的已经不是传统佛教的力量,而是全新的、以个人意志和自由思想为核心的时代思潮。其自由与个性化的根基就在于"心性"以及"见性成佛",这为以个人为中心、以内省为基础的世俗思想,提供了巨大的发展空间。根据禅宗的指引,每个人都可以成为自己的内心和行动的主人。

由此发展,"成佛"本身的解释也变得多元化了,它所指向的不再是宗教化的"成佛"本身,而是人人皆可通过自己的努力完成对自我的超越。对"成佛"及其超越性的具体内涵的解释,则成为新思想的起点之一。对于当时思想界的精英来说,"成佛"无论具体是怎样的,都必然以"普度众生"为前提,而"普度众生"则不再是宗教意义的,而是更加广义的为天下人谋取幸福。对于那些希望被"普度"的"众生"来说,他们的幸福于是有了更加灵活且更尽人情的保障。

有趣的是,这些变革都是禅宗以讲述佛经为起点的,它们并未真的否定或者破坏任何传统佛教的内涵,甚至可以说,禅宗仅仅是让佛教本来的内涵变得更加显著而容易理解了。即便人们不愿意承认佛教智慧的价值,也至少可以看到它的包容性,以及它为自由思想所提供的舞台之宽广。在我看来,禅宗是起源于佛教内部,却又以消解佛教的宗教框架为目标的宗教改革。这与其说是对佛教的改变,不如说是对佛教智慧的进一步发现。

如果说弘忍、神秀以及惠能的学说代表了这场发现的开端,那么惠能的弟子神会禅师所主导的"南宗"之于"北宗"的"北伐",其实有着更深远的意义:它不仅仅是禅宗内部的"权力之争",也是世俗力量之于佛教传统经院体系的挑战。它将禅宗的世俗精神,以及对佛教教义的重新认识推向了颠覆性的极端。在禅宗思想急速变化的阶段，神会所扮演的角色并不符合人们对一位伟大思想家的印象，但他的确以粗暴的方式，让禅宗为五代北宋的思想探险找到了新的方向。在禅宗奠定的理论基础之上，这场探险的新起点便是北宋周敦颐奠定了后世世界观的《太极图说》。

《太极图说》意味着"新儒家"体系的出现。新儒家既不同于汉代的儒教，也不同于佛道，它是一种脱离宗教的世俗思想。它的首要课题是重新描述这个世界的样子。周敦颐是这样描述的：

"无极而太极，太极动而生阳，动极而静，静而生阴，静极复动，一动一静，互为其根。分阴分阳，两仪立焉，阳变阴合，而生水、火、木、金、土。五气顺布，四时行焉。五行一阴阳也；阴阳一太极也；太极本无极也。五行之生也，各一其性。"

这段话首先说世界起源于"无极"。"无极"在概念之外，它不是神，也不是任何可以想象的物体或者概念。北宋以来对"无极"的解释有很多，无非是各家学说为了方便自己的论述而已。从周敦颐原本设立的"无极"和"太极"的关系来看，"无极"可以理解为没有思绪的支点，即没有任何可描述的对象，是周敦颐所描述的世界出现之前的问题。简单来说，"无极"位于其整个世界观的边界之外。如果说当代物理学具备了讨论宇宙诞生之前的景象的能力，那么《太极图说》之世界的尽头就仅仅在"无极"这里。在这样的局限之下，周敦颐只能专注于讨论这个世界是什么样子的，而"无极"就是这个世界之前的"总之我们不知道的那个样子"。需要注意的是，那里既是人的思绪无法到达之处，也没有任何神话存在。

"太极"则是一个基于二元对立的系统，采用了汉代儒教以及道教所奉行的"阴阳"和"五行"学说。"太极"是这个世界的开始，也是这个世界里无处不在的内在结构。这个世界没有任何目的，也没有任何终点,它在"动"与"静"的对比关系中产生且运转。"一动一静,互为其根",这意味着"动"与"静",或者说"阴"与"阳",是基于彼此的对比关系而生:无动则无静,无阴则无阳,反之亦然。如果没有相对关系,便没有一切。

"阴"和"阳"是随时变化甚至可以互换的,唯有"阴阳"的基本关系是一直存在的。这意味着世界的诞生是基于事物的不同,以及不同事物之间的关系。任何事物都无法脱离其他事物以及世界这个整体而存在。没有任何东西能超越这个世界。

由此可见,这里的"太极"结构并非欧洲哲学意义上的"结构主义式"的世界观。结构主义的二元对立,首先是不可见的纯粹理念与可见的现象间的对立;并且由纯粹理念——或者代表了纯粹理念的神——来统摄一切。而在周敦颐的描述里,"阴阳"是现象之间的对立,或者说是对现象的分类(万物从"无"与"有"开始,分为"阴"与"阳"),它们不存在统摄与被统摄的关系。与欧洲哲学的形而上传统不同,周敦颐并非以自圆其说的论证方式描述世界的理论起源及其逻辑,而是描述了自己对世界的观察与领会之后的结果。它更像一种亲眼见到真相之后的感叹:"这世界原来是这样的啊!"

这一讲述的逻辑是与《周易》一脉相承的。《周易》的八卦也为世界描述了一种基本关系。这一关系不是基于纯粹理念的推演,不是自圆其说的结构,而是基于对现象的领会与总结。不仅如此,《太极图说》的讲述也受到了佛经对世界观的讲述方式的影响,其共同点在于:自我的内省与证悟是讲述的一切基础。讲述的前提不是以说服为目的的论证,而是:"我看到了,所以我把自己看到的世界讲述给你们听。"

理解了这个思路,就不难理解周敦颐接下来对人在万物中的位置的强调:

"无极之真,二五之精,妙合而凝,乾道成男,坤道成女。二气交感,化生万物，万物生生而变化无穷焉。惟人也，得其秀而最灵。形既生矣，神发知矣，五性感动而善恶分，万事出矣。"

这一段说万物都由最大的"阴"和"阳"，也就是地和天所生。天代表广义的男性，地代表广义的女性。万物由各自的"男"和"女"共同繁衍，就像天地繁衍出万物一样。人是万物中"最灵"的，万物是世界的"形"，而人是世界的"神发"所在，也就是说，人是世界的灵魂。从欧洲哲学的论证逻辑来看，下一个问题必然是"为什么人是世界的灵魂？"但周敦颐的讲述不遵照这个逻辑，他只是根据自己的经验，点出了他所"看见"的世界图景中最为重要的一环。

其实，周敦颐的这段讲述当然有思想上的支点，那就是禅宗对人与世界之关系的描述：世界本是不存在的（空），但人的意识和意志倾向于承认世界的存在，这就让自己所在的世界变得更加真实了；因此，人如果否定这个世界的真实性，就可以摆脱这个世界的束缚。在佛教的讲述里，不同的修行者对"否定世界的真实性"有着不同的看法，一般倾向认为，这是提升修行境界的必然（对"空"的领悟）。但是，对于由禅宗思想演变而来的世俗化思想来说，既然要以更加世俗的方式普度众生，就不能否定世俗世界的存在。世俗思想就是要对现实负责的，思想者必须以"人"的身份承认"这个世界"的存在。那么，既然这个世界本可以不存在，却因为人的承认而存在，那么人自然便是其中的灵魂了——但又绝不是其中的主宰者。

周敦颐让游离在更加广大的虚无中的人心降落在这个世界的地面上，也由此稳固了这个世界的可靠性：若没有人，便没有这个世界；但若没有这个世界，也便没有人。人与世界，是不可分割的一体两面。以"心性"为核心的、建立在内省基础上的个人自由，便如此与宽广的、直到宇宙尽头的世界观联系在一起。这令人想起盘古开天辟地的神话：世界的诞生，是由巨人站立在天地间开始的。这意味着人在发现这个世界的同时，必须意识到这个世界本身就是"人"的结果。

周敦颐为何不加入这些看上去更加严谨的说辞？因为他必须把讲述集中在自己所"看到"的内容里。他并不追求自圆其说，而是追求文字与内心的高度统一。这也是《文心雕龙》问世以来的思想者所崇尚的。周敦颐当然希望别人相信自己的说法，但他不认为这种信任能建立在任何辩论或者论证的基础上，而只能是每个人由内而外的体会和领悟。周敦颐更像是给出了一种描述自身体会的方式，因为他相信，人与人之间、人与万物之间，都是"心有灵犀"的。只要一个人描述的体会足够深刻，就能够令许多人感同身受、受到启发。这种论述方式一般被后人归纳为"诗意"的，但后人所说的"诗意"往往只强调文字本身的美感或者戏剧化的意象，而忽略了这种由内而外的"文"与"心"的统一。

作为中国非宗教化的世俗思想体系奠基人，周敦颐的这段描述确立了中国思想体系和欧洲哲学体系最大的差异。这个差异不在于内容层面，而在于讲述方式本身。中国思想是讲述者在获得领悟之后居高临下的讲述，注重内在体悟与感受的呼应与沟通。欧洲哲学是讲述者用论证的方式建立一套圆融的理论，以抵挡其所预料到的否定和辩驳。中国思想讲述的前提在于，人性与人心是相通的，人通过自身的经验和思考，提升自己的精神境界，而到达类似境界的人的经验与体悟是极其相似的，可以相互分享。也可以说，这种讲述方式本身也是受到禅宗影响的。欧洲世界观理论的前提在于，相信对某种真理的论证，和数学的论证一样，有着可以被普遍接受的逻辑规律，并且可以通过严密的推论而避免谬误，是必须被接受的。

作为各自世俗哲学的根基，两者从根本逻辑来说，其实都没有摆脱宗教。周敦颐直接描述自己体悟的方式，对人与人之间共通性的信任，以及通过极端的内省而与外在宇宙相连的方法，都传承自佛教对"证悟"的信念。而形而上学在论证纯粹理念时，则必须将最终的理念和自明的前提放在神(上帝)所在之处。当然,在这个层面上,对宗教信念的传承已经不是理论层面的问题,而是逻辑的基本起点,或者说思想的原理。

一定有读者在看到这里时发问:"为什么会有这样的原理区别?"因果逻辑在这个层面是不生效的,这里的对比也不是为了论证任何预设的文化或文明之间的区别。天为什么是蓝色的,又为什么会有蓝色?对这个世界的认知,很多时候并不建立在对原因的寻找之上,而是去认知这个世界本身——天本来不是"蓝色"的,是"蓝色"这个概念限制了人们对天空色彩的观察。

在春秋战国或古希腊时代,人类的思想结构是稚嫩的,那时没有成熟的宗教,也没有成熟的世俗哲学。无论后世怎样歌颂,那时候的各国思想家都仅仅开创了最初的粗糙例子。在那之后,人类的思想开始被宗教所统摄。无论在中世纪的欧洲,还是在魏晋隋唐的中国,人类思想都笼罩在不同宗教所建立的世界观之下。这为一种成熟的世俗思想的出现奠定了前提:只有能够打破宗教笼罩的思想,才算是人类智慧之力量的证明。于是,在 11 世纪,周敦颐的《太极图说》作出了一个表率:在那个被神所解释的世界里,人类可以不借助神的力量,而是用自己的眼睛审视世界,用自己的身体体验生命,并且通过内省,让自我以自由而独立的方式,与整个宇宙相连。这就是"新儒家"的诞生。

今天的学者常常有一个误解,认为"新儒家"是一个特定的思想流派。实际上,"新儒家"是周敦颐之后,受到《太极图说》的启发,出现在中国的各种非宗教思想流派的总称。如果说"哲学"这个概念在今天的确更方便描述非宗教化的思想,那么用类比的方式来说,宋代的"新儒家"就是当时的"哲学"。

既然"新儒家"相当于"哲学",那么它也与哲学一样,不是一家之言,而是不同世界观、不同理论的总和。周敦颐描述的世界观,经由不

　　　　　　　　　　　　　　新思想的黎明

同的阐述和解释,也成为不同学派阐述各自理论的参照——北宋以王安石为首的流派被称为"新学";程颐、程颢为首的学派被称为"道学";张载的"关学",也就是后来的"气学",还有苏轼苏辙的"蜀学",等等。到了南宋,最为重要的非宗教思想有两大系统:一个是奠基于程颢、成熟于陆九渊的"心学";一个是奠基于程颐、成熟于朱熹的"理学"。简单来说,它们之间的区别就像"形而上学"和"经验主义"那样巨大。正如"哲学"都追求对某种"真理"的认知,"新儒家"也都追求对"天理"的认知。

实际上,"新儒家"这个词最初是冯友兰先生为了方便欧洲理论体系里的人认识宋代思想以及这种思想与"哲学"的差异而发明的。为什么冯友兰要继续使用"儒"这个字眼呢?人类思想的发展似乎有一个基本模式:向前的发展一定要以向后的追溯为基础,并在追溯中显露新的思想。后人为了让自己的思想更容易被接受,就必须让前人的学说成为自己的支撑。在北宋,思想家们必须让自己的思想看起来是有迹可循且承前启后的。显然,正如"哲学"的发展都是基于对古希腊思想的追溯与发展,"新儒家"也是基于对《周易》和孔孟学说的追溯与发展而来。只有这样,新生的思想才能够在儒教、佛教和道教的夹缝中成长起来。于是,无论理学还是心学,都获得了"儒"这个更易懂的虚名。

在禅宗之外,新儒家的兴起还可以追溯到欧阳修批判唐代以来的以"谶纬思想"为代表的儒教研究。欧阳修与后来的学者一样,发现当时的学者所信奉的所谓孔子本人所著的反映自己思想的"纬书",实际上是汉代以来学者的伪造,是为了塑造儒教的宗教化地位而作。宋代以前的儒教研究都以"谶纬"为基础,如此便被彻底否定了。与此同时,孟子开始受到推崇。这件事又可以追溯到唐中期韩愈发起的古文运动。所谓古文运动,表面上是反对以《文选》为代表的华丽的格律写作,崇尚以《文心雕龙》为代表的由内而外的质朴散文,并将孟子的著作视为典范;其核心则是反对僵化的儒教框架,并且通过强调孟子的思想,来重新树立新的世俗思想。古文运动可以看作与禅宗的兴起所并行的思想革新的前兆。但是，韩愈一定没有预料到自己所倾心的古文运动最终会与禅宗一起成为新思想的摇篮，因为他本人是十分反对佛教的。

在北宋新法改革期间，孟子终于进入孔庙，正式被追溯为儒家思想的先驱；王安石主持编写了《三经新义》（三经即《周礼》《尚书》以及《诗经》）；程颐编写了《周易程氏传》，其摆脱了占卜和实用色彩，重新展示了《周易》原有的博大的思想内涵。这些著作都以周敦颐的世界观为基础，通过重新注解《周易》以来的思想经典的方式，催生了新的世俗思想的发展。另外，邵雍的《皇极经世书》以《周易》的讲述为基础，结合数学和科学思想，为后世的"格物"树立了榜样。

由此，《周易》和孔孟的思想终于摆脱了汉儒的教化色彩，成为新思想的灵感之源。"谶纬思想"所继承的汉代儒教，也终于被雨后春笋般的新儒家思想所改变。从这段时间开始，汉代以来的"周孔之教"，终于获得了一个后世所熟知的新名字："孔孟之道"。在北宋，"孔孟之道"不是对固有思想和道德的继承，而是继往开来之新气象的代名词。

"孔孟之道"与"谶纬思想"的根本区别，是确立了独立思想者的地位。在当时的背景下，所谓独立思想者，必须是摆脱君臣尊卑关系之人。这一古旧的关系由汉代儒教理论确立，但在重塑孟子的过程中被推翻了。这一关键转折自然与北宋社会形态和体制的转变有关，但其思想的开端依然是由禅宗完成的。

晚唐以后，禅宗当时最大的流派洪州宗逐渐被其他宗派取代，其中就有洞山良价创立的曹洞宗，而洞山良价则深受华严宗的影响。华严宗对现象的理解，使用了"理"（本性）与"事"（现象）的概念，并进一步讲述了"四法界"（事法界、理法界、理事无碍法界、事事无碍法界）。这直接影响了洞山良价的"五位君臣颂"以及"功勋五位颂"。他以"君""臣"之位来比喻本质与现象的关系——"君臣"常常并不是政治层面的，而是事理层面的,或者是有关理想化的君臣模型。在这样的关系中,所谓臣要忠诚于君,并不是世俗的人际或权力层面的效忠,而是一个独立思想者要忠诚于"天理"(真理)的意思。在具体的君臣关系中,"臣"便能够以独立思想者的身份,要求"君"也忠诚于同样的"天理";"臣"成了"君"的监督者甚至精神导师,而不再是汉代儒教的政治效忠关系。皇帝的神权色彩也由此被终结了。

这一新的"君臣"关系也不是洞山良价发明的,它可以追溯到《周易》对"九五"一爻及其与其他爻的关系的讲解(详见本书第四章)。"九五"常常被类比为一国领袖"君"所在的位置,但在《周易》的本意中,这里的"君"是"天理"的代称,与洞山良价的讲述相同。汉代儒教将其变为忠君的象征,是一种歪曲,由此也歪曲了整个《周易》的思想指向。宋代思想要重塑超脱于政治和君权之外的世俗思想,首先要重新理解《周易》,洞山良价的讲述无疑是很好的提示。《孟子》对《周易》的阐述也是不受汉儒干扰的,所以重塑孟子的思想与重新理解《周易》,自然就结合为一个整体。王安石对《周礼》与《尚书》的重新阐述,以及各家对《孟子》的注解,都采用了这一逻辑。在北宋思想著作里,谈及"君臣",并非在讲述汉代儒教当中实用的道德行为规范,而是对事理的阐述。尤其在处理与皇帝的关系时,这些学说即便产生实际效用,也往往是被大臣以学者的姿态,用来约束皇帝的言行,而非相反。

北宋思想发展鼎盛时期的大臣们——从范仲淹、欧阳修,到当时少壮派的王安石以及新崛起的苏轼、苏辙——都是新儒家的思想者。他们不仅在思想中采用了这一新的"君臣"关系,更将其贯彻在实践中。大臣与皇帝之间建立了一种不依赖宠幸,而是在人格平等基础上的、更加疏离的、依赖能力与品格的现代化工作关系。北宋政治风气为之一新。但最终,这种新型关系与皇帝的集权体系产生了冲突,也不符合皇帝本人在孤独的精神生活中的情感需要。于是,当北宋的大臣们普遍与皇帝情感疏远的时候，皇帝身边的道家宠臣便有机会乘虚而入。最终的结果便是，在新儒家思想蒸蒸日上、笼罩朝野，禅宗思想也具备巨大社会影响力的情况下，北宋的皇帝们竟然常常是笃信道教的。

新儒家本身就是从独立人格与精神出发的，所以奉行新儒家的大臣们自然认为每个人的思想都是独立的，他们不认为自己被道士皇帝领导有什么问题，只醉心于施政纲领的争论。这种一心为国的争论无论对错都是很健康的，但他们被后世污蔑为"党争"——但凡这些北宋的朝臣真的多一些"党争"的精神，他们就会有无数种办法取代皇帝身边的宠臣，那么徽宗或许就不会作出那么愚蠢的决定了。

"新儒家"不仅在概念上容易被误解，其参与者的身份也常常被误解。一般认为，中国的"文人"阶层都是自动成为"儒家"的，然而从前面几章的内容不难看出，其实中国并没有一成不变的"文人"阶层存在，而有文化的人也不会自动成为"儒家"，更不会自动带有汉代儒教所鼓吹的狭隘的忠君色彩。宋代思想家的社会身份更是多元的。他们中的许多人是官员或者曾经为官，因为官员更适合以世俗的方式"普度众生"，也更加需要依据思想展开行动。今天的人常常以为思想家和政治家是两类人，而思想家一旦与政治有关便是"不纯粹"的。实际情况是，在人类文明的发展历程中，无论在哪个阶段、哪个国度，思想的内容里都不乏政治的部分。这里的"政治"不是权力、利益及其网络关系的互动，而是经世济国的需要本身。当有卓越思想之人能够参与政治的时候，往往是人类文明向前迈进的时候。宋代正是这样的时代。

宋代的思想家被后世追溯为"文人"，或者因其思想贡献而被称为"思想家"，并非因为他们天然就加入了任何"文人"阶层，而是他们思想与行动的结果。说宋代是"文人治国"，或者"文人误国"，则纯粹是偷换概念。宋代不是文人在治国，而是从宋开始，中国从贵族社会发展到市民社会。随着权力结构的改变、体制的完善、专业分工的发展以及思想文化的进步,治国之人必须有文化、有思想、有技术,与时俱进,不再仰赖古老的家族和分封体系。新一代治国者于是有了被追溯为"文人"的资格。

宋代虽然是一个思想发展的黄金时代,但留下的完整讲述一家思想的著作极少,因为宋代学者偏重自己的社会实践,并且认为以实践济世才是思想的最终指向。在论述方面,他们自然地延续了禅宗的语录式的讲述,不以长篇著作为荣,反而认为过多的文字会影响思想的传达。前面几章也讲过,中国思想从一开始就具备了"知行合一"的基因。这一习惯可以追溯到春秋战国的思想家:中国从来就没有纯粹的理念式的思想,也就没有单纯的"思想家",有的是依据自己的思想展开行动之人。

新儒家延续了这一传统,它和"哲学"的最大区别,就在于新儒家是一个包含了行动与思考的整体,而非任何纯粹的论述体系。在这个过程中,新儒家还拓展了"行动"的外延:过去的济世思想更多是外向的、实用的,而新儒家学说很重视人的内心世界与人的思想层面的"内在行动"——这从周敦颐对人与世界之关系的强调中就能窥见。"内在行动"不仅仅包括思想家们的思考,包括对自己世俗实践经验的反思,同时包括了他们广泛采用的禅宗或道教的禅修行为。

正如南北朝时期的"文人"广泛拥有道士身份一样,北宋初年的思想家在建立各自的世俗思想体系之前,往往也要接受佛教或道教的教育,受禅宗影响尤其深刻。这让他们天然地将具体的禅修行为作为提升思考和内省的一部分,而他们的思想也天然地与内心世界的"行动"联系在一起。这也是"新儒家"最终能够将"儒""释""道"合为一体的基础。在这方面,对《周易》的重新解读也提供了很好的参照。《周易》不再是一本提供占卜功能的经典,而是通过对现象的描述,帮助人们处理自我与世界之间的关系,同时对自身的"内在行动"进行反省——《周易》所讲述的本就是内外一体的世界观。另外，北宋初年，道教南宗始祖张伯端的《悟真篇》结合禅修的方法，讲述了内丹的修习方法和不同境界，也普遍地影响了新儒家的实践者们。如果说新儒家的最终指向是"普度众生"，那么道家的融入则切实地让实践者们学会关心自己，达成内在实践与外在实践的统一。

"新儒家"思想对今天的许多思想者来说都是陌生的，因为连它诞生的前提都如此复杂。这并非意味着"新儒家"思想本身晦涩，而是由于今天的思想舞台并非以它为参照而搭建的。本章仅仅是将它从舞台上带走，让它回到自己的天地。"哲学""宗教""儒教"，当这些概念不断消解的时候，就是它们的真实内容进入我们内心的时刻。

7

自然与意志的世界
——理学与心学的形成

　　在新儒家各学说当中,广集各家之长、最反映宋代思想面貌的,便是南宋时期的理学。其中朱熹的《近思录》是理学的核心著作,收集了周敦颐、程颢、程颐、张载四人的语录共622条。朱熹通过对这些语录加以梳理和注解的方式讲述自己的思想,是典型的借前人之口谈论当下的方式。全书涵盖了对《周易》以来的中国思想脉络的整理和反思。作为一本难得的系统理论著作,它的地位和影响不亚于所谓"四书五经",因为它总结了宋代重塑先秦思想的过程和新儒家的诞生过程。后人对先秦思想的理解也往往以这本书为起点。

　　《近思录》全书分为十四章:第一章为《道体》,以周敦颐的讲述为基础,介绍了理学的世界观;第二章《为学大要》,以做学问为主题;第三章《格物穷理》,以"格物"为主题;第四章《存养》,以身心修养为主题;第五章《改过迁善,克己复礼》,讲述自我修养和自省的部分;第六章《齐家之道》,以家庭为主题;第七章《出处进退辞受之义》,以社会交往为主题;第八章《治国平天下之道》,以济世为主题;第九章《制度》,主要谈国家和社会体制;第十章《处事之方》,"处事"是"对待这个世界各类具体事情"的意思,以价值观的实践为主题;第十一章《教学之道》,以教育为主题;第十二章《改过及人心疵病》,以人性为主题;第十三章《异端之学》,与宋代对神灵体系的整顿有关,谈论了理学与宗教的关系;最后一章《圣贤气象》,讲述了理想中的思想(与实践)者的特征。

《近思录》收集语录,是基于新儒家体系注重知行合一、避免纯理念阐述的前提。这自然可以追溯到《论语》一类。语录总是在具体的情境中谈论具体的事情,而朱熹的注释也遵循就事论事的原则。对于不熟悉理学的读者来说,即便通读《近思录》,也难以立刻总结出"理学到底是什么",但仔细一想,又肯定在实践和思考的某些要害处有所收获——这恰恰是新儒家区别于哲学的特征:不以标志性理念进行传播,不提供基于论证的思辨过程,只提供切实具体的外在参照和内在经验。因此《近思录》是少有的以文字方式反映思想与行动之统一的体系的著作。

对于新儒家体系,现代研究者也就如何阐述其内容作过很多尝试,例如冈田武彦的《王阳明大传》看似人物传记,实为对明代心学体系的透彻讲述与分析,因为讲述心学必须结合思想家的具体生平和境遇,抽象的概念只可能令人偏离思想的本意。对于这一点,维特根斯坦的《哲学研究》也不谋而合——他指出哲学研究的问题在于,其最终会演变为脱离语境的概念,并成为这些概念之间的游戏本身,所以哲学问题的真正解决不是问题被回答,而是问题的消解。新儒家的思想家们显然会赞同这一点,而谈论具体的事情也是令概念问题消解的方式之一。

即便如此,第一章《道体》作为世界观部分,仍然提到了许多概念,这些概念并没有复杂的解释系统,而是基于人最基础的生命与生活经验,是有一定生活与思考阅历的人自然能够察觉的。同时,这部分讲述没有强调理学一家,而是综合各家,甚至包含了与之矛盾的心学与气学的内容。这种开放性使其得以成为后世新思想之发端,而非禁锢。东亚思想并无"核心"或"本质"一说,但可以说,"道体"涵盖了东亚思想根源处的所有要点,不仅可以纠正今天对新儒家的许多误解,也保持了令新思想在今日发端的生命力。对《道体》一章作详细讲解是很必要的,其内容实际上勾勒出一种陌生的思想原理,而非理论体系。因此本章接下来就对其每一小节进行讲解(读起来会较其他章节困难)。由于篇幅原因,本章接下来会很少引用《近思录》的原文,这本书的白话注释版很容易买到,有兴趣的读者可以自行对照。

《道体》的第一节是上一章引用的周敦颐的《太极图说》的内容,给出了基于阴阳的现象总结。第二节则是周敦颐的"诚无为,几善恶"。

"诚"源自《孟子》的"诚者,天之道也;思诚者,人之道也"。所谓"天之道",可以简单理解为"真理",这里的"真理"不是任何理念,而是存在于天下一切自然现象中——每一种自然现象都在揭示"天之道",有春夏美景,也有猎杀和死亡。《周易》所讲的一切都是对"天之道"的梳理,而《孟子》将其总结为"诚"。所谓"诚",就是天底下自然而切实地发生的事情,也就是天下的"大道"。它不会被任何意志所改变,也是一切人的意志所生发的基础,更是人在天地间诞生的基础。所以后半句有"思诚者,人之道也":人是天地间"最灵"的生物,人在天地间的作用,就是对"诚"的感知("思")。人就像是自然界的一面镜子,如果没有人,一切"诚"都付之东流,无人问津了。似乎天地是寂寞的,所以诞生了"人"这个观众。所谓"人生天地间,忽如远行客",人在天地间是寂寞的,但天地因为有了人而不寂寞了。天地终于"为人所知"了。如果没有人,天地都无法成为天地,美景无人欣赏,悲欢无人体会,那还有什么意思呢?

那么"诚无为,几善恶",就是说"诚"当中不包含任何人的行动,因为是天地大道。而人的任何微小的意念("几"),都会诞生"善"与"恶"。所谓"善",就是人的思想和行为当中符合"诚"的部分,而"恶",就是不符合"诚"的部分。人是"最灵"的,就像是天地间最聪明也最不服管教的小孩,所以人也经常脱离"诚",于是就有了"恶"。

人要怎样才能符合"诚"?朱熹继续引用周敦颐的说法,就是要做到有"德"。所谓"德",就是"爱曰仁,宜曰义,理曰礼,通曰智,守曰信"。这就是"仁义礼智信"的由来。这五个境界是有递进的,"守(信)"就是遵守基本的人性好恶,本能地感知到"诚",简单来说就是做一个朴实而善良的人;"通(智)"就是对世间之事有贯穿的理解,或者说拥有理智和知识;"理(礼)"是能够从思想和智慧的层面要求自己,有教养与教化;"宜(义)"是能基于自己的思想作出符合天地规律的判断和行动;"爱(仁)"则是以爱心面对一切。

"爱"是最难的,也是最自然的,是"诚"的基础。天地令一切事物诞生,都是出于"爱"。每个人的"义"都可能不同,因为每个人用理智所理解的天地规律有所不同——有的人多看到美景与新生,有的人多看到杀戮与死亡,有的人富有牺牲精神,有的人认为自私才是"大义";但每个人的"爱"都是相同的。在最初的"守"这个境界的人往往是有本能的爱的,一旦有了理智与教养,笃定了某种"义"之后,反而会忘记"爱"的重要。这就是为何经历了理智与教养考验的"爱"是最高层次的。

《道体》的第三节引用程颐,讲"和也者,言'感而遂通'者也",说"和"就是"感而遂通"的意思。"感而遂通"源自《系辞》对《周易》的整体境界的形容"感而遂通天下",就是说《周易》感知到了整个世界的运转,从宏观到微观,所有现象都展现在眼前。《周易》之所以只谈现象,是因为当所有现象都在眼前的时候,是无法总结的。这就像英国现代剧作家萨拉·凯恩(Sarah Kane)的一句著名台词:"所有真相都出现在我眼前,我还能说些什么?"萨拉·凯恩对这种感知的形容是忧郁的,甚至带有绝望色彩;而程颐对这种感知的形容是"和",也就是人与世界融为一体。这也是烂俗于当今文化界的"天人合一"一词的由来。"和",就是一个人感知到了世界的全部,与每一个细节相通。这种感受被程颐形

新思想的黎明

容为"寂然不动"。这并不是端庄而威严的,也不仅仅是凯恩所说的言语的消失,而是自我的消逝。这样的感受或许也是孤独而冰冷的,因为自我的消逝似乎与死亡的差别并不大,但似乎又可以因此而逍遥自在了。所谓"物我两忘"就是如此。前面讲过,宋代思想者往往会进行切实的禅修,这样的感受往往也需要思想者在禅修的内省过程中去寻找和印证。当然,另一种更加可靠的印证方法,就是在世俗生活的一切遭遇中去寻找。

朱熹继续在第四节指出,这种"寂然不动"的感知,就是"心"所在的地方。这个"心"既是属于人的,也是属于这个世界的,它们是一体的。因此,人能"感而遂通天下",就是因为人的"心"和天下万物的"心"本是一样的。全世界原本只有一个"心",就是天地之心,这个心又会分散到每一个造物里,成为人的心与万物的心。至此,朱熹梳理了人与天地的基本关系——人的"心"并非人所独有,而是自然之"心"的碎片。

第五节和第六节引用程颐对《周易》的注解,讲述了"天"的"性格"。天的性格可以归纳为《周易》"乾"卦所说的"元,亨,利,贞"。这四个字分别意味着让万物有所发端(元),让万物有所依顺(亨),让万物有所引导(利),让万物成为自己(贞)。

第七节继续引用程颐,讲了天下万物的"性"与"命":"天所赋为命,物所受为性"。这里是在解释《周易》"乾"卦的象辞:"乾道变化,各正性命。"天让万物有所发端、有所归依、有所引导,最终成为自己。"天所赋"是从天的角度来看的,"物所受"是从万物的角度来看,它们是一个意思。"性"是指每种动物、植物、自然物体,都有自己的特性;人也是如此,也有总体的作为人类的特性。这种特性可以理解为生物学层面的,也可以理解为整体的品行或特性。从天的角度来看,这个整体的特性就是"命"。俗语的"天命不可违",便是这句话的滥用。"天命"并不是天给每个人或动物都规定了命运。无论在《周易》,还是在任何新儒家思想中,人的个体命运从来就不是天所规定的。天有"寂然不动"之心和生物之爱,但没有那么事无巨细,给每个人和物都规定好一生的遭遇。只不过,人无法摆脱"天"所赋予的规律,比如一个人无论如何都无法把自己变成一棵树,也无法只靠满足自己的欲望就获得幸福。

第八节讲"鬼神者,造化之迹也。"朱熹说"来者为神,往者为鬼",实际上把鬼神也归入天地间"诚"的一部分。这里他受到了张载学说的影响,说所谓"来者",就是气息凝聚独立于天地,而"往者"就是气息消散回归于天地。作为非宗教思想的世界观,讲清楚"鬼神"与这个世界的关系是很重要的。朱熹不赞同"敬鬼神而远之",而是将鬼神纳入了这个世界。鬼神不是世界的主宰者,也没有脱离世界秩序之外,而是世界的一部分。这样一来,无论哪个宗教的鬼神,都可以用"凝聚之气"和"消散之气"来看待;或者说,气的凝聚与消散、万物的出现与消亡,本身就是如同"神迹"般的事情。

第九节和第十节仍引用程颐,讲述了"天地生物之心",说天地有着让万物生长的愿望、能力或者性情。这实际上就是天地之"爱"。这段可以追溯到《周易》的"复"卦:"复"的六爻当中只有初九为九,其余都为六,表示天地在一片荒芜中重新萌发生命的种子。所谓"复",就是复发、重复,新的生命轮回的开始。《象》解说这一卦时用了"复其见天地之心乎",就是程颐所说的"天地生物之心"。我们的世界,就是天地的生物之心所造就的。看到万物生长,就看到了天地的爱。

第十一节接续前文,说人如果体悟到了天地之"爱",就拥有了"仁"这一品德,所以程颐说"仁者天下之公,善之本也"。这里的"天下之公",不是公平的意思,而是天地最本真的东西,是无处不在的"生物之心",或者说"爱"。程颐继续说这种"爱"就是"善"的根本。人的意志和行动有"善"与"恶"之分,其中与"生物之心"相符的部分,就是"善"。但是,怎么与"生物之心"相符呢?这里不可能像欧洲形而上体系那样给出具体行为规范,因为它必须建立在对"爱"的体悟之上。心里如果时刻存有天地的生物之心,而不是只看到毁灭与弱肉强食的部分,自然就有了"善"。现代思想时常强调"弱肉强食",认为那才是自然界的规律;但是,有了"生物之心"的体悟就会发现,弱肉强食的规律,是被包含在"天下之公"这一更大的"爱"当中的。自然界的杀戮与死亡不是为了满足私欲,而是对"天所赋"的生命规律的践行。人的行为当然会充满竞争性,有的竞争是为了"普度众生",有的竞争是为了一己之私。有时候,不同的人对"普度众生"的理解有所不同,也会产生冲突,这就是前文所说的"义"的冲突。这是更高层面的冲突。每当产生这样的冲突时,就很容易忘记"天下之公",陷入对输赢的争夺当中。这不是因为忘记了"义",而是忘记了"仁"。每当"仁"被忘记,"义"也就变了味道,所以"善"是很难的。俗语的"不仁不义",应作"没有仁就做不到义"的理解。

第十二节引用程颐对《周易》"咸"卦的讲解,说"有感必有应"。"咸"就是"感"(感应,感知,感动)的意思,也可以理解为万物之间的联系。"咸"卦的卦辞说"咸,亨,利,贞",也就是说,天的四个品性"元,亨,利,贞"其中的后三个都是由"感"的过程来激发促进的。前面说了天不会给万物规定各自的命运,这里就能看到,万物的运转,是在彼此的感应或者说相互关系中完成的。万物都源自天地之"心",所以万物是相联系的,它们是一个整体,也在彼此影响中成为自己。这里的"感"与"应"可以微观至男女之感,也可以宏观到四季更替——比如夏天之后是秋天,也可以理解为季节之间的"感应"。

这样一来,汉儒以及形而上学所强调的"秩序"也就不存在了。形而上学认为真理体现在秩序中,相对地,邪恶则体现为混乱和无序。但在"感"与"应"的关系里,秩序只是一种假象,是人为理念结构的构筑,万物之间的感应不存在有序或无序之分。

这也是人之自由的基础。人由天地所生,与万物平等,并与万物相感应,除此之外的秩序都是人为的,不会获得天理的支持。当然,人在自由的同时要体悟"天地生物之心",这是自由的根源。同时人要体悟"仁"的境界,因为自由不代表凌驾于万物之上,人与万物是平等的,并且应当在"感"与"应"的过程中以万物为师。

第十三节引用程颐对《周易》"恒"卦的讲解,说"恒非一定之谓也,一定则不能恒矣"。"恒"卦是由下方的风(巽)和上方的雷(震)所构成,风与雷都是来去不定之物。来去不定便是永恒,所以"永恒"不是不变,而是一直在改变。既然如此,世界永远在改变,连鬼神都有聚散,那么"天理"又怎么可能用固定的理念去总结呢?

第十四节引用程颐对《周易》"革"卦的讲解并谈论了人性。"革"是改变的意思,谈论事情与人的改变。程颐说:"人性本善,有不可革者,何也?"就是说人本性都是善的,因为人的"性"是源自天地之爱的,但里面依然有改变不了的东西,那又是什么?"革"卦的爻辞说"大人虎变",又说"君子豹变,小人革面"。意思是,资质很高的"大人"可以改变自己,具备令天下人臣服的德行;资质较高的"君子"可以改变自己,拥有辅佐"大人"的品格;资质最低的"小人"无法改变自己,只能在"大人"和"君子"的威慑之下,改变自己的表面(革面),做做样子,保证自己不受惩罚。

所谓人的资质高低,是程颢所说的"性出于天,才出于气"。他将人的"性"分为"天命之性"和"气质之性"。"天命之性"是属于人这个整体的,是"善"的;而"气质之性"则是个体的,有善有不善,就像同样一棵树上的枝叶,有的健康,有的不健康。程颐说"语其性,则皆善也;语其才,则有下愚之不移",就是说人的"天命之性"都善,但有的人个体的"气质之性"太差,愚蠢不可救药。

他继续说,最大的愚蠢有两种:"自暴也,自弃也……虽圣人与居,

不能化而入也。"这里的自暴自弃不是普通的放弃做某事,而是放弃了接受智慧与爱的意思。这种人即便和圣人同吃同住,也无法改变。程颐说这种自暴自弃的人并不是笨,他们往往是聪明、有才、有力量的人,比如商纣,是有能力做尽坏事的。这种"小人"内心愚蠢不堪,只能在大人和君子的威严下"革面",做做样子。程颐又说,即便是这样的人,"心虽绝于善道,其畏威而寡罪,则与人同也":他们虽然很蠢,但依然和所有人一样,有害怕的东西,不愿意成为罪犯,所以他们的"天命之性"与别人一样,都是人;只是天生蠢货没办法,圣人也救不了。人性本善的讲述可以追溯到《孟子》:"人无有不善,水无有不下"。

在这样的框架下,程颐的"气质之性"也为宋代法律体系奠定了基础:正如佛法有时也需要怒目金刚来保护,法律不是为了约束人性,而是为了管束小人。既然小人的愚蠢无法改变,那么法律也不必承担教化的功能,只需以严苛制度震慑小人,使其"革面",做到表面守规矩,不为害他人。与前文的"感应"一节相比不难发现,在天理当中,人的自由是绝对的,而法律的秩序则是相对的。自由是"仁"的层面,而法律仅仅是"义"的层面。

第十五节引用了程颐的"在物为理,处物为义"。这里的"物"是理学重新讲述"格物"的开始。所谓"物",不一定是物体,也可以是一件事情,甚至一个念头。任何事物,只要为人所做、为人所思、为人所感,也就是成为前文所说的"感应"的对象,那么就成了"物"。

"在物为理",是说每个"物"都包含了天理,这是从"物"的角度来说的。"处物为义"则是从人的角度来说的。"处物"也可以理解为"格物",所谓"处"就是人与之发生关系(感)。这种关系必须符合天理,符合天理就是"义"。比如人需要吃动物的肉,就是一种"处物",这是符合天理的;但人如果为了贪欲而滥杀滥食,就不符合天理了。"理"是万物自带的,而"义"则是对人与万物相处的要求。

"在物为理"的深层意义也成为心学和理学的重大分歧点。只要是人所做所思的对象，无论是物体、事情还是念头，都是物——似乎一个物的内涵与外延，都是由人所规定的。那么究竟是物先存在，还是人决定了物的存在？理学认为物是由理所生，而人所感知的一切对象，都是由理事先界定的：比如一件事会发生，是因为事情与事情之间的"感应"是天理所在；比如人能看到山，是因为有山的存在。心学则认为，物是由人心所生，所以"心外无物"：比如一件事情，把哪里看作它的开始，把哪里看作它的结束，都是人心所定的；甚至一座山也是如此——世上本没有山，只有大地绵延起伏，因为人心里有山，才看到山。另一方面，心学也同意"在物为理"，同意每个物都包含了天理；但是，既然物是由心所生，那么这里的"天理"本来也就蕴含在心里了。所以心学又认为"心即是理"。理学则认为，人心虽然源自天地之心，但是不够纯净，还需要遵循外在的天理的引导。

　　心学的"心即是理"，则认为人心本来就是纯净的。进一步地，这种纯净的心生发了人对所谓"世界"的感知。这一感悟源自《楞严经》的著名讲述："色心诸缘，及心所使，诸所缘法，唯心所现"。简单来说，就是"世界"并非先于人的感知而存在（先验），而是由人的感知所生。陆九渊著名的那句"吾心即是宇宙"，便是由此而来。理学则不能接受这一点，因为理学认为世界与天理都是先验的。他们两家都同意"在物为理，处物为义"，只不过体悟的方法就大不相同了。

　　再说远一点，"心学"受到禅宗的影响也更加直接。从"安史之乱"（公元 755—763）到"五代十国"（公元 907—979）这段时间，马祖道一（公元 709—788）创立了洪州宗，主张"道不用修"，或者"任心为修"，以及"即心是佛"——自己的心就是佛。这可以追溯到"达摩血脉论"中所说的"原人之心，皆具佛性"。对这一讲述的体悟，也成为陆九渊"吾心即是宇宙"的重要缘起之一。

另一方面,禅宗在宋代发展为更多流派,并继续着独立于新儒家体系之外的发展,且在这段时间尤其强化了"公案"与师徒问答的形式。"心学"的发展也反过来影响了禅宗,但这一影响往往体现为负面的形式。心学和禅宗都强调佛的启示(天理)无法被知识化和观念化,而只能通过直接的洞见去发现。显然,"直接的洞见"必须通过学习和理解佛的讲述来达到,但很多心学信奉者的误解就在于此——很多人缺乏行动与思考的实践,仅靠破碎的知识、浅显的冥想以及充满机锋的思辨来修行,这样的禅修被称为"野狐禅"。这是一个讽刺性的名字,指向那些被知识堵塞了感知,却自大地妄称开悟的行为。这也是心学在后世的影响力不如理学的重要原因,人们倾向于认为心学和禅宗都堕入了空洞的思辨与表演,而理学在思想结构上的推进则更务实。

回到正题,第十六节引用了程颐的"动静无端,阴阳无始,非知道者孰能识之?"这句内容较为简单,背后的含义是朱熹再次对周敦颐的阴阳之道表示认可。

第十七节补充了程颐的"仁者天下之正理,失正理则无序而不和"。这是对《论语》一句关键内容的讨论。《论语》有"人而不仁,如礼何?人而不仁,如乐何?"意思是如果没有"仁"心,就算有规范的礼仪和音乐又如何呢?另一方面,《礼记·乐记》则强调礼仪和音乐的规范性——"乐者,天地之和也;礼者,天地之序也"——认为音乐反映了天理(和),礼节反映了天地的秩序(序),是更加被汉儒所强调的制度层面的问题。程颐则把"和"与"序"都重新归纳到"仁"当中,消解礼乐的政治意味和规范意味,强调人心的"仁"才是根本。这样一来,音乐或文学的"不和"并不是因为不遵守先人的形式规范,而是内心缺乏"正理"。于是,无论音乐还是文学,只要内心有"正理",就可以尽情发挥,不必再因循古旧的范例,也不必再坚持刻板的格律了。这也是古文运动以及欧洲以浪漫主义为代表的各类文体、乐理或视觉革新所秉持的共同理念。

从第十八节开始,朱熹引述的是程颢的内容。第十八节说"天地生物,各无不足之理",意思是世间万物都有各自的位置和作用;后面接着说:"常思天下君臣、父子、兄弟、夫妇,有多少不尽分处?"这句单独看,似乎在说汉儒所强调的社会秩序,但这里并没有指出"君臣、父子、兄弟"之间是什么关系,没有给出具体标准,只是说人在处理彼此关系的时候,应该从天地万物的共存中得到提示。接续前面的内容来看,万物是因爱而生,而人要去领会"仁"与"义",这才是"尽本分"的重点。具体要怎么做,怎样才算尽本分,并无法统一要求,只能因人而异。不难发现,在"道体"当中,后世所强调的带有刻板印象的"忠"或"孝"这类字眼是不存在的,因为"仁"或"义"本身就是没有具体标准的。"忠孝"只是"仁义"在一般情况下的体现,但并非达到"仁义"的标准或必然要求。

第十九节始于《周易》"乾"卦的"终日乾乾"(每天努力体悟天理),谈"上天之载"(天理或者天道)的无处不在。"其体则谓之易",意思是天地间可见可感的实在部分,就是《周易》所谈的内容;"其理则谓之道",说现象的规律就是"道";"其用则谓之神",是说它一旦发挥功能则不可阻挡;"其命于人则谓之性",意思与前文所说的"物所受为性"基本相同。

但是,在"性"这里,程颐说是"人所受",程颢说是"物所受",还是有所不同的。因为程颢与后世心学的意见一致,认为"物"是由人心所生,所以万物都受人心的影响。如此一来,人的"性"才是更基础的,而物的"性"则取决于人的"性"。程颐的意见则与理学更加一致,认为人与万物拥有平等的"性"。

接下来程颢又说:"率性则谓之道。"这是"道"字在"道体"中第二次出现,这次是从人的角度来说的:人如果想与天地规律一致,就要"率性而为"。"率性"不是乱来,而是首先洞察自己的"性",感受到自己的"心",然后根据它的指引来行动。最后"修道则谓之教",显然,要达成这种洞察和感受,是需要修行的。这里的修行依然不仅包含了日常的思考、行动、工作、人际关系、大事小事、一举一动等各方面,也与禅宗以来的实际禅修行为有关。天理无处不在,所以修行也无处不在,这是很难的,所以程颢说"君子当终日'对越在天'"(《诗经》对"终日乾乾"的另一种用法),就是时刻感受天地的"诚",作为内省和行动的指引。他最后引用了《孟子》的"养浩然之气"作为总结。所谓"浩然之气",不是大义凛然的表面样子,而是通达于天地之"诚"的率性。毕竟,根据程颢的理解,天地之间的一切都是自己内心的一部分。那么无论"天理"还是"诚",无论它们体现在哪里,最终都是源于自己内心的。可是,如果时刻强调心,也会使人忽视外在现象与事务,陷入虚无的境地,所以即便认为"吾心即是宇宙",也还是要关心世界本身,从无处不在的现象和具体事务中体悟天理,避免陷入内心的纯粹冥想。这也是新儒家与禅宗许多流派的重大区别之一。

这一节为了讲述天理的无处不在,还引用了《系辞》的"形而上者谓之道,形而下者谓之器",这也是欧洲哲学的形而上学之所以被翻译为"形而上"的来源。但是程颢后面又补充说:"器(现象)亦道,道亦器,但得道在,不系今与后,己与人。"意思是说,"形而上"与"形而下"本是一体的,只要达到了"道"的境界,一切感知和思考都不分先后或因果,不分自我与他人,因为"道"是一体的,是跨越二元逻辑的。虽然周敦颐以"阴阳"二元为基础,但这个二元只是对现象的梳理,而并非对世界的理念和现象作出的划分。"道"所强调的也是一体性。《朱子语类》当中也有朱熹对此作出的解释:"然谓此器则有此理,有此理则有此器,未尝相离。却不是于形器之外别有所谓理。"这也是新儒家的一个缩影:对"天理"的讲述,一方面使用方便言说的二元逻辑,另一方面又在不断打破这一逻辑。逻辑是讲述的必须,但"道"是物我一体的感知,是超越逻辑的,所以最终要回到逻辑诞生之初。所谓"道可道,非常道"也没那么玄乎，其实就是它的字面意思；对"道"的讲述，也许比对它的感知还要难。

第二十节进一步讲述了"道"的一体性。程颢说，医书把手足麻痹称为"不仁"，这是对"仁"很好的解释。这里依据的是《内经》中的"皮肤不营，故为不仁"以及"肌肉不仁，发为肉痿"两句。程颢继续说："仁者以天地万物为一体，莫非己也。"既然"仁"是人对天地之"诚"的体悟，那么有了这种体悟，自然觉得自己和天地万物都是一体的，感知万物，就像感知自己的手足一样，因此"博施济众"就变得自然而然了。

第二十一节具体讨论了前文涉及的人性中的善恶问题。《孟子》说人性本善，而现在又有了人整体的"义理之性"和个体的"气质之性"的区别。前者都是善的，而后者有善有恶。程颢进一步说，"善"与"恶"不是两物相对，而是像水那样，水清澈就是"善"，水浑浊就是"恶"。浑浊的水并不是另一种东西，只是加入了杂质。"浑浊"是无法单独存在的。人的本性就是清水，混入杂质难免变得"恶"了，但这"恶"也只能依附于"善"而存在。

世间万物也是如此，世上本没有一件自然的事情是"恶"的，也没有"恶"能从天地间诞生。既然天地之心是"爱"，就不可能生出恶来。但人心"太灵"，容易浑浊，所以"恶"只是被遮蔽的"善"而已。由此，"善"与"恶"，或者像"天使"与"恶魔"那样的对立，在东亚思想中就失去了依据。自诩的"正义"也就不存在了，因为没有"邪恶"与之对立。这世间只有自然而然的"善"，需要变得更加纯净的"善"，以及无可救药的蠢货。

发散一下，现代科幻电影中常有力图毁灭宇宙者，它们带领来自地狱的生物，以毁灭一切为己任。仔细想想，任何毁灭宇宙者，也只是为了成就另一个宇宙，成就所谓"恶"能够自由生长的环境，让地狱和天堂换个位置。按照朱熹的讲述，这样有形的、有生命的、希望被解放、希望获得自由的"恶"，本身就是"善"的另一种形态，因为"生物之心"本身就是"善"的体现。那么如果有恶魔,它也只能因"善"而生,并信奉着极度扭曲的、与"善"相悖的"义",因而失去了"仁"。真正与"善"相对立的,只能体现为毁灭,那么它首先应该让自己毁灭,于是也就不存在了。总之,"善"没有对立面,只有浑浊的自我。

第二十二节只有一句话,引用了程颢的"观天地生物气象"。大约是朱熹编辑到此,感觉到读者可能会有许多领悟和疑惑,需要暂停一会儿,于是提醒说,如果心有郁结或不解,那么就看看万物在天地间生长的景象吧。朱熹还特地注解说,原文说的是周敦颐在那里看("周茂叔看")。这讲述突然就变得有画面感了,每个人都得以和周敦颐一起,用自己舒服的姿势,看看这世界。

伴随着新儒家体系的逐渐成熟,观自然风景来体悟天地之理,这一行为普遍地体现在五代北宋以来的风景画当中。在那之前,中国的绘画是服务于宗教的,艺术仅仅是普及意识形态的工具,而艺术家也只是工匠。随着新儒家体系的逐渐成熟,有思想的"文人艺术家"取代了传统工匠,开始用自己的眼睛观看世界,表达自己对世界的体悟,这成为中国山水传统的起点,也就是文人艺术的起点。试想在五代北宋,很多观众是看不明白山水画的,因为他们习惯了在绘画中看到宗教或者帝王故事。面对画家们的"天地生物气象",那些观众会问一个与今天面对当代前卫艺术的观众同样的问题:"这作品到底什么意思?"在五代北宋,山水风景就是当时的当代艺术,因为这与崭新思想的兴起息息相关。所谓"文人艺术"的本质,就是有思想的艺术家创作的作品,以区别于"工匠艺术"。我在艺术史课程中会问学生一个问题:为何中国艺术史的记载中没有雕塑家的名字?是因为中国的雕塑家不如米开朗琪罗(Michelangelo Buonarroti),不值得留下名字吗?不是,真正的原因在于,宋代以来书写中国艺术史的人,都是站在文人艺术的角度去梳理的,那些继续为宗教服务的工匠艺术家,自然就无法留下自己的名字——而雕塑家往往都是为宗教服务的。为何文人不创作雕塑？主要是太麻烦。但文人偶尔也喜欢动刀，于是有了制印，但是玩来玩去，发现印章还是太考验手艺而非理念了，所以终究是一门消遣。今天也是如此，一位传承传统工艺的匠人理应获得尊敬和重视，但无法作为前卫艺术家被记住，因为他没有站在时代思潮的前列，作出自己独立的表达。经过一千年的发展，中国的水墨风景，便已经从当时的前卫艺术，变成如今的"传统工艺"了。

第二十三节继续引用程颢仿佛带领大家观看天地气象之时忍不住说出的一句："万物之生意最可观。此'元者善之长也'，斯所谓仁也。""元"就是"乾"卦中的"元，亨，利，贞"的"元"，使万物诞生的意思。程颢说，这就是"仁"。原本程颐在前文说过"仁"是属于人的，但程颢的理念更偏心学，更强调物在人心，那么天地和人心就都一样了。不难看出，朱熹虽然是理学大家，但绝不排斥与自己相左的理念。对于一个有仁有义的学者来说，"仁"在哪里一点也不重要，自己学说的独特性也一点都不重要。

第二十四节继续在观天地的过程中引用程颢的话来感慨："满腔子是恻隐之心"。这句话源自《孟子》的"恻隐之心，仁之端也"。所谓"恻隐"，并不是今天常用的"同情"，而更接近于"共情"，且要广阔得多。"恻隐"可以不断发散，直到世间万物和他人都成为自己身体的一部分。

第二十五节强调了世间现象的二元对立："天地万物之理，无独必有对"。朱熹说比如寒暑、昼夜、生死都是如此。

第二十六节中，程颢说："中者，天下之大本。天地之间，亭亭当当，直上直下之正理。出则不是，惟'敬而无失'最尽。"这段话源自《中庸》："喜怒哀乐之未发，谓之中；发而皆中节，谓之和。中也者，天下之大本也；和也者，天下之达道也。"

所谓"中"，并非在两端之间各取一半，而是"喜怒哀乐之未发"，也就是前面讲到的那个天地间"寂然不动"的整体。"中"是无处不在的，是"天下之大本"。"中"如其字，虽寂然不动，却有着贯穿一切的力量，所以程颢用当时的俗语解释为"亭亭当当，直上直下"，就是不受阻碍、干脆利落、贯穿天地的意思。

《中庸》还说，"中"是情感未发的时候，是饱含力量的"静"；而"和"则是感情生发，但又不离"中"的时候。对此，程颢认为这样的感情很难解释：既然感情生发，又怎么"发而皆中"呢？——我既然活泼起来了，又怎么保持严肃呢？是不是《中庸》有时候也太自说自话了？所以程颢并不刻意区别"中"与"和"，只是草草引用了《论语》的"敬而无失"敷衍过去了，像是在说"我不明白你这么说有什么意义，但还是对你表示尊重吧"。

从第二十七节开始，朱熹又开始引用程颐的内容。这节说："公则一，私则万殊。人心不同如面，只是私心。"意思很简单，如果真的有为天下的公心，就不会有什么真正的分歧。人心各自不同的部分，都是自己的私欲而已。这是朱熹那句著名的"存天理，灭人欲"的依据。所谓"灭人欲"，并不是说人不能有欲望，而是说如果要体悟天理、经世济国，就不能有超出自然的私心。或者说，如果如前文所讲，"满腔子是恻隐之心"，感觉世间万物都是自己的手足，那么私心也就和公心没有两样了。这是很高的境界，是圣人般的榜样，不能达成也没什么，并非要求每个人都变成僵化的禁欲主义者。"存天理，灭人欲"本身就是朱熹对自己以及志同道合之人的要求，并非对普通百姓的要求，更与禁锢人性毫无关系。

第二十八节讲"扫撒应对"，强调大事小事都是一个整体，不能忽略日常的细节。所谓"扫撒"就是打扫，"应对"一般是回答老师的提问。这看上去更接近治学的部分，与"道体"无关，但"道"既然无处不在，那么强调日常行为也是很必要的。

第二十九节批判了杨子、墨子以及子莫的故事：杨子是战国人，一心保全自己的天性与生命，哪怕告诉他拔一根自己的头发就可以利于天下，他也不会同意。这便是"一毛不拔"的来源；墨子与他相反，讲究"兼爱"，只要有利于天下，什么事都愿意做；然而鲁国的子莫认为两人都太偏激，所以要取他俩的中间。程颐说，取他俩的中间，不知道要怎么取，"识得则事事物物上皆天然有个中在那上，不待人安排也。安排着便不中矣"。意思是"中"不是在两端取中间，而是天然在那里，是直上直下、亭亭当当的，不是人来权衡安排、做算术找到的。这一批判非常重要。实际上，"中庸"这个词还是被清代学者庸俗化了，变成了各取一半，两头讨好，糊涂求全。"中庸"的本意并非两头讨好，而是贯穿两头，直取要害。这往往是两头不讨好的，比如辜鸿铭，他在反对全盘西化的时候，说那些人的辫子在心里，这便是典型的两头不讨好。今天人谈"中庸"的时候，有几个还记得程颐这段话？

第三十节继续谈"中"。程颐用了房间的比喻：对一个厅来说，正中间就是"中"；对整个家来说，厅不是"中"，堂才是"中"；大禹三过家门不入，因为他认为国家才是"中"；颜回在乱世住陋巷，也是"中"；但如果在清平时代，隐居陋巷就不是"中"了。所以"中"不是固定的规范，而是要自己用心去判断的。宋代士大夫大抵如此：无论如何争论，都知道清平盛世不易，要为天下做事，因为"中"在天下，不在个人得失。德国汉学家顾彬（Wolfgang Kubin）对宋代诗词研究颇有贡献，却总说宋人无法脱离皇权的束缚，一切以皇帝为中心。这不是宋人的问题，而是顾彬自己的心还不够正，看不到宋代思想家的"中"。在宋人心里，皇帝从来不是中心。倒是那些表面客观的历史学家们，他们的"中"在哪里？

第三十一节再次说"诚"："无妄之谓诚，不欺其次矣。"这是谈从人的角度实践天地的"诚"。"无妄"是《周易》的一卦。程颐解释这一卦时说："天之化育万物，生生不穷，各正其性命，乃无妄也。人能合无妄之道,则所谓与天地合其德也。"简单来说,天地能够让万物都按照自己的轨迹去发展,人如果能学会这一点,就是"无妄"。朱熹继续解释说,后面的所谓"不欺",就是人努力学着天地的样子实践"无妄"的过程。"诚"与"不欺"并不是简单的"诚实"。或者说,今天所说的"诚实"是指言语与事实相符,而程颐的"诚"还包含行动与事实相符。行动要符合怎样的事实?自然是万物在天地间运转的本来面貌。符合这一事实的行动就是"诚实"的行动,它没有欺骗天地。

第三十二节继续讲前文的"感应"——"未应不是先,已应不是后"。意思是天地间那些"诚"的事情,在时间上看来是有先后的,但实际上是一个整体,是不分先后的。先后只是一种人为的印象,是人在时间中感知的习惯,但万事先后都是一个整体。朱熹解释说:很多人会问,既然世界的起源是"无极而太极",那就是先有"无极",再有"太极";那么是不是"理在事先",也就是先有真理,再有现象?朱熹自己又回答说:没有世界之前,也不会有关于这个世界的理;真理与现象不分先后,只是人的认知习惯于按照时间顺序,所以会强行分出先后。这样的思想方式彻底消解了形而上学传统里的终极问题:这个世界既没有一个先于自己的造物主,也没有需要去达成的终极目标。它与支配自己的规则是一体的。在今天的物理学看来,我们的宇宙也可以被如此理解:那些支配一切的常数并非提前存在,而是与人所能触及的世界共生。另一方面,因果率也彻底被消解了,因为一切先后顺序仅仅是人为的感知。人们习惯于为一切找到原因,但对因果的辨别本来就是人为的——爱情真的是因为荷尔蒙吗,或者荷尔蒙是因为爱情呢?

第三十三节又回到《周易》的"复"卦,讲"生生之理,自然不息"。生命的循环在今天已经不是一个深奥的话题,这里所述的无非将生命扩展到世界本身:整个世界的始终与个体生死一样,都是循环往复的。这个讲述将世界观扩展到人所见的"天地"之外:造就这个世界的"天地"有终点,而新的"天地"也会有起点。

这段还讲了重要的一点:循环往复就像呼吸一样,而"理"是无处不在的,如果它存在于人的鼻息之间,那么也会对整个世界有效。所以程颐说"近取诸身,百理皆具",也就是人可以从自己身体的运转体悟到整个世界的规律。

第三十四节重新将人的思绪拉回到简单的归纳:"天地之间,只有一个感与应而已,更有甚事?"不用想那么多,如果读到这里觉得思绪太多理不清楚,须知道,自己的思绪也无非是对前人思绪的感应。迷茫之处如同花朵向阳,只是想要生长而已。

第三十五节再次谈到"仁"与"爱",认为虽然两者相当,但也不可陷入一头:"仁者固博爱,然便以博爱为仁,则不可。"这里讲的还是那个关系:博爱是"仁"的表现,有了"仁",自然就会博爱;但不可以把博爱看作一种道德规范,以为做到了博爱,便到了"仁"的境界。再一次地,宋代智者发现,道德规范并没有什么好讨论的,关键是体悟。

第三十六节回答了一个问题:既然"仁"是天地生物之心,也就是"心"本身,那么"仁"与"心"有什么区别?程颢说:"心譬如谷种,生之性便是仁,阳气发处乃情也。"说"心"如种子,生出来的就是"仁"。"阳气发处"是种子生长的条件,这里意思是"心"有了情感便生发为"仁"。这句像是在回答学生提问。

第三十七节继续讲对"仁"的体悟是很难的,应该仔细研读孔孟二人的有关讲述,好好体悟个两三年也不算久。体悟"仁"其实是一辈子的事情,朱熹当时加入程颢的这一句,感觉两人在某个阶段都以教学为上,面对学生的困惑,只得先连哄带骗——"好好读两三年书再说"。的确,一名有经验的老师知道,无论任何问题,如果回答学生"体悟一辈子",学生大概便觉得这事情与自己无关了。

第三十八节讲了程颐很关键的一句,"性即理也"。这里的"性"是人的"天命之性"，也就是先天被赋予的部分。程颐说这部分便是天理的体现。

第三十九节继续这个问题，问"心有善恶否?"程颐回答说："心本善，发于思虑，则有善有不善。"意思是说，"心"作为"性"的一体两面，自然是善的，是天理的体现。但是，由"心"所生发的思虑，也就是具体一个人的所思所想，则不一定善。关于"心"与"性"的关系，程颐说"在天为命，在义为理，在人为性，主于身为心，其实一也"；就是"命""理""性""心"这些概念只是讲述的角度不同，其实都源自同一个整体。"概念"由此变成了讲述的方便，它们指向那个可以被感知的"物"，并提供其从不同角度展示的看似截然不同的面貌，而非必须存在的理论基石。

第四十节从不同角度继续论述了属于人整体的"天命之性"与个体的"气质之性"："才则有善有不善，性则无不善。"这里说的内容与前文相同，只是将"气质之性"以"才"来代替。程颐又解释了"才"之所以有个体区别是因为"性出于天，才出于气。气清则才清，气浊则才浊"。这里体现了气学认为万物由气所构成的理念。人这个整体是天地所生，所以人的"天命之性"不可能是浊的。天地之间万物交感，会让一些个体的人混入浊气。所谓"浊"，就是人本来如清水，但人的"灵"也会接受一些不属于清水（人本性）的部分，也可以说是"不诚"的部分。程颐并没有说这里的"浊"是先天还是后天的，总之，有的人会因为这种"浊"而变得无可救药。结合前面"无先后"的讲述，先天或后天都不重要了。一个人的经验从哪里开始算先天，哪里开始算后天，甚至一个人在何时算作出生，本身就是人为界定的。

另一方面，到底哪些行动或意志是"浊"的体现，新儒家中也从来没有人讲明，而是需要依靠自己的心性去分辨。后世王阳明在给学生解释这一点时说，如果一件事情不符合人的本性，那么一个心性澄明的人是会察觉的，就像人对饭菜的味道各有偏好，但任何人都不会认为屎好吃，本性也是如此。有些事情更难分辨，比如有的人会迷恋杀戮，将其当作自己的本性，王阳明说那是因为蠢，被杀戮所迷惑罢了；既然没有人愿意被杀，那怎么会有人真的喜欢杀戮呢？把自己不喜欢的事情强加给别人，这就是蠢的体现。如果说新儒家曾经给出过任何成文的道德"规范"，那么引用孔子所说的"己所不欲，勿施于人"大概算一条了。

仔细想，这一条实际也不是规范，因为"己所不欲"如何界定，还是需要人有最基本的人性。如果一个杀人狂说"我就是喜欢自己也被杀，我甚至不喜欢任何活着的东西，这就是我的本性"，思想家们要如何与之争辩呢？不需要争辩，只需要"君子豹变"，以强力将其消灭便是。那如果掌握了强力的是杀人狂一方又该如何呢？那是大人和君子的失职，并且会带来一场灾难，如同山火燎原，人力无法抗衡，只能按"复"卦所说，等待自然来修复一切，因为自然本身无法被消灭，而自然正是"善"的根源。

当然，现代有一些科学家，还有一些被称作"心理学家"的文学家，为了以科学方式证明人性的"恶"，设定了很多情境。但是，任何一个这样的证明，都可以找到无数个相反的证据，因为这些看似科学的证明，只是设定了结论的引导式调查，其逻辑与证明自然定理是两回事，只是假以"实验"名义滥用科学的权威感罢了。

第四十一节继续这一话题，说到"仁义礼智信"这五个境界里，"信"是不在《孟子》所说的"四端"当中的。《孟子》说"恻隐之心，仁之端也；羞恶之心，义之端也；辞让之心，礼之端也；是非之心，智之端也"，说明了"仁义礼智"最本能的发端所在。"信"则没有发端。程颐解释说，"性者自然完具"，意思是"信"本来就是人性当中最本能的那部分，人最朴实的恻隐之心、羞恶之心、辞让之心、是非之心，都是源自"信"。那么"信"就无法有更根源的发端了。天地有"诚"，所以人有"信"，世界之所以存在，人之所以为人，就是如此。

第四十二节继续讲述前面的内容，引用程颐的一句"心，生道也。有是心，斯具是形以生。恻隐之心，人之生道也"。天地万物为什么是人所看到的样子，人为什么长成这个样子，是因为"心"就是这样的。所谓"心，生道也"，不是说"道由心生"，而是说"心体现了万物生长的依据"，那么万物生长的状态反过来也就体现了心。万物的心与人的心本来就是同一个，所以人能感到"恻隐之心"，能与万物同悲喜。

第四十三节引用了张载的讲述，关键一句是"浮而上者阳之清，降而下者阴之浊"。大概是朱熹也感觉前面对"浊"从哪里来的描述有些含混，所以加入了这一句。可是张载的说法本身也没什么说服力，凭什么"降而下"的就是"浊"呢？这更像是形而上学者那种武断地建立一个自圆其说的体系的习惯，而张载的气学的确与之最为接近。

第四十四节继续引用张载，说到"游气纷扰，合而成质"，表现了张载以"气"为基础的世界观。

第四十五节是张载的"天体物不遗，犹仁体事而无不在也"一段。说自然界的万物都包含了天理，而自然界发生的每件事都表现了天地的"仁"。前面也讲过，自然界里不仅有美好的一面，也有残忍的一面，这些都是"仁"。但是，朱熹引用这段的目的似乎是想补充上一段：所谓"浊"并不是自然界里那些残忍的东西，而是人学会了那些残忍，并用在了不自然的地方。

说起来不知道什么时候开始，人发明了一个很卑鄙的词叫"丛林法则"，把丛林描绘成弱肉强食的地方，并把这种弱肉强食定性为丛林的"法则"，也就是秩序。实际上，丛林显然不是只有残忍的一面，也有许多美好的东西，这些都体现了"仁"这个整体，而不仅仅是某一种秩序。人为了给自己的"不自然"开脱，居然可以如此污蔑自然，看来聪明的人一旦"浊"起来真是够"浊"呢。

第四十六节只有一句，即从张载的角度讲述鬼神——"鬼神者，二气之良能也"。"良能"一词源自《孟子》的"人之所不学而能者,其良能也"。不用学就会,那么"良能"也可以理解为"本能"。张载认为,"鬼神",也就是气的聚合与消散,就是"阴阳二气"的本能。

第四十七节继续张载对鬼神的讲述:"物之初生,气日至而滋息。物生既盈,气日反而游散。至之谓神,以其伸也;反之谓鬼,以其归也。"这句话支撑了朱熹的鬼神观——任何一物发展到自己最好的样子,或者说,发展到天地赋予自己的"命"的极限时,就成为"神",消散时则为"鬼"。于是鬼神也如天理,是无处不在的,也是可大可小的。另外,这里的"物"在张载气学的原意里或许仅指自然万物,而理学与心学则认为"物"也包含了人的思想与意志。人的思想也是天地造化的一部分,而且是"最灵"的一部分。

第四十八节引用张载对"大人"的讲述:"性者万物之一源,非有我之得私也。惟大人为能尽其道。是故立必俱立,知必周知,爱必兼爱,成不独成。彼自蔽塞而不知顺吾性者,则亦未如之何矣。"这句话可以说是对前文许多内容的总结:万物的"性"都是源自天地,不是一个人独有的。只有"大人"能够根据"性"所揭示的天理来行动,这样的人会让每个人都能立身,让每件事得到解决,知识与思想全面,广泛地爱一切人与物,不会追求一己的成就。至于那些蔽塞了自己人性的人,则几乎没什么办法能帮助他们了。

第四十九节以张载的角度再次解释了"感而遂通天下",意思与前文一致。张载用了"一故神"这个说法,意思是人如果能完全做到遂通天下,与万物融为一体,那么也就到了"神"的境界。当然,这里的"神"也就是前文所说的,发展到自己最好的样子。这么说来,每一个个体的人都有着很大潜能。

第五十节用了张载的"心统性情者也"一句。张载在自己的《正蒙》当中有"合性与知觉,有心之名",意思是"心"包含人的"本性"与"感知",而感知当中是包含情感的。朱熹继承了这一说法,《朱子语类》中记载了他的讲述:"性是未动,情是已动,心包得已动未动。"大概是朱熹自己也发现这些概念绕来绕去没有太大意思,所以在这里只是简单截取了张载一句。

最后一节强调了朱熹的理学见解,认为万物都有同样的"性"。这里用了张载与之相同见解的一句"凡物莫不有是性"。张载继续说,"由通,蔽,开,塞,所以有人物之别"。这里体现出气学所说的"物",一般指无生命的物体。张载认为这些物体的"性"是闭塞的,而人的"性"是打开的。张载认为,草木山石,它们的"性"是闭塞的,是不如人性的。这与心学和理学的讲述差距很大,因为理学认为万物都包含天理,人应当以万物为老师;心学认为人性先于物性,因为"心外无物",万物皆由心所生,"吾心即是宇宙"。当然,这并不妨碍心学思想者从自然万物中体悟天理和内心,但心学是将自然万物作为内心的投射来看待的。张载虽然没否认物体当中含有天理,却强调物体的天性闭塞,由此强调人的独特性,虽然似乎更加符合一般人的常识,但应当是朱熹所无法容忍的。后世文学家也无法容忍这一点:如果物体的天性闭塞,那动物与植物怎么成精呢?一块石头里如何能蹦出猴子来呢?这大约就是朱熹把这句放在最后的原因。无论如何,还是放在这里了,他也提醒了后人各家学说在关键之处的不同。毕竟,事关"道体",谁又能确定自己说的就是正确的呢?从截然不同的角度去看待,或许才真的更容易"感而遂通天下"吧。

与佛的讲述一样,"道体"是一种通向真理的指引,而不是真理本身。这常被比喻为"以手指月,得月忘指",强调不要将任何理论当作智慧本身,对智慧的领悟比讲述本身重要得多。朱熹似乎也领悟了这一点。漫长的一章也便到此结束。

8

文明的流转
——现代文明的真正起源

在南宋王朝被蒙古铁骑终结之后,东亚的文明进程终于放缓,思想逐渐从活跃走向明中期之后的停滞。另一方面,与人们印象中的"黄祸"不同,元朝在13世纪的和平年代鼓励通商和旅行。这个统一且横跨欧亚大陆的政权极大降低了差旅贸易的行政和关税成本,不仅促使先进的东亚思想和技术传播到欧洲,也方便了欧洲传教士来到中国。一般来说,那之后思想舞台的重点就伴随着"文艺复兴"转移到了欧洲。从常见的世界史角度来看,全人类似乎终于要迎来"真正的文明",以及真正的思想。

有一种普遍的历史观,就是无论文艺复兴之前的中国或伊斯兰世界取得了怎样的成果,都会被西方中心论的万能逻辑所归纳:"失败"的东方文明偶然取得了一些成绩,但因为其"本质上"缺乏科学理性和人文思想,所以无法得到进一步发展,仅能成为西方文明在15世纪迎来"复兴"的注脚。关于这一点,约翰·霍布森(John M. Hobson)在《西方文明的东方起源》一书中已经从史实和历史逻辑等各方面作出了详尽而令人信服的批驳。可是,这样的书籍难以引起广泛的注意,因为就像叔本华在"美学随笔"中所说,当某种真正闪光的东西出现时,大部分人要么意识不到,要么出于恐惧而逃避。所谓"叶公好龙"正是如此,在追求智慧或真理的过程中也会出现。本书并非一本文明史书籍,但要真正认识文艺复兴之后的欧洲思想,及其与宋代中国及伊斯兰世界的前后关系,就必须从文明史的角度重新认知文艺复兴之前的世界文明面貌。本章的前半段可以说是对约翰·霍布森相关论述中较直观部分的粗浅梳理。这一段历史也正好是今天熟读以欧洲中心论为基础的世界史的读者们最不了解的。对此,威廉·麦克尼尔(William Hardy McNeill)曾经作出反思:"欧洲的……历史学家尚未认识到,公元1000年后中世纪欧洲文明的兴起,与世界体系的中心从中东向东转移到中国是同时的……需要一种灵活的想象力去认识中国的卓越地位。"同时,"11世纪中国大规模市场经济的兴起,是背离管制、转向市场的极重要转变,其力量足以改变世界的平衡……随着中国技术核心向国外的传播,旧世界的其他地方展现出新的潜力,以西欧最为突出。"[1]

　　正如约翰·霍布森的研究所指出的,所谓"东方"国家从来都不是后世史学家所描述的封闭而落后的孤立主义者,与之相反,从9世纪前后开始,伊斯兰世界的倭马亚王朝、阿拔斯王朝,北非的法蒂玛王朝,已经与中国、印度以及东南亚地区一起,开创了一个以集约型经济和资本流动为核心的全球贸易体系[2]。以水车、风车、煤炭开采为动力的工业生产,以合伙契约、合同法、银行、远程信贷等相关制度为基础的资本流动,以及航海技术的发达,促进了伊斯兰世界、北非以及东亚的生产、投资、商业和系统化的远程贸易,当然也促进了思想的融合。当欧洲依旧处于中世纪的时候,宋代中国已经完成了从贵族社会到市民社会的

---

[1] 同p15注2,p104。
[2] 同上,p37。

转型。这一转型最终令其过早摆脱了以资源聚集和对外战争为基础的帝国模式,并因此在蒙古族的征伐面前脆弱不堪。另一方面,阿拔斯王朝的伊斯兰学者们已经从波斯、印度、中国吸收了大量先进的医学、数学、思想、科技、文学成果,并创造了新的知识与文明体系。

与今天的普遍印象不同,中国是最早进行"工业革命"的国家。[1]中国从西汉(公元前 2 世纪)开始生产钢,到宋代时,根据罗伯特·哈特韦尔(Robert Hartwell)的研究[2],在公元 806—1078 年间,中国的人均铁产量增加了六倍。英国在 1788 年(工业革命中期)的铁产量为 7.6万吨,而中国在 1078 年的铁产量为 12.5 万吨。1080 年,四川地区铁与稻米价格比率为 177∶100,陕西地区为 135∶100,说明铁价格很低,并且在 100 年的时间段里下降至四分之一,而英国用了 1600—1822 年的两百多年的时间才实现了相同水平的下降。这些铁被用于日常用品和工具,包括但不限于刀、斧、凿子、钻子、锤子、犁、铲、铁锹、轮轴、车轮、马鞍、烹饪器具、水壶、时钟、吊桥上的铁链、城门或瞭望塔的铁甲、大炮、桥梁以及印刷用的边框和活字,还有锯子、铰链、锁、炉、灯、钉子、针、别针、乐器等等。当时的中国已经使用铸铁,而非中世纪欧洲大部分时间使用的熟铁,与之相关的技术包括成熟的鼓风炉和活塞式风箱,以及开始于公元 31 年的水利技术。从 5 世纪开始,以熔炼法生产钢材的技术也已经成熟了。在北宋,焦炭代替木炭成为主要燃料,解决了森林采伐问题,也成为生产高档宋瓷的泛用燃料。在 10 世纪便普及到家庭单位的耐用石棉灯,意味着石油与天然气的开采及其在燃料和照明领域的运用。最重要的是,这一切都需要更广泛的工业基础设施、交通

---

[1] 同 p15 注 2,p47。

[2] Robert Hartwell, Markets, Technology, and the Structure of Enterprise in the Development of the Eleventh-Century Chinese Iron and Steel Industry, *Journal of Economic History* 26(1966):29-58.

运输和社会行政结构作为支撑。[1] 宋代中国并非只是历史书上的山水花鸟和水浒英雄而已。

宋代中国还创造了以纸币为基础的税收体系，由此带来的影响更加深远。正如埃里克·琼斯（Eric L. Jones）的研究指出的，政府放弃了劳役、实物税收以及再分配土地的职能，促进了自由市场和私人土地市场的发展。[2] 宋朝不仅商业高度发达，且国家税收也主要来自商业部门，但其比例又很低，仅占国民收入的 6%左右。低税收和重商政策又带动了新型城镇和大城市的崛起。

印刷和造纸行业则对应了新的城市文化与思想的发展。早在 953 年，冯道便主持了对早期儒家经典文献的印刷工程。在北宋初年（978 年），中国一个图书馆的藏书量就达到 8 万册。[3] 欧洲中心论者有一个观点，说宋代印刷使用的是雕版技术，而古登堡才发明了活字印刷，因为英文字母只有 26 个，所以大大提高了文化传播的效率，这是"西方文明"基因里的优越性。有趣的是，不管印刷方便与否，15 世纪末的中国全国藏书量已经超过了全世界其他国家的总和；[4] 而且从宋代开始，图书馆已经不再是政府或寺庙的专利，而是可以由私人投资、开设并管理。另外，即便抛开有关毕昇在 1040 年发明活字印刷术的记载，目前可以考证到的最早的金属活字印刷机，也出现在 1403 年的朝鲜，比古登堡的发明早了 50 年。[5] 大概是朝鲜文也具有基因里的优越性？

这一切革新不仅需要新技术，还需要农业领域的生产效率和收益

［1］ Peter J. Golas. Science and Civilisation in China: V（13）. Cambridge University Press, 1999:190-197. 。

［2］ Eric L. Jones. Growth Recurring, Clarendon Press, 1988:77,81.

［3］ 同 p15 注 2,p165. 本段涉及资料也都由此出处提及。

［4］ Donald F. Lach and Edwin J. Van Kley. Asia in the Making of Europe. University of Chicago Press, 1993:1595.

［5］ Sang-woo Jeon. Science and Technology in Korea. MIT Press, 1974:173-184.

率将产品和人力解放出来。而中国的农业在 6 世纪时就完成了英国农业在 19 世纪时才完成的一切。水车和纺织等技术不仅影响了伊斯兰世界，还通过贸易往来，将从大到造纸、印刷、纺织，小到纺车的连接曲柄和控制杆等最小的技术细节一起传入欧洲。在欧洲农民终于见识纸质印刷品的时候，中国农民已经在使用卫生纸了。中国农民在宋代还享受到新的金融体系下的优惠贷款。罗伯特·坦普尔（Robert Temple）曾说："18 世纪前欧洲原始的、惨淡的农业，与公元前 4 世纪以后先进的中国农业是毫无可比性的。"[1]西方中心论者喜欢把中国描述为"农业文明"，这个名字能成立的唯一原因，并非中国没有工业，而是中国农业兴起时，欧洲还没有像样的农业。另一个有趣之处在于，欧洲人把后来通过穆斯林学到的水车等技术归功于自己的"文明祖先"罗马人。实际上，欧洲中世纪水车的核心技术是"杵锤"，而这是中国的发明。最早的风车则是波斯人在 644 年发明的，并且传到了中国和欧洲，而不像大量史书里说的是 13 世纪的欧洲发明。

在军事方面，当火药在公元 850 年被发明之后，北宋在 10 世纪前后最早研发并为军队列装了投掷火弩和火箭；南宋军队装备了世界最早的炸雷与火铳（单发装填的火枪）。《武经总要》里甚至记录了一种脖子上绑有炸药的大鸟，可以飞到敌营里爆炸。到 14 世纪，元帝国的军队继续改良这些技术，制造出地雷和水雷，以及连续发射 320 枚火箭的发射装置。最早的带有翅膀和尾翼的长距离飞行火箭弹也出现在 14 世纪的中国，似乎是用来取代不可靠的大鸟。以上这些都是在中国首创的技术，并通过伊斯兰世界的改良和传播，深刻影响了世界军用武器的发展[2]。在此之前，宋代海军船只已经超过 2 万条，且从 1129 年开

---

［1］Robert Temple. The Genius of China. Prion Books Ltd, 1999:20.
［2］同 p140 注 1, p240.

新思想的黎明

始装备投掷器,1203年之后装备铁甲,其规模和装备超过欧洲海军力量的总和。这回应了一个神话:中国人虽然发明了火药,但不懂得将它用于战争。宋朝确实输掉了与蒙古人的战争,但并非因为他们只懂得山水画和放烟花。这实在是个很简单的道理,战争的输赢是由非常复杂的因素决定的。

在欧洲历史学家的论述里,欧洲的早期工业与理性的象征是钟表制造。欧洲第一座公共时钟出现在1309年的米兰,而第一个便携式钟表出现在1335年的米兰。可是,即便那些最善于把罗马祖先和科学联系起来的历史学家,也说不清这两件东西到底是谁发明的。另一方面,北宋的苏颂在11世纪就制造出结构复杂的天文钟,其中包括钟表制作的核心技术"擒纵机制"。根据卡德维尔(D. S. L. Cardwell)的研究[1],这项技术最早是中国的一行和尚在725年提出的。而在苏颂之后,一切重要的钟表技术,包括自动装置、齿轮系统、重力驱动系统等等,在中国之外最早出现在属于伊斯兰世界的西班牙,其样式特征与苏颂的天文钟非常相似。追溯这些历史并不是为了说明首先发明某种技术的国度就一定有某种伟大特质,而是为了回应一种论调:中国的技术虽然先进,但还不足以制造钟表这样精密的东西,因为只有精密的钟表才代表了科学和理性。弗雷德里克·莱恩(Frederic C. V. LANE)的说法很有代表性:"很显然……当远东的艺术家沉迷花鸟虫鱼和骑马的时候,达·芬奇和马丁尼在关心机械。欧洲的哲学家们将宇宙看作一个巨大的钟表结构,将人体看作类似的系统,而上帝则是杰出的钟表匠。"[2]可钟表匠又是中国人,而中国人是断不会把自己看作上帝的。

上述所有庞大而完善的工农业体系需要运输系统的支撑,也需要

---

[1] D. S. L. Cardwell. Technology, Science and History. Heine-mann, 1972:14.
[2] 同p15注2,p55。

开放的对外贸易体系来保持活力。中国 7 世纪以来的运河、桥梁、水闸、造船和航海技术解决了大范围运输的问题。在航行方面,中国最晚在 1090 年前后已经使用星盘,而欧洲船只最早是在 1185 年使用的。星盘技术可以追溯到 8 世纪的穆斯林科学家阿尔-法扎里(Al-Fazari),以及那以后的各类伊斯兰文献,其中还包括著名的数学家阿尔·花拉子密(Al-Khwarizmi)的论述[1]。中国是船尾舵和方形船体的发明者,这些技术在南北朝时期就投入使用,并被后来的穆斯林航海家学去。宋代船只还使用纵帆和防水隔舱,而大型斜挂三角帆则是穆斯林航海家的发明。人类历史上的第一个大航海时代就是由中国和穆斯林航海家主导的,从 9 世纪开始,航海便是两个文明之间对等而和平的商业与文化往来依赖的重要手段,也是当时涵盖了北非与东南亚在内的全球贸易体系的支点。但今天的历史学家喜欢令人误以为"丝绸之路"这样的东西只跟骆驼有关。15 世纪,欧洲最先进的威尼斯战舰长 150 英尺、宽 20 英尺,由穿着威武铠甲的弓箭手护卫;而当时的中国战舰长 500 英尺、宽 180 英尺,装备火枪、大炮、投射器与连发火箭。这里会出现一个熟悉的问题:既然中国的航海技术如此先进,为何没有像哥伦布那样去发现新的大陆呢?霍布森先生对此作了十分系统性的论述,卡罗·奇波拉(Carlo Cipolla)的说法则更容易令人带入当时的情形:"对阿拉伯人来说……西欧是一个很少能引起他们兴趣的地方。虽然他们的地理知识在公元 700—1000 年这段时间不断提高,但对欧洲的了解却并没有随之深入。阿拉伯的地理学家对欧洲不感兴趣,不是因为存在一种敌视的态度,而是因为那时的欧洲没有能够提供任何令人产生兴趣的地方"[2]。这里谈论的是阿拉伯人的态度,但同样适用于

---

[1] 同 p15 注 2,p109。

[2] Carlo Cipolla. Before the Industrial Revolution. Routledge, 1993:138.

当时的中国人：只有野蛮且落后的地区才想要掠夺且占领别处，并常常得逞，因为文明总是难以战胜野蛮。菲利普·费尔南多·阿梅斯托（Felipe Fernández-Armesto）的说法要委婉许多："欧洲大扩张的时代，并不是被压抑的理性活力的迸发，而是发端于衰落文明的动荡边缘。"[1]

话题由此转向伊斯兰世界，这也是一个在动荡中崛起的文明。公元614年，隋炀帝杨广接受了婴阳王的请降，结束了对高句丽的战争。同年，穆罕默德（Muhammad）在阿拉伯半岛以先知的身份出现，宣讲伊斯兰教义，引领了伊斯兰文明在阿拉伯半岛的崛起。在公元600年后的欧亚大陆，民族间的融合早已变得纷繁复杂——和当时的中国人一样，阿拉伯人也是由不同人种和民族构成的，不同宗教背景和历史渊源的成员在伊斯兰教和阿拉伯语的标识下统一起来，再以宗族为基本单位结合到一起。四大哈里发随后开创了辉煌的阿拉伯帝国时代。在唐太宗统治的24年里（公元626—649），中国展现出空前的强大与繁荣；同时期，奥马尔一世的穆斯林军队先后占领了大马士革、耶路撒冷、两河流域大部、北非东部以及巴勒斯坦和埃及，奠定了伊斯兰文明的基础。

与中国类似今天的"市场经济"的自由经济政策几乎同时，伊斯兰世界也进行了商业和金融革命。他们最早提出了"契约精神"与"合约经营"，因为穆罕默德本人就是一名商人，所以这些内容也出现在《古兰经》的教义当中。有趣的是，今天的历史学家喜欢把"契约精神"形容为一种"西方文明"的天然品行。可是，当穆斯林商人与中国商人开始在彼此的国际贸易中实践这一精神的时候，欧洲人根本与"契约"毫无关系。不仅如此，汇票、信贷制度、保险、银行等金融制度，要么起源于伊

---

[1] 同 p15 注 2，p145。

斯兰世界,要么起源于前伊斯兰时期的中东地区,因为许多商业技术出现得比《古兰经》更早[1],比如苏美尔人和萨珊人就已经使用了银行、汇票和支票。而穆斯林商人将这些体系融为一个整体并发扬光大了。比如穆斯林银行家根据"合约经营"精神,进一步发明了预付金或信贷;根据期票和异地兑换的汇票制度,他们又完善了国际货币兑换。在 9 世纪之前,先进的会计制度和记账法也十分成熟。在这背后是以两河流域和中国为主线的大规模且长期的国际贸易往来。尽管这些内容常常被欧洲史学家描述成文艺复兴时期意大利人的发明,但"我们在意大利所发现的,实质上是近东已经存在的各种制度的再生或者再创造"。[2]

到 9 世纪,"智慧之馆"的建立标志着巴格达成为当时全球范围内最为活跃的技术与思想重地。那里的各项成就与中国的贡献一起,奠定了现代文明的所有基础——首先是数学,伊拉克在公元前 1700 年就掌握了勾股定理,而这是基于更为完善的代数和几何知识;那里的学者把圆周分为 360 度,把时间分为每小时 60 分钟、每分钟 60 秒、每天 24 小时;穆斯林学者在 8 世纪采用了印度数字,并最终完善了后人所说的"阿拉伯数字"。在 12 世纪,花拉子密完成于 9 世纪的著作被译成拉丁文,他的拉丁文名字"Algorithmi"成为拉丁文和英文中"算法"(algorithm)这个概念的源头,他创造的"代数学"概念(Al-Jar W'almuqalah)也与他的名字有关,并成为后来"代数"(algebra)这个单词的起源。数学的基本方法被大大拓展了;在 10 世纪,穆斯林数学家已经完善了以正弦、正切、余切为基础的六种三角函数。这些研究把托勒密(Claudius Ptolemaeus)最初的"弦"理论提升到全新的维度,并极大推动了以球面几何为基础的天文学和工程学的发展。直到 16 世纪,

---

[1] 同 p15 注 2,详见"金融革命的东方起源"一章,p107-108。
[2] Jack Goody. The East in the West. Cambridge University Press, 1996:672.

这些内容对欧洲数学家来说依然是难以企及的。

从 9 世纪到 12 世纪，阿拉伯人伊本·海塞姆（Ibn al-Haytham）的光学著作奠定了后世光学研究的基础；埃及内科医生纳菲（Zbn al-Nafis）对人体血液循环系统、肺循环理论及管状血管的研究彻底否定了古希腊的观点，并领先威廉·哈维（William Harvey）三百多年。当三百年后达·芬奇（Leonardo da Vinci）的人体解剖、光学和几何学研究成为"一个复兴的欧洲"的象征的时候，人们似乎刻意忽略了一个历史常识：这些学问并非达·芬奇神奇地继承自古希腊，而是由中东和北非的穆斯林传入意大利的。除此之外，阿尔-拉齐（Al-Razi）等人发展了葛洪以来的中国医学理论[1]，建立了系统的免疫学、法医学以及诊断法，筑成现代医学的基础。伊本·西那（Ibn-Sina）的《医典》被翻译为拉丁文，而后者直到 16 世纪都是欧洲医学的基础课本。

伊斯兰世界在天文学上的成就与宋代中国的学者不相上下。花拉子密绘制了用于航海的星图，并计算了地球的周长。到了 14 世纪，位于今伊朗西北部地区的马拉盖学派的伊本·沙蒂尔（Ibn al-Shatir）发明了有关太阳系运转的数学模型。150 年后，哥白尼（Nicolaus Copernicus）的日心说理论模型与之几乎一模一样。乔治·萨利巴（George Saliba）就曾犀利地指出，这些巧合太过明显，而哥白尼并未在其他背景中展示自己独立发现的可能性。[2]哥白尼在自己的著作里只提到了古埃及的赫尔墨斯·特利斯墨吉斯忒斯（Hermes Trismegistus），这个埃及人只是以最原始的理念方式提出太阳是宇宙的中心而已。有趣的是，今天的历史学家却更愿意鼓吹这段神话般的

---

[1] Joseph Needham, Lu Gwei-Djen and Nathan Sivin、Science and Civilisation in China: VI(6). Cambridge University Press, 2000:124-125.

[2] George Saliba. A History of Arabic Astronomy. New York University Press, 1995:64.

联系,对沙蒂尔的模型则像是从来都没听说过一般。

9 世纪以来的科学大发现的背后是新的思想体系的光芒。9 世纪以来,伊斯兰世界的思想家们,例如阿尔-肯迪(Al-Kindi),阿尔-拉齐,阿尔-法拉比等人,提出了人是自由和理性的代表的思想。阿尔-拉齐指出,每个人,只要掌握了理性的思考能力,就可以直接获得所有对神以及对世界运转方式的认知——也就是所谓的宗教与科学的"真理"。这意味着人是理性的掌握者与驱动者,而非一个形而上的理性结构(或者上帝的规则)的被动接受者。同时,这一思想过程不能被包括信仰在内的任何情感所左右,也不能被任何先入为主的结论所左右。伊本·路西德(Ibn Rushd)进一步指出,科学探究只有打破宗教教条才能实现,而神的存在必须基于合理的根据被证明[1]。这一思想比宋代理学更早,它完全有可能传入中国并对宋代思想家造成影响。无论如何,它以更具指向性的理念为实验科学思想铺平了道路,后世欧洲的宗教改革理念也与之如出一辙。

古希腊以形而上学为主导的思想体系导致了实验科学的缺失,而9 世纪以来的穆斯林科学家开创了以人的经验和实验为基础的思想,这是革命性的:不需要以形而上的方式给世界一个整体性的描述,而是在实践中发现更好的工具和更完善的方法,由此逐步推进知识的更新;如果任何古已有之的道理,经由合理的假设与证明,被发现是错误的,那么就理当被修改。由此,古希腊流传而来的许多带有神学色彩的理论被彻底改变了。这一理念在欧洲直到 18 世纪洛克(John Locke)的学说被接受后才真正成型,文艺复兴前期的罗杰·培根即便想在欧洲推广阿拉伯人的实验思想也是孤掌难鸣。对此,罗伯特·布里夫特(Robert Briffault)就指出:"关于谁才是实验科学的发明者的讨论……

---

[1] 同 p15 注 2,p159-160。

是欧洲中心论对欧洲文明诸多误导中的一部分。在罗杰·培根的时代，是阿拉伯人的实验方法开始在欧洲被使用和推广。"[1]在那之后，当阿尔-法拉比的《科学书目》被译成拉丁文的时候，正如威廉·麦克尼尔所说："（所谓）西方人发现，穆斯林的严谨思维和渊博学识远远超过了古罗马的遗产……在人类文明的历史上，可能没有人能够比西方更安于窃用这些外族遗产了，除了希腊人在公元前6世纪（从埃及学习知识）的时候。"[2]

这引向一个更为深刻的结论：欧洲"文艺复兴"最引以为傲的"科学理性"和"人文主义"思想，尽管在后世的历史书里，是以复兴古希腊的面貌出现，但它们实际上都来自阿拉伯和东亚。迈克尔·爱德华兹（Michael Edwardes）在他的《东—西之传递》（*East-West Passage*）中说道："文艺复兴是一种特定的幻象，它表面上对东方不理不睬，但这并不意味着当时的人们真的这么做了……文艺复兴充斥着东方的影响。而这些影响常常被刻意掩饰，其根源从未被真正承认过。"[3]可是，罗伯特·哈尔（A. Rupert Hall）的观点却更为流行——"欧洲并没有从东方吸收任何现代科学不可或缺的东西，仅仅是借鉴了一些东西，把它们融入欧洲的理性传统之中。这些传统是由古希腊建立的"[4]。没错，这些史学家的主要方法就是把阿拉伯人塑造成古希腊文献的图书管理员。阿拉伯人的确翻译过许多古希腊著作，并成为古希腊文献在文艺复兴时期重见天日的契机，但这仅仅是阿拉伯人的贡献中最小的一部分——一千年前的古希腊著作如同人类文明的密码，不幸散落在野蛮

［1］ Mohammad R. Mirza and Muhammad Iqbal Siddiqi. Muslim Contribution to Science. Kazi, 1986:117.
［2］ William H、McNeill. The Rise of the West. The University of Chicago Press, 1963:602-609.
［3］ Michael Edwardes. East-West Passage. Taplinger, 1971:94.
［4］ Marie Boas. The Scientific Renaissance 1450-1630. Collins, 1962:6.

且好战的阿拉伯人手中,一经在黑暗中苦苦探寻的欧洲子民发现,就打开了欧洲人基因中的理性与科学精神,并立刻给后世带来人文与科学的创新,激发像达·芬奇或哥白尼等人的天才创造——这显然不是历史,而是神话。可是,人类作为一个整体,就是更容易相信神话,不然这世界上许多难题的解决都会变得容易得多。

说起达·芬奇,顺便谈一个艺术史当中被忽略的篇章:文艺复兴的绘画中最为著名的空间透视和逼真的立体造型技法,也不是意大利艺术家对古罗马艺术的直接复兴,而是由9世纪的拜占庭艺术家重新研发的,这就是非常重要的"马其顿文艺复兴"。但这段历史在艺术史中也几乎没有被提及过。不过,意大利的艺术至少的确能在古罗马的废墟中找到明确的对应,所以更加适合塑造那幅"复兴"的神话图景。这造就了今天看来理所当然的现象:所有关于文艺复兴之艺术的部分都在美术馆里,而且看上去证据确凿,而所有关于"科学理性"的部分,则往往是断章取义的描述,配上文艺复兴艺术品的插图。这便形成一幅极其讽刺的风景:"理性"的历史没有任何理性的证据,只有神话故事般的描述和零星几个英雄般的名字,并靠着人们对艺术品的感叹来获得说服力。可叹的是,中国许多史学家并没从现代欧洲的史论中学到什么严谨的东西,却学会了对英雄般的名字的使用,于是中国的文明贡献被简化成"四大发明"。这不仅正好对应了"四大名著"和"四大天王",也符合了普遍的观点——中国只是碰巧出现了几个无关紧要的古董发明而已。

来到文艺复兴前夕的威尼斯。正如霍布森所说,历史学家常常使用"空气中弥漫着自由"以及"远程贸易"来形容一座城市,可是"远程贸易"的另一端在哪里,在最严谨的论述中也从未被指明过。实际情况是,直到公元751年加洛林工朝建立,以及8、9世纪意大利城邦国家出现后,欧洲才以极落后的身份和无足轻重的规模加入中国与伊斯兰帝国主导的全球化网络。威尼斯的崛起就是这一情况的最真实写照。在13世纪后,埃及控制着意大利城邦通往亚洲的海上航线,并由此主导全欧洲的贸易规则,直到这个时候,欧洲与外界的联系仍然是非常稀少的。这并非因为伊斯兰世界是封闭的,而是这个并不需要粗放劳动力的集约型经济体系,无法从与极其落后的欧洲的贸易中取得任何利益,所以发动十字军战争的才会是欧洲一方。直到14世纪,威尼斯才终于与苏丹签订了条约,在中东穆斯林制定的贸易规则下,威尼斯得以借助埃及的亚历山大港,以有限的规模与东方的国家进行贸易。威尼斯唯一能够获利的对外交流方式,就是依靠埃及的贸易地位,进入一个由伊斯兰世界和东亚所主宰的世界体系。即便如此,威尼斯一座城市就帮助了整个欧洲的经济复苏,因为"欧洲贸易只是由于东方商品经过意大利传入欧洲才最终成为可能"[1],威尼斯也由此成为当时欧洲最重要和最繁华的城市。不仅如此,伊斯兰世界和中国之间所传递的思想、制度以及各种科学技术,也开始大规模地通过威尼斯涌入欧洲,"这些资源组合使得各种(后世欧洲史学家所描述的)'被意大利人发明'的经济和航海革命成为可能,他们本来没有理由以此而闻名"。[2]

一位身处18世纪之前任何时间的穆斯林或者中国历史学家,很容易按照19世纪之后欧洲历史学家的逻辑,以相反的形容构建一个今天人们所熟悉的历史神话:为何伊斯兰世界和东亚如此开放、理性,讲究人文精神、契约精神,有国际化且工业化的经济体系,且富于科学精神?为何欧洲如此封闭、迷信、野蛮、奴役大众、经济落后、沉迷基督教的往生救赎?因为穆罕默德和孔子为人类奠定了真正文明的基础;而古希腊的狭隘、自大与野蛮注定了欧洲只有失败的文明。有趣的是,当时没

---

[1] 同 p15 注 2,p106。
[2] 同上,p107。

有学者留下这样的论述,他们无意用粗鄙的形容词定义别的文明,对塑造自己文明的光辉形象也没有兴趣。这或许是因为他们从来无意凌驾于别的文明之上,并将此看作自己的光荣使命。

人们其实很容易发现文艺复兴时代的一个被忽略的问题:为何欧洲在所谓"文艺复兴"时期的科学发现零碎而不成系统,且没有诞生任何以重塑世界观为基础的、真正的新思想?答案也很明显:欧洲人在当时仅仅处于学习伊斯兰文明带来的各种新知的阶段,新的思想与科学对于欧洲来说本身就是外来的。它们并非伴随着任何被假定的、正在复兴的文明生长于欧洲那片土地上,而是像外来的"异国奇观"一样,冲击着欧洲人被宗教和神学所束缚的世界观。欧洲人开始在外在的刺激中摸索,最终花费了近两百年才厘清科学对于思想和智慧来说究竟意味着什么。与之相比,伊斯兰世界以及宋代中国以实验科学和"格物"为代表的探索世界的思想,甚至比各自系统性的科技成就都要早,因为思想才是创造性的自主科学发现的内在驱动力。

随着这个问题被回答,本章也终于要回到思想的部分。之所以文艺复兴时期的欧洲思想家还是需要被提及,是因为这些思想更有助于人们发现文艺复兴的真实面貌。那时候,真正能被称得上独立思想家的人是伊拉斯谟(Erasmus)。他是尼德兰地区人士,生于1466年,比加尔文(John Calvin)和马丁·路德(Martin Luther)早几十年。他在英国的追随者托马斯·莫尔(Thomas Moore)生于1478年。他们两人都与意大利的热闹没有关系,却结合了那个时代智慧在欧洲的生机,以及源自基督教的纯洁信念,并成为人文主义在欧洲的代表人物。

伊拉斯谟小学时的拉丁文水平就超过了自己的老师,因此他是最早认为拉丁文和基督教可以并存的,而非像圣杰罗姆(Saint Jerome)的梦中景象那样:耶稣反对非希腊文写成的宗教著作。这反映了当时欧洲接受新鲜事物的必然——不仅穆斯林学者是用拉丁文翻译的古希腊著作,穆斯林自己的著作也被翻译成拉丁文,所以希腊文逐渐与新知识脱轨了。至今,一些形而上学的卫道士们依然持有一个观点,认为古希腊文与上帝和形而上学以及人类的真正智慧具有不可取代的唯一联系;他们痛斥任何不懂古希腊文就研究哲学的人,这很难不让人想起鲁迅笔下孔乙己的形象。伊拉斯谟则代表了当时一种少见的气质:真正的开放与理智,并且拥有坚定而内敛的信仰。

在伊拉斯谟读大学的时候,伊斯兰世界的人文精神已经传入欧洲。基督教神学体系中原本争论不休的古代派与奥卡姆派联合起来,对抗这一外来思潮。大学显然是由上述两派占据的,而人文主义者只存在于大学之外。伊拉斯谟曾在信中写道,他为了取得博士学位,只好去附和那些庸俗的论调,无法展现任何优雅的思考;他也不喜欢柏拉图和亚里士多德,只不过因为他们是古代人而必须表示尊敬。[1] 1506 年,伊拉斯谟去意大利求学,却发现那里"没有什么值得学习的东西了"[2],于是开始编订圣杰罗姆的著作。他几年后写成了《愚神礼赞》(*The Praise of Folly*),猛烈抨击了教会制度和神学的腐朽,甚至直指教皇本人也鼓励并参与了各种腐化堕落的行为。

更重要的是,伊拉斯谟在《愚神礼赞》中提出了一个人文主义的观点:真正的信仰并非源自理智和知识,而是源自真情实感,所以神学各种自圆其说的论述都是多余的。同时,伊拉斯谟对当时已经被讨论的宗教改革也没有兴趣,因为在他看来,无论旧教还是新教,都仅仅是神学层面的修订而已。新教体现了人们希望改变现状的革命热情,但伊拉斯谟在重视情感的同时,也天然地展现出自己源于形而上哲思的冷静与超然,新教的革命热情在他看来是狭隘且盲目的,这源自伊拉斯谟

---

[1] 罗素. 西方哲学史:下卷. 何兆武,李约瑟,译. 商务印书馆,2018:29.
[2] 同上。

对人性内在复杂性的敏锐发现与承认。他所追求的情感是以理智为基础的,拥有柏拉图式的深沉与纯净的情调——尽管他并不喜欢柏拉图。伊拉斯谟与魏晋时代的学者有很多相似之处。他们都依赖宗教,却又不服从任何一个教派的理论,于是只能在对自我内在世界的依赖中孤独求索。这是他重视人的情感的根基所在。

伊拉斯谟虽然重视情感,但并没有深入讨论情感、人性以及理智之间的关系,而是更多使用纯正且严谨的拉丁文学修辞,来弥合三者在逻辑上的裂痕。他想用文学来超越形而上体系,但从逻辑来说,文学本身依然借助的是形而上的力量。他更像是一位有着纯净理想的文学家,而非思想体系的创造者。从思想方法来说,他依然是一位形而上学者,这也是他与魏晋学者最大的不同。他仅仅是厌恶柏拉图的学说中那些"无情"的部分,但他继承了源自柏拉图的理智与超然。正因如此,从伊拉斯谟开始,理智与超然开始与人的情感结合在一起。

在当时欧洲的思想领域,这种结合显然是自相矛盾的,因为正如柏拉图以来的形而上学所指出的,理智与超然是排斥人的经验的。但是,伊拉斯谟的博学和善思,以及他优雅、敏感而又克制的个人气质,让人的情感与形而上的理智在他身上达成了一种共存的默契。可以说,是伊拉斯谟对人性与理智之高贵的本能坚持,还有他对新教和旧教一视同仁的排斥,以及他对上帝的坚定信仰,让人性与理智在欧洲终于被相提并论了。这一影响一直持续到今天:很多哲学爱好者从不认为形而上学与人性有任何冲突之处,并天然地认为形而上学具备某种既超然又富有人情味的气质,这一美好印象要归功于伊拉斯谟。

也正因为如此,伊拉斯谟的思想主张成为欧洲人文主义的开端。他对信仰的独立而纯洁的态度也深刻影响了后来的思想家。他自己无法给出一个成形的理论,或者说,他从未真正把人性与形而上学以理智而非文学的方式结合在一起。归根结底,他也只是一个外来的人文主义思潮的代表者,但出于人的本能,他天然地同时热爱着人性与理智。

在当时,伊拉斯谟的价值很难得到承认——他对新旧两派的态度,以及他对信仰难以言表的个人体悟,都让他孤立无援。于是在 16 世纪初,伊拉斯谟将自己的思想带到了英国。大概是亨利八世(Henry Ⅷ)把伊拉斯谟当作了新教的引路人,或者当时英国的社会文化总是更喜欢接纳那些在欧洲大陆不受重视的东西,伊拉斯谟在那里大受欢迎。这让英国成了欧洲人文主义的重地,也让大约一百年后出现的洛克的学说看上去更像一种必然。英国在近现代的思想活力可以说就开始于伊拉斯谟。在那之后,伊拉斯谟在欧洲大陆声名鹊起,随着宗教改革的开始,他被新旧两派同时拉拢。新教的马丁·路德不仅在宗教见解上蛮横凶狠,还否定人的自由意志,这是伊拉斯谟不能接受的,于是他坚定地维护人的自由意志,倒向旧教一边,由此被主流抛弃。他在英国的朋友托马斯·莫尔也被新教一派所逼,为了维护自己的信仰而选择殉教。莫尔是伊拉斯谟的追随者,也是一位旧教派的虔诚信徒,他并未参与任何斗争,却以死来维护自己的信仰自由,因此成为英国人文主义的早期代表。总之,晚年的伊拉斯谟变得无比孤独。

在当时被神学、古典形而上学及力求横扫一切的新教理论所笼罩的欧洲,作为一个人,能兼容且平复"理智与情感"的逻辑矛盾,追求自我内在世界的完整与独立,的确是了不起的事情。伊拉斯谟在当时被人看作懦夫,但他对待思想的无私态度和崇高追求,以及他对人性尊严的捍卫,成了后世学者的典范。或许出于这个原因,伊拉斯谟的名字至今都被用来命名欧洲最显赫的学院奖学金。他的面貌随着时间的流逝而清晰,但今天的许多所谓学者,如果真的再遇到伊拉斯谟这样的人,或许会一面背诵着优雅的《赤壁赋》,一面像马丁·路德那样,把伊拉斯谟贬斥为"守旧的投降主义者"吧。

在伊拉斯谟之前,新儒家体系实际上解决了理智与情感的问题,但伊拉斯谟似乎并不知道那个体系。在新儒家的讲述里,源自人性的情感与理智(或者说更加狭隘的"理性")本来就是不矛盾的。人需要通过"格物"——也就是理学所说的包含"科学"在内的各种知识——来提升自己的理智,并由此梳理自己的情感与经验,发现自己的人性,使自己的言行与内在都与自然规律相统一。因此,在理学看来,相当程度的科学知识,是一个完善的思想者必须拥有的。科学知识是认知"自然"的必须,而"自然"是融合理智与人性的必须桥梁,是一个经由吸收知识、提升理智的经验,再提升为体悟的切实过程。简单来说,科学知识与科学逻辑不仅仅是实用技术的依托,也是内在经验的一部分,这种经验是思想家体悟天理所必需的内在修养。

伊拉斯谟不认为科学对思想来说是重要的。对他来说,实验科学至多是一种实用的技术和知识,不需要理智的"上等人"掌握。这就让科学与理智之间出现了一种奇怪的关系:理智的人当然要承认科学的价值,可是理智的人自己并不需要具备科学知识或能力,因为那仅仅是从事实际工作的匠人的义务。这些匠人的工作固然必要,但对于认识这个世界的真理并无任何益处。高尚的理智之人才能认识世界,而对于具体的科学,这些高尚的理智之人只需要知晓一点,即它们是必要的。

于是,对于一位思想家本人来说,即便他没有任何科学理念,只要赞同科学,就可以认为自己是拥有"科学精神"的。如此一来,科学就仅是一种立场,而这种立场所鼓励的行为(探寻科学),在思想的实践中是被排斥的。这种理念与行动之间的矛盾性虽然大部分被后世哲学家解决了,但它作为一种学术高贵的姿态,甚至被刻意保留至今。比如就在由伊拉斯谟本人所奠定的、至今仍拥有特殊地位的英国公学教育当中,希腊语和拉丁语文学是必修的,而科学内容则一点不重要——"上等人"自然要承认科学的重要,但是真正的理智并不需要科学素养的引导。与之相反,东亚的基础教育至今强调数学和物理等知识与逻辑的训练,与其说这是一种应试教育体系,不如说它源自理学对一个完善的"理智之人"的更高要求。

伊拉斯谟的状态也体现在文艺复兴时期的一个整体现象当中:一些科学发现逐渐出现,但欧洲人却对此毫无准备。正如罗素所说:"一直到 17 世纪(洛克的思想出现后),(欧洲)人们构造思想体系的能力才赶上关于各种事实(科学)的新知识。"[1]伊拉斯谟的价值不在于他的明智,而在于他因无私的信仰与真挚的情感而生的,一种任何时代的思想家都普遍缺乏的,高尚的迷茫与失败感。

另一位"文艺复兴"晚期的重要人物是生于 1564 年的伽利略——比伊拉斯谟又晚了一百年。而比伽利略再晚一百年的牛顿(Isaac Newton)在中国有一句家喻户晓的名言:"我能看得更远,是因为我站在巨人的肩膀上。"这句话若真是牛顿所说,这里的"巨人"就一定是有所指的,那就是伽利略。伽利略完整阐述了惯性,并定义了加速度和动力之间的关系。在著名的自由落体实验之外,他实际上已经完成了大部分关于"牛顿第一定律"的发现。这一发现奠定了现代物理学当中最重要的基石,也就是力学的起点。更重要的是,伽利略用科学的方法让一种全新的世界观崭露头角。

伽利略在论述惯性定律时指出:等速运动是唯一"自然的"运动。这一原理包含了极其重要的内涵。首先是他对"自然的"一词的使用。13 世纪的圣托马斯·阿奎那(Saint Thomas Aquinas)在谈论法律和道德时使用过"自然法"一词,那里的"自然"源自亚里士多德的形而上概念,其基本指向并非以现象为基础的自然世界,而是世界根据纯粹理念而运转的方式及其目的。这种方式和目的与可见的现象无关,也并非由真实经验和实验所发现,而是由纯粹理念和逻辑所规定。简单来说,

---

[1] 同 p151 注 1,p34。

我们今天会觉得大自然里的每一棵树都是自然的,因为它们是自然生长的;而在 13 世纪,世界上的每一棵树都不够"自然",因为它们都无法完全反映树的本质,也都不是纯粹理念当中的那棵完美的树,而只有那棵完美的树才是"最自然"的。在形而上学体系里,"自然"一词的含义几乎等同于纯粹理念的"本质"。我们还能在现代英语里发现这个含义的影响——"nature"一词不仅有"自然"的意思,还有"本质""特质"等意思。因此,在伽利略的理念流行之前,拉斐尔(Raphael)的画作被赞美为"自然",是因为他的画作反映出了纯粹理念所设想的理想天堂的本质,而非后来人们所认为的"栩栩如生"。

在伽利略这里,"自然"一词的含义第一次明确从"本质"改变为我们今天所说的"自然"。它更接近中国读者最熟悉的那个"自然",也就是源自大自然的、以自然现象展现的自然规律。在古典形而上学和神学主宰的世界,"真理"只由上帝或者纯粹理念所决定,就像亚里士多德所说,眼见的一切事实,当然也包括科学实验,都与真理无关。伽利略推翻了这一点。这个新的"自然"成为形容以实验为基础的科学事实的一个指引:如果一个东西不符合纯粹理念,不符合上帝的理想,却是基于可感知的自发现象的,那么它就可以被形容为"自然"的。

"自然"成为一种独立于形而上学的存在方式,它不再是被三段论所推导的,而是等待被发现的。这些新的自然发现往往与形而上学的规定相左。这至少可以追溯到开普勒(Johannes Kepler)的行星运动定律——他根据从伊斯兰世界学到的天文知识,用椭圆轨道取代了圆形轨道。从直觉来说,圆形比椭圆更加符合形而上学所追求的理念化的规则,例如哥白尼所展示的地球轨道也是圆形的。但椭圆轨道是真正基于现象的发现。一种以"自然"为基础的、尚未成型的世界观,开始在欧洲以科学为载体发展了。

伽利略在惯性定律上的另一个贡献是对成熟于伊斯兰世界的数学

方法的引入,尤其是代数和几何算法。实验能发现自然规律,而数学可以归纳这种规律,这是现代物理学的常识,但在那个时代却并非理所当然。在那时的欧洲,所谓"物理(physics)"本是继承自亚里士多德的一个词汇,是形而上学的概念。"物理"既不依靠实验,也不依靠数学,而是纯粹逻辑的演绎和归纳,这与今天所说的物理学毫无关系。而伽利略所用的发现"自然"的方法,是基于实验与数学的,这是现代物理学的开始。

从当时伊斯兰世界与欧洲的思想差距来看,很难相信这一方法是伽利略的独立发明,但要找到其借鉴的根源也非常困难。一切源自东边的影响,要在欧洲本地找到明确阐述都是很难的。弗朗切斯卡·布雷(Francesca Bray)就曾直截了当地形容过这一历史现象:"如果我们想在他们的作品中找到对这种(来自东方的)影响明确承认的内容,将会大失所望:西方学者和发明家不知廉耻地相互剽窃对方的思想……我们可以肯定,他们也会毫不顾忌地将这些来自世界另一边的思想化为己有。"[1]发现事实的复杂性不意味着贬低伽利略的贡献,只不过伽利略并非史书里所渲染的由某种"文艺复兴"的光辉所孕育的、"振臂一呼,应者云集"的复兴英雄。相反,他与伊拉斯谟一样孤独。在当时的欧洲,数学与自然的结合并非顺其自然,除了旧教派的迫害与新教派的敌意——只不过新教派往往掌握不了系统性压制所需的权力("在新教国家,那里的牧师不管多么急切都要危害科学,却不能得到国家的支配权"——罗素[2]),伽利略在思想界遇到的阻力也比支持大得多,比如以"知识就是力量"这句话而闻名的弗朗西斯·培根(Francis Bacon)就明确否定了数学方法在发现自然中的重要性[3],而赞同这一方法的反

[1] Francesca Bray. Science and Civilisation in China: VI(2). Cambridge University Press, 1984:571.
[2] 同 p151 注 1,p56。
[3] 同 p151 注 1,p67。

而是《利维坦》（*Leviathan*）一书的作者霍布斯（Hobbes）。

　　培根的反对也有他的道理。在当时的欧洲思想家看来，伽利略的方法显然是缺乏世界观基础的。在当时，还没有任何一种哲学思想是以自然现象和数学的结合为基础的。所以，虽然伽利略的方法在后人看来是现代物理学的起点，但在当时的人看来，是被违背了形而上秩序的表象和幻觉所迷惑的产物。他把毫无根据的表面现象和毫无意义的计算拼接在一起，是纯粹的离经叛道的罪行。

　　在一百年后，受到伽利略影响的英国思想家洛克，提出了以"自然"为基础的经验主义哲学体系。以实验事实发现自然现象的方法，终于在欧洲获得了完整的世界观的支撑。于是，那个与洛克同时代且站在伽利略肩膀上的、现代物理学的奠基人牛顿，才会将自己那本最重要的著作命名为"自然哲学的数学原理"。所谓"自然哲学"，就是区别于形而上学和神学的、以自然现象为基础的、探索真理的新方法，这是以洛克的学说为基础的——当然也可以追溯到伽利略。而所谓"数学原理"，则是以数学公式的演绎——而非形而上的逻辑理念——来归纳自然现象的原理，也就是伽利略已经在实践的方法。"自然哲学的数学原理"至今依然定义着所谓现代物理学，但这个沿用至今的"物理学"不仅与亚里士多德所说的"物理学"毫无关系，其内涵甚至正好相反。要说两者唯一的共同点，那就是都使用了一样的名字（physics），并且都被中文翻译为"物理学"了。但是，史学家和命名者总是有意无意地希望古希腊能够揽下这个重大变革的荣耀，于是通过名词的改变，亚里士多德就成了物理学的奠基人。可是，中世纪被烧死的许多女巫是最早在欧洲真正实践实验物理研究的人，而她们的身份一直没有被改变——从来没有任何文明对科学家进行过如此彻底的迫害。

　　不难看出，在欧洲，从伽利略开始，"理性"一词的边界终于被扩大了，其方法也发生了改变。它不再仅仅是形而上学的论述或者神学的逻辑,还可以是自然现象与数学之间的一种新的关系。"理性"不再是真理的规定者,而是真理的发现者;"理性"不再凌驾于自然之上,而是臣服于自然;"理性"不再是法官,而是侦探。这一关系并非欧洲基于古希腊思想的传统的理所当然,而是以中国和伊斯兰世界的成就为基础,再从伽利略到洛克与牛顿,历经一百多年,在艰难求索和层层阻碍中建立的。显然,"理性"一词是欧洲思想不断经受教育与演变的结果,而非任何文明内在的"天赋"。同样明显的是,从伽利略开始,在新的"自然"与数学方法的指引下,以新的物理学为代表的"自然科学"逐渐成为一门独立于哲学之外的学科。欧洲也终于成为现代物理学和现代科学开始绽放的地方。人类文明最前沿之探索的接力棒即将完成一次交接。

回到伽利略在当时的处境,他的贡献仅仅是奠定了经验主义哲学和欧洲实验科学的雏形,与当时能够促成实际政治与社会权力转变的宗教改革相比,他并没有激起什么波澜,甚至比伊拉斯谟被人遗忘得还要快。金子般的思想总是很难引起注意。而宗教改革才是那个时代最热闹的事情,而这件事情对当时欧洲在思想与智慧上的真正贡献,正如罗素所说,无非是终于让"有才能的人由于厌恶神学中的斗争,越来越把注意力转到现世学问,特别是数学和自然科学上"[1]。这为一百年后洛克与牛顿的出现奠定了基础……

---

[1] 同 p151 注 1,p44。

9

自然与现代化
——启蒙运动的思想背景

洛克生于 1632 年,后来就读于由经院哲学主导的牛津大学。他和伊拉斯谟一样,既对经院哲学毫无好感,又对新教派嗤之以鼻。当时有一位比洛克大几十岁的重要哲学家笛卡尔,他是形而上学现代版本的开创者,而洛克对他的思想也没有好感。与伊拉斯谟不同的是,洛克拥有伽利略以来丰富的思想内容作参照,并且身处英国 1688 年"光荣革命"的浪潮中。洛克发表于 1690 年的《人类理智论》(*An Essay Concerning Human Understanding*)就像是新时代所期待的一种必然。他的思想也可以看作整个经验主义哲学、自由主义思潮以及现代主义和现代社会的开端。

《人类理智论》从反对柏拉图、经院哲学以及笛卡尔的思想开始,推翻了整个形而上学和神学体系,进入了欧洲思想领域前无古人的荒蛮之地。洛克否定了一切形而上学所规定的天然理念,指出人类一切理念都是从经验诞生。他将经验分为两部分:一个是向外的感觉作用;另一个是向内的、对感受与思考的察觉,或者说"内省"。洛克说,这两个过程是所有知识和理念的源头,也是它们形成的动力。没有任何知识与理念是先于这两个过程而存在的。人类不是在"寻找"任何先于经验的、形而上的，或者说原本就在那里的、等待被追逐和发现的知识与理念；而是在用自己的经验不断形成和衍生出新的知识与理念。没有人的经验，就没有任何知识与理念存在。在经验的层面，可感知的自然现象则被看作经验最为可靠的来源，甚至成为"真理"的化身。

这一想法不但在当时是不可思议的，直到今天，也与人们对"知识"或"真理"的天然直觉不同。人们总觉得"知识"或"真理"是"本来就在那里"、等待被发现的。究其原因，是形而上学不仅对哲学思想的影响根深蒂固，在印欧语系的语言逻辑中，形而上学的影响也是天然的——形而上学和语言学本来就是作为共同体在发展。在 19 世纪之后，这种语言逻辑又影响了现代汉语，所以今天中文里的"真理"听上去也像是某种"真正的""正确的""本来就在那里"的东西；而"天理"听上去则像是某种迷信的东西。另一方面，"知识"一词还带有一些洛克所说的内省色彩，因为"知"与"识"并非指向"本来就在那里"的某种形而上存在，而是认知的过程。但是，这两个字合在一起的时候，对一个普通人来说，虽然说不清为什么，却更让人觉得"知识"是某种形而上的、本来就在那里的东西。它似乎是语言本身给人们的某种暗示，以及对人们认知方式的束缚。

洛克的学说是为了打破这样的认知而出现的。他指出，形而上学对这个世界的描述，仅仅是概念之间的自圆其说；这些概念所描述的并非任何自然世界的事实，而仅仅是语言层面的事实。他告诉我们，即便是对一种语言的使用，也是一种经验，这种经验形成了人们的知识和思想。在反省这些知识与思想的时候，需要将语言及其讲述的方式看作经验，而非任何天然就在那里的、形而上的、毋庸置疑的东西。对形而上学来说，语言是通往真理的大门；对洛克的经验主义来说，语言就像是封印智慧的符咒，必须要被撕破。

但是，人如果只能依靠经验来组织一切认知和思想，那么为何这种组织方式具有普遍性和一贯性？或者说，如果经验能够形成共同的认知，就一定是沿着某种既定的路径，那么这个路径究竟是什么？这成为后来的认识论以及一切有关心灵的学说所探索的话题，至今没有定论。另一方面，洛克面临一个悖论：如果人只能依赖经验，那么如何判断自己的经验是可靠的？这个问题甚至可以一直延伸到以《黑客帝国》（*The Matrix*）为代表的科幻作品：无论有多少经验，人应该如何确定自己面对的世界是"真实"的？经验是否也是一种认知的牢笼？洛克并没有给出一个圆满的答案，因为他的学说并不追求自圆其说。他对逻辑的依赖还比不上他对常识的依赖。比如，如果人看到植物在秋天会落叶，这一经验肯定反映了植物在秋天会失去活力，并且可以给人带来与春天相反的萧瑟而忧郁的情绪。那么这是为什么？为什么寒冷与落叶一定会与这样的经验有关？这是洛克无法回答的，却是任何具有健全心智和判断力的人都能认同的。这就像王阳明对他的弟子所说：所谓良知都是天然的。这种学说的宝贵之处在于，仅仅基于最普遍的经验提出一种认识方式，而不追求任何自洽且崇高的理论。无法自圆其说的学说绝不会是完全正确的，而自圆其说的学说则很可能是完全错误的。

实验科学，或者说现代科学，本身也是经验主义哲学（而非形而上学）的实践。这对于刚入门哲学的读者来说又一次显得反直觉。形而上学是强调纯粹理性的，而科学在今天的人看来，就是某种"纯粹理性"的代表。其实科学从来与"纯粹理性"毫无关系，它是经验与常识的累积。科学的理论体系可以通过实验来验证，对于今天习惯了科学逻辑的人来说，这似乎就意味着绝对客观的真理。但是，如何证明一个实验所带来的结果是普遍的，本身就是一个无法解决的问题。科学理论可以在实验中被验证，但科学实验依赖两个最基本的假设（规则）："时间平移原理"(在某一个时间点得出的实验结论在其他任何时间点同样适用)和"空间平移原理"(在某一个地点得出的实验结论在其他任何地点同样适用),这两个假设是无法被证明的。比如在航天科学里,科学家永远无法证明,几十年前研究出的引力规律,不会在当下的宇宙里突然发生变化;但是,所有的航天科学家都会按照几十年前的结论制造火箭,并向其托付宇航员的生死。之所以他们会这么做,不是因为某种"被证明"的理论,而是"相信"宇宙中的引力规律不会突然变化。这是从经验和常识角度出发的基本信念。这一基本信念恰恰是人们印象中最不"理性"或者说最不"科学"的。同样地,无论相对论还是量子理学体系,本身都是建立在更复杂的假设基础上的,例如光速不变,也并非一种被证明的发现,而是一种假设,甚至连广义相对论的场方程本身也是没有被证明的,但它已经指导了至今为止最伟大的宇宙发现。在无法确定整件事情的可靠性的时候,依然坚持将这件事推到其可能性的极限,这便是经验主义的精髓。

排除脑海中对"科学"的固有印象后就不难发现,科学理论——或者说"基于自然现象的理念"——与形而上学的纯粹理念非常不同,科学理论无法自圆其说,但却是可靠的。形而上学可以自圆其说,非常具有说服力,但非常不可靠。另外,越是严谨的科学家越不会忘记,所有看似绝对客观的科学真理,都是首先由研究者所给定的主观框架,也就是"范畴"和"规则"所决定的。它们在这里可以被理解为整理经验的逻辑和方式,而这只能依赖对经验的人为规定。比如说,植物学与生物学就是两个不同的"范畴",但是,它并不意味着世界上的物种就只能被分为"植物"与"生物"两种——这种分类法仅仅是人为的、"符合常理"的、可行的,但并非绝对客观的、先验的。

在洛克的年代,正在蓬勃发展的科学不仅得到了经验主义哲学的支持,也反过来成为经验主义哲学最强大的支撑。洛克的学说最初并不被人接受,在与笛卡尔和莱布尼茨的对垒中处于下风。在舆论上扭转这一局面的便是牛顿的科学发现。如果说笛卡尔的数学成就令他的形而上理论显得无懈可击,那么牛顿那些震撼时代的、可以触摸的科学成就则让"自然科学"以及它所仰仗的经验主义思想显得无比强大而具有开创性,由此大大提升了英国在欧洲思想领域的影响力。这种影响通过伏尔泰(Voltaire)传播到法国,由于法国大革命的关系,洛克的政治学说终于获得关注,成为后来自由主义思潮的基础。经验主义和科学便在彼此的照应下成为现代世界最强大的力量,而科学也在此后逐渐成为一种独立于哲学之外的认知世界的方式。牛顿那"用数学来描述的自然哲学",终于成了某种似乎本来就应该存在的"物理学"。

从世界观的角度来说,科学与其说是哲学的,不如说是实用的,因为科学最大的说服力在于其实用性,而非其认识世界的全面性和准确性。这里的"实用"不仅包括其提供的实际生产力,也包括一切不以实用技术为主导的前沿理论科学。这些科学为人类提供了崭新的世界图景,这种图景令人相信科学可以帮助人更好地认知世界。这个结论在很大程度上没有问题。但是,当科学成为与思想平等的、另一种认知世界的方式时,对科学力量的高估很容易令人对实用的物质性产生依赖,并忽略科学背后的思想方式及其所映射的智慧和人性本身的重要性。

另一方面,笛卡尔为现代形而上学奠定了基础。他的"我思故我在"这句话,时常被误解为"思考的人才存在",而它真正的意思是:"我的思考"是"我"唯一能够确认为可靠的东西。这与其说为后世的认识论打开了新的大门,不如说终于将形而上的逻辑与人文主义结合在了一起。人的自我认知成为一个纯粹理性结构的开端,虽然它依然强调了结构本身的重要性,但也将人放在了核心的位置,人不再仅仅是一个既有结构的服从者。

笛卡尔也承认科学和技术的重要性,这或许与他对由伊斯兰世界传播来的数学、医学和物理学的兴趣有直接关系。但是,笛卡尔的学说也引导了机械论思想的产生。机械论与工业革命和科学发展结合之后,产生了一个或许他不认同的结果:人的思想与精神也常常被看作一种机械结构的产物。笛卡尔说人是有灵魂的,因此与机械结构不同;但"灵魂"一说因为其模糊性而很容易被忽视,而人的身体构造的机械性就成为研究人性的入口。这实际上否认了人性本身,将其等同于机械了。这导致了一系列对动物和人体的错误研究方向,并产生了深远的影响——直到20世纪,还有科学家认为罪犯的脑结构是天然与常人不同的,因为大脑的机械化结构决定了一个人的犯罪意识。在媒体的鼓吹下,今天的大众甚至认为科学家马上就能实施记忆转移或者冷冻大脑这类行为了。其实,心理学家至今对自己的研究对象到底是什么依然是模糊的,而科学家对人的大脑与身体究竟如何连接、记忆如何形成,还从来没有超过玛丽·雪莱(Mary Wollstonecraft Shelley)在她的科幻名作《弗兰肯斯坦》(Frankenstein)中的想象。但是,机械论暗示了人的意识如同机械结构或者电脑结构一样,是可以被"下载"或"上传"的,而这成了今天大众对人的思想的普遍认知方式。如果有人指出这一点,很可能被判定为"不信科学"。同样的事情发生在狗的许多行为被以科学实验的名义定义为"条件反射"的那一刻,或者当人的梦境被指定为性欲体现的那一刻:似乎生命和情感都仅仅是机械结构的产物。这些假设被机械论装点成一种"科学结论"。

　　机械论为以科学为名,却造成了违背科学的认识方法的滥用。比如人们用条件反射实验证明狗是没有情感的,而同样的理论甚至可以解释儿童对父母的亲情:这只是一种机械的延续自己生命的本能依赖。这也可以解释爱情:只是一种机械化的传宗接代的生物本能。人们甚至愿意认为人类社会就是一个弱肉强食的机械结构。于是,人文主义思想便经由科学发展出一套反人类的思想。人们愿意相信,只要是科学的发现,就一定是"合理"的,但发现过程的本身是否真的符合科学原则,却不那么容易判断。这一过程一旦变成了"自圆其说"的,就成了另一种以科学为名义的"形而上学"。在今天,科学几乎被塑造成神圣的唯一,就像当初的形而上学那样,不仅成为"理性"的唯一代名词,甚至排斥其他一切感知与思考。看上去科学很有理由这么做,因为它给人类带来的进步是非凡的。可是,当科学被形而上学利用和扭曲,取代哲学成为认知世界的方法时,本身就违背了它自己所依托的经验主义精神,变成了一种思想的强权。科学本来是人的独立与自由的动力,如今却几乎要成为新的人性枷锁。科学的力量源自经验主义的开放与怀疑,以及对人性的认知方式与习惯的依赖,而非任何超越人性的、更高级的理智。

为何源于经验主义哲学的科学会在现代世界催生机械化的思想?归根结底,是因为形而上学的基本逻辑对欧洲思想者的影响过于深远。机械论的思想者即便抛弃了形而上学的学说,也依然在无意中继承了形而上学的逻辑,或者说思考原理。在人类的所有思想里,思考原理所造成的影响,无论好坏,都比学说内容的本身重要千百倍。而中国的思想者一直避免这一点,是因为从根本上说,和"哲学"一样,中国人不认为"科学"是可以单独存在的,所以中国古代没有"哲学"与"科学"这两个词汇。中国在科学能力最领先的年代,也没有将科学作为一种独立的概念去看待;即便是纯粹的科学理论,也只是作为其他实践领域的注解。从获取智慧以及认识世界的方法角度来说,这更加倾向自然与人性。如果说经验主义源自理学和心学,那么理学和心学则可以说是更加极端的经验主义,因为它们在原理上就反对概念的划分,更加强调实践和理念的一体性。这并不意味着中国的思想中没有科学精神,而是科学精神跳过了分类法的限制,融入了更广泛的实践当中。于是,中国思想中的人与自然的运转模式永远是一体的、直觉的、难以被机械化和结构化的,人文主义因此被保全。但没有一个地方能够永远站在人类文明的最前沿,以现代世界的发展结果来论,中国也必然会缺失独立发展的现代科学,并由此缺失了一种颇具说服力的力量。欧洲的科学发展对现代世界的贡献是毋庸置疑的,这也要归功于结构化的分类原理所催生的化学、生物学等应用科学。

要真正理解现代科学,需要回到洛克的学说。在原理的层面,他用经验,尤其是源自自然现象的经验,替代了纯粹理念。他不仅创造了一种迥异于形而上学的哲学形态,还给哲学注入了新的活力:哲学不一定是包罗万象且无懈可击的,它可以是源自经验、常识以及"人之常情"的探讨,是开放且反权威的。这种气质尤其体现在健全的实验科学当中。科学家与哲学家最大的不同,就在于科学家不追求某种描述整个世界的原理,而是在实验中一点点验证或推翻自己的假设。健全的科学家不会把自己塑造成权威,而是做一个在实验与假设的世界里摸索的探险者。这种认识世界的方法重新定义了从伽利略开始动摇的"理性"之边界:"理性"不再是某种形而上的纯粹逻辑,也不再具有统摄世界一切现象的权威;"理性"成为自然的、冷静的、谦虚的、充满活力的认识方法。笛卡尔本人也将这些经验主义的气质代入了形而上学当中,就像当初伊拉斯谟所做的那样。

洛克还留给后人一些基本信念:"我"是存在的,神是存在的,而数学是唯一毋庸置疑的理性结构。在这三点上,洛克与当时笛卡尔所代表的形而上学甚至达成了某种共识。但是,洛克的学说在整体上揭示了一种新的看待世界的方式,即或许某种终极的"真理"是不可能被发现的,而这并不影响人类对世界上的无数具体现象保持热爱与好奇心。与过去的哲学家不同,洛克的学说深刻,却又平实而充满人情味。从洛克开始,欧洲的思想可以分为两类:一类是源于洛克的;另一类是源于笛卡尔的。康德(Immanuel Kant)看似在综合两者,实际上还是笛卡尔的延续。整个浪漫主义潮流则是洛克思想的延续,这在下一章会单独讲解。后来出现的解构思潮,表面上与两者都没有关系,实际上是源于洛克的。

最重要的是,人一旦开始通过自身经验和自己的摸索来认知世界,就意味着人才是理性的中心,而非任何超然结构的被动接受者。伊斯兰世界在七百年前确立的理念以及中国从新儒家体系确立起开始实践的思想核心,如今终于在欧洲成为一种哲学。在这种哲学的努力下,人自身的独立思考、自由以及个人为自己谋取幸福的权利,才变得重要起来。欧洲由此打开了现代世界的大门。

洛克在政治经济方面的自由主义学说虽然与过去划清了界限,但还是受到了形而上学原理的影响——虽然观点不同,但他依然把道德和政治作为单独的话题去讨论,并试图为其立法。这就意味着他依然认为道德与政治是某种纯粹理念的化身,是"本来就存在在那里的"。与前人不同,他的这部分工作是卓有实效的,甚至直接影响了欧洲政治体制的变革以及美国宪法的诞生。这与其说是由于其具体理论的先进性,不如说他在具体的方法上,依然强调了经验和人性的部分,并因此具备了真正的现代性和可行性。与之相比,柏拉图的理想国和托马斯·莫尔的乌托邦都显得天真而冷酷了。

洛克的政治学说与他的基础世界观之间的联系,除了"人是理性的中心"这一理念,也包括他对"自然"的强调。他改变了源自阿奎那的"自然法",阐述了一种新的"自然状态"。他假设在社会规范形成之前,人在远古时代曾有一种天然的幸福状态,也就是与自然万物相同的状态。这种主张将伽利略所强调的"自然"从可感知的自然现象,或者说物理层面,延伸到了人性和社会层面。洛克所说的"自然"不仅强调现象本身比纯粹理念更加可靠,还成为人之独立、自由以及平等的理论依据。理学当中的人权来自"天地生物之心",且人与万物皆平等。洛克所主张的"自然"基本上采取了同样的解释方式,只不过"天地"不能取代上帝的位置,于是"自然"就成了某种被上帝所允许的"理所当然"——《人权宣言》(*Declaration of the Rights of Man and of the Citizen*)就是由此而来的。这一主张也并非洛克的首创,例如陶奈(Richard H. Tawney)也曾在《宗教与资本主义的兴起》(*Religion and the Rise of Capitalism*)中引用了 17 世纪初一位英国下议院议员在当时引发轰动的发言:"全体自由臣民,对自己的土地,以及对自己在擅长的领域自由且勤勉地奋斗的权利,有着天然(自然)的继承权。"由此出发,洛克还从道德层面对"善"给出了一个前所未有的简单定义:个人的快乐就是"善"——个人的"善"终于不再由任何形而上的规则所定义,而是由个人的自然感知所决定。每个人都有权利追求这种善,其他一切崇高之事必须以此为基础。终于,"个人幸福"找到了自己的思想根基。

　　洛克的每一项学说都很容易令人想起宋代理学或心学的内容,也显然与《古兰经》里关于人的权利及财产的学说有着千丝万缕的联系。但是,当中国与伊斯兰世界的思想在欧洲形成风气的时候,要追溯这些思想的根源其实也没有什么意义。但在洛克的思想诞生前后的年代,以"自然"为代表的中国思想在欧洲引发了广泛的讨论,这是确定无疑的。根据阿诺德·罗博瑟姆(Arnold H. Rowbotham)在《儒家思想对 17 世纪欧洲的冲击》(*The Impact of Confucianism on Seventeenth Century Europe*)一文的记载[1],在 1687 年,也就是《人类理智论》出版前三年,介绍孔子思想的书籍《中国贤哲孔子》在欧洲出版。译者在序言中强调:"……这位哲学家的道德体系极其严肃,同时

---

[1] Arnold H. Rowbotham. The Impact of Confucianism on Seventeenth Century Europe. The Journal of Asian Studies: Volume 4. The Association for Asian Studies, 1945:224-242. DOI: https://doi.org/10.2307/2049514。

又简单、明智,取自最纯粹的自然理性。"阿道夫·利奇温(Adolf Reichwein)在《中国与欧洲》(*China and Europe*)一书中指出:"人们会吃惊地发现,早在两千多年前的中国,孔子的名字已经为大型集市上每个商人津津乐道,他们用同样的方式在思考同样的思想,从事同样的论战……因此,孔子成了 18 世纪启蒙运动的基础先贤。"[1]约翰·霍布森在《西方文明的东方起源》一书中也指出:"许多重要的启蒙思想家对(新的)'理性方式'的偏爱皆来自中国。"[2]令人唏嘘的是,中国的思想在欧洲造成的影响,与同一时间中国的实际情形形成了鲜明对比:当洛克用中国思想的精髓为欧洲带来智慧、人权以及自由的同时,中国的"中国思想"正在假借圣贤名义,变成思想和人性的枷锁。

在哲学之外的领域,中国影响的痕迹更为具体。经济学家亚当·斯密(Adam Smith)的"自由放任"源自魁奈(Francois Quesnay)的"自然法则",而魁奈的这一法则是直接从理学中得到的启发。正如 J. J. 克拉克(John James Clark)在《东方的启蒙》(*Oriental Enlightenment*)中所说:"阐述魁奈在现代思想中的地位时,常常忽略的是他对中国思想的继承——他在当时被公认为'欧洲的孔子'。"[3]之所以中国的理学会以孔子的面貌传递到欧洲,是因为宋以后的思想家习惯于将自己的学说假托孔子或孟子来传达,而欧洲学者要效仿的显然不是先秦时期的中国,而是宋代以后的中国。19 世纪的法国历史学家巴兹尔·居伊(Basil Guy)在回顾法国当时的政治经济改革时也指出:"法律和立法者都必须承认自然秩序的法则,只有这样才能符合中国的'无为',也就是自由主义的观念,这种思想曾经灌输到中国的统治理念当中。"[4]这

---

[1] Adolf Reichwein. China and Europe. Ch'engWen Publishing Co., 1967:77.
[2] 同 p15 注 2,p175。
[3] J.J. Clarke. Oriental Enlightenment. Routledge, 1997:49.
[4] 同上,p50。

里的"无为"并非小国寡民的"无为",而是宋代以后的低税收和自由商业体系。最后,到了亚当·斯密那里,"自由放任"干脆就是对"无为"一词的直接翻译。可是,魁奈如此重要的思想,在后来被冠以一个很片面的名词"重农主义",而这个词的原文是"Physiocracy",大意为用理解自然界万物循环的方式来理解经济活动。

在艺术文化方面,从洛克的时代开始,英国与欧陆国家先后开始了风景画潮流,在那之前,欧洲的绘画是以人物形象为主的。此时出现风景画的内涵与中国开始于五代兴起于北宋的风景画一致:艺术家通过描绘风景来体悟自然,发现这个世界,同时发现自己。也就是从那时候开始,欧洲的艺术界才逐渐开始了现代主义思潮:艺术家不再仅仅是工匠,而是可以拥有独立创作诉求的自由思想者。这种个人的独立与自由一旦摆脱宗教,就必须从自然中得到启发与支持。这样的思想解放潮流又促成了视觉艺术、音乐、文学等领域的变革。

需要注意的是,在欧洲科学虽然开始成为一门独立于思想之外的现代力量,但欧洲对中国技术的学习也没有立刻停止。莱布尼茨就曾给到中国的耶稣会传教团写信,要求他们记录中国在钢铁、农业、军事、航海等方面的技术,带回中国的机器、模型、工业及农业文献。[1] 正如马歇尔·霍奇森(Marshall Hodgson)所说:"欧美国家都是中国宋代工业革命不自觉的继承者。"英国对中国工业技术的学习甚至一直持续到鸦片战争后:1845 年,威廉·凯利(William Kelly)把四名中国炼钢技师带回肯塔基,学到了"转炉炼钢法",并影响了约翰·贝西默的发明。这一发明到 1863 年才由马丁和西门子开始使用[2],而这项技术意味着工业革命的真正完成。这些事实的陌生感很容易令人震惊,但实际上

---

[1] Francesca Bray. Science and Civilisation in China: Ⅵ(2). Cambridge University Press, 1984:569.

[2] Robert Temple. The Genius of China. Prion Books, 1999:49.

的内容比这里提到的更多。对此,约翰·霍布森在《西方文明的东方起源》一书中的《英国工业化的中国起源》章节有着详细介绍和分析。

通过这些背景,洛克思想的成功就显得更为"自然"了。经验主义本身就代表了新儒家体系对欧洲的思想启蒙,而这是中国和伊斯兰世界对欧洲全面的启蒙浪潮的一部分。文明的传播和继承是一件很好的事情,如果我们回到 17 世纪和 18 世纪初的欧洲,一定会感受到那里的人对中国的热情,就像 20 世纪后的中国对欧美展现出的热情一样。

但是,正如约翰·霍布森所发现的,到 1780 年后,以孟德斯鸠(Montesquieu)、弗朗索瓦·弗奈隆(Francois De Fenelon)或者奥利弗·歌德史密斯(Oliver Goldsmith)等人的立场为代表,中国在欧洲的形象发生了极端的转变:中国变成了一个落后、专制、野蛮的"堕落民族",而欧洲的成就则忽然间变成了某个到那时候为止还闻所未闻的"西方文明"的独立创造。可是,"在 1780 年之前,没有一个欧洲人会声称欧洲是由自身创造出来的"[1]。直到 18 世纪,欧洲学者还只会宣扬基督教而不会宣扬欧洲文明的优越性,因为他们自己都看不到优越性所在。至于古希腊人,他们的优越感也很收敛,主要体现在自由城邦之于周围的"野蛮人"、男人之于女人,以及自由市民之于他们的奴隶身上,他们不认为自己是任何"西方文明"的祖先。后来他们还被野蛮的罗马人征服了,于是才有了"古希腊罗马"文明。

这一历史和身份的篡改反映出塑造一个虚构的"西方"的过程。而这个过程则反映了形而上学的另一个深远影响:人们倾向于相信,不仅道德,还有历史和文明,都如数学那样,存在各自的形而上结构。落实在文明中,这个形而上结构便幻化为被称作"西方"的实体。这个实体

---

[1] Martin Bernal. Black Athena: The Afroasiatic Roots of Classical Civilization. Rutgers University Press, 1987:198.

同"理想国"一样，可以通过思辨来进行预先设立结论的自圆其说的论证。正如埃里克·沃尔夫（Eric R. Wolf）所说："有人把这个西方看作一种独立的社会和文明，而且与其他社会和文明（作为对比的东方）截然不同。我们许多人甚至根深蒂固地认为，西方世界有一个按照古希腊产生了罗马、罗马产生了基督教欧洲、基督教欧洲产生了文艺复兴、文艺复兴产生了启蒙运动、启蒙运动产生了政治民主和工业革命这样的顺序自主产生的文明谱系图……这是在误导，首先，它把历史变成了一部道德成功史，变成了一场由各个西方竞跑者跑向下一个接替者传递自由火炬的接力赛。历史就这样被改造成了一个关于美德传承以及品德高尚者如何战胜落后族群（也就是东方）的传说。"[1]很多人至今仍对这个传说深信不疑，因为人们记住的并非具体的学说，而是其书写的逻辑本身。今天的史学家仍依赖这一逻辑，以至于那些喜爱中国文化的人，也只能在"东西方比较"这样可笑的框架之下来研究。很多人已经忘了，这世界根本没必要也不可能被分为"东方"和"西方"，也忘记了"东方"这个概念在18世纪被强调的时候，已经是用来衬托"西方"的工具，就如古希腊思想家以"奴隶"来衬托"观众"一样。"东方"从一开始就是"西方"的反面，它是不可能在这个前提之外被阐述的，因此"东方"从诞生之时就已经"失败"了，它对现代文明的一切贡献，都被归结为"阿拉伯学者对古希腊书籍的翻译"——似乎古希腊书籍是某种被隐藏的"葵花宝典"，发动启蒙运动的欧洲学者只要读上一读，就能继承古希腊的"绝世武功"，而古希腊人则在一千多年前就已为现代世界作好了准备，就像一个早已准备好让孩子继承家产的万能家长。这便是"西方"这个实体塑造的成功之处。

一旦"西方"这个形而上的实体被人所相信，那么一切事实本身就

---

[1] 同 p15 注 2，p1。

9 自然与现代化——启蒙运动的思想背景

都不重要了,将各种事实以自己的标准联系在一起的方式才重要,这便是形而上学当中从柏拉图开始就已成熟的"辩论术"的部分。如此一来,中国和伊斯兰历史中再文明的部分,也只是一个不文明的"东方"当中勉强能被"文明世界"的观众赞赏之处;而欧洲历史中再野蛮的部分,也只是文明的"西方"为了更大的进步而偶尔犯下的可爱的错误。

这一塑造"西方"的行为很容易理解:一个地区终于崛起之后,平庸之人会仅仅因为和某些智者先贤生于同一个地方就沾沾自喜,同时像一个终于致富的人那样,开始慌忙粉饰自己的身世。在这样的潮流之下,19世纪的英国探险家们已经膨胀到令人震惊的境地,比如温武德·里德(Winwood Reade)曾说:"土耳其、中国和世界其他地区终有一天会繁荣强大的。但那里的人们永远都不会进步……除非他们享受到了人类的权利;只有靠欧洲人的征服,他们才能得到这些权利。"[1]

李约瑟(Joseph Needham)显得温文尔雅一些,他问了一个精致而造作的问题:为何中国没有科学和工业革命? 这个问题之所以著名,是因为它又被好事的历史学家命名为"李约瑟难题"。如果李约瑟不是一个无知的人,那么就应当知晓本章和前一章所讲到的中国与伊斯兰世界的科学思想与科学成就,及其与欧洲"复兴"与"启蒙"之间的关系。这样他的问题就非常无耻。无知或无耻,一个观点只要沾上其中一个,就十分容易流行。

甚至连亚里士多德这个反对实验科学的哲学家,也仅仅因为他的"物理"一词被后人借用去取代"自然哲学的数学原理",就被描述为科学的起点之一了。同样,自由平等理念竟然也变成了"西方"的独特发明,而"东方"则成为一个从来不知道人性为何物的愚蠢、僵化且邪恶的存在。

---

[1] Gerard Delanty. Inventing Europe. Macmillan, 1995:84.

这一切荒谬的起源本是一幅由洛克的思想所勾勒出的美好图景——这幅图景也的确实现了,至今人们还在受其福泽。后来也鲜有哲学家能够享有洛克那样崇高的地位,只能在他和笛卡尔所构筑的哲学大厦中进一步工作。这幅图景并非洛克一人的创造。我们甚至很难分清,洛克的学说究竟是潮流的创造者还是记录者。究其原因,是洛克放弃了将哲学作为构筑人类社会的出发点的幻想,放弃了哲学高高在上的地位,把哲学还原为对可靠实践的思考。也正因如此,他的思想才能如此明晰地与现代世界的绽放时刻紧密相连。洛克的思想之所以是"普适"的,并非因为某种所谓"西方"的强大,而是因为他本就从无分国界与身份的人之常情出发。现代世界与其说是由科学与理性所构筑的,不如说是由人性的自由所生发的。所以,现代世界也并非全然美好的,人性的"清"与"浊"都在现代世界里继续着自己的故事。

另一方面,现代世界在人的基本尊严和权利以及科学、政治、经济等方面的许多实践理念,虽然是由经验主义哲学所引导的,但现代主义的基本价值体系依然是以形而上学为基本原理的。现代主义相信人类历史是有其先验的规律的,在这些规律里,"进步"是最基本的规律。

形而上的原理依然支撑着现代世界的基本信念:人们相信正义必将战胜邪恶,相信追求真理的价值,相信人类社会必将进步,相信光明能驱逐黑暗,相信希望能拯救绝望,相信科学能带来幸福,相信道德的规范,相信法律的可靠,相信经济的稳定,相信自己的精神能够被心理学家所规定的结构所归纳和治疗,相信"西方"优于"东方"……这些信念甚至比任何宗教都要具备普遍性和融通性,且在很多时候是必要的。如果人们不相信这些,那么这个世界要怎么运转下去?虽然人们在实践中懂得了经验的重要,但对于社会和人类文明整体来说,一些形而上的不可靠但可信的信念永远是治愈普通个体羸弱精神的良药。

形而上学和经验主义就这样共同支撑了现代主义思潮和现代世界

的发展,美好与丑陋并存。现代主义有三个基本原则:第一是对人性和人的自由平等的尊重,这一点是源自经验主义的;第二是对"进步"的信念——相信人类和人类社会是在不断进步的,其中也包括了对正义、真理乃至西方文明的信念,这些是源自形而上学的;第三是对科学重要性的强调,相信它是人类进步的必经之路,这一点可以说是经验主义和形而上学共同造就的。如果按照"知行合一"的要求来说,人的任何行动都必须一以贯之地实践自己的理念,那么人所持有的理念就不能是自相矛盾的,因为自相矛盾的理论无法同时贯彻在同一行动中。这一要求的最终目的是人的内在世界拥有与自然世界相一致的健全性。但是,现代社会追求的是人在社会中的自由与幸福,而非内在世界的健全,所以现代社会是不追求"知行合一"的。相反,一个人根据不同的情境来实践不同的理念往往被看作美德。那么当然,这样的美德也包括制造一个不存在的"西方",以及"一只手拿着人权宣言,一只手拿着抽打奴隶的鞭子"。康德在他的《历史观》里说得很对:"扭曲的人性无法带来任何笔直的东西。"同样,扭曲的历史也无法带来任何可靠的文明身份。

逻辑不一致的好处在于,从洛克开始的各种现代世界的基本理念,都不再作为思想及其实践而是作为"常识"被继承了。这样看来,经验主义对常识的强调似乎起到了效果。这或许和洛克期待的不太一样,但是,任何思想家都无法预想自己的思想究竟会带来怎样的结果,浪漫主义运动尤其如此。

10

浪漫主义
——被低估的思潮

尽管洛克距离今天也就三百年左右,而欧洲几乎所有重要的思想和科学贡献都发生在那以后,但对于习惯了"西方神话"的读者来说,洛克距离今天似乎特别遥远。这是一种直觉误差,因为洛克之后的每一个重要人物都被塑造为"继承了古希腊遗产的欧洲古代人"。而实际上,他们都是继承了古中国和古伊斯兰世界遗产的现代人。引导这些现代人走向当代的最重要的思想文化运动就是浪漫主义运动。它体现了以"自然"为起点的、现代欧洲最重要的思想原理变革的一系列冲突与转折。关于这一点,以赛亚·伯林(Isaiah Berlin)那篇著名的《浪漫主义的根源》(*The Roots of Romanticism*)已经给出了详尽的分析。这一章的基本线索也要归功于伯林的演讲。

在现代世界,各种"主义"越来越多。一般来说,哲学是某种思想原理的系统化。在现代世界,有着广泛影响的思想原理不会超出"形而上"和"自然"这两种。"主义"则是用来形容以某种哲学为基础的实践。例如,经验主义哲学是自然原理,即"以自然现象(经验)为认知世界的基本参照"这一思想原理的实践。而更具体的、体现在经济或社会领域的"自由主义",则是经验主义哲学的实践。"现代主义"作为一种十分宽泛的"主义",则是同时以经验主义哲学和形而上哲学——尽管两者相互矛盾——为基础的,发生在文化、艺术、经济、政治、法律等领域的实践;其中由经验主义哲学主导的部分往往被称为人文主义或自由主义,而由形而上学所主导的部分往往被称为结构主义……当谈论对象是中国思想的时候,虽然它也可以被描述为"以自然现象(经验)为认知世界的基本参照",但因为其原理强调思想和实践的一体性,区别于整个哲学以思维活动为核心的原理,所以中国思想一般被形容为"自然思想",而非"自然哲学"。现代世界的"主义"实在太多,这些"主义"常常给人一种印象,即所有这些主义都是先验存在的,或者说"本来就在那里"的,而所有的"主义者"只需要服从这个"主义"的规范即可。这样的印象掩盖了一个很简单的事实:许多"主义"都是被追溯和被命名的,因此同一种"主义者"很可能展示出截然不同、有时甚至相反的思想原理和行为模式,他们只是被命名者看作同一类人,其实他们并不是。

"浪漫主义"是经验主义哲学在文化艺术领域当中最为彻底的实践,并因此影响了许多现当代社会思潮甚至生活习惯。浪漫主义极难被定义,它不是一种运动,而是许多种,有些甚至相互矛盾。"浪漫主义"这个概念也因此从一开始就面目模糊。如果要对"浪漫主义"进行讨论,就必须给出一个最基本的限定:它应是由自然思想所触发,并真正体现自然思想之原理的。

欧洲启蒙时代的学说体现出两个对立的基本信念:一部分人相信,真理,作为一个等待被认知的对象,是能够被认知的,而理想世界和理想社会的先验规则都是可以被找到的;这种思想体现了形而上学的原理,并在欧洲启蒙时期的思想文化艺术等领域具体表现为古典主义。另一部分人则认为,真理并不是一个可以被认知的对象,任何事物也不具有亚里士多德所说的"本质",任何企图经由因果关系来透过现象寻找本质的逻辑,都仅仅是对人类思想的束缚。这是经验主义哲学的原理的显现,这种原理在思想和行动层面则会表现为浪漫主义。

经验主义原理和形而上原理之所以能够在现代主义中相互融合,是因为两者都作出了让步。经验主义的让步在于世界的稳定性方面——经验主义者大多承认世界在理念层面具有相当的稳定性,例如历史的规律、正义的价值、道德的规范甚至真理的存在等等,这些意味着稳定的理念是形而上原理的产物,但也成为现代世界的基础。形而上学的思想者的让步主要体现在人的平等与自由方面,他们在自己的思想原理中找不到任何这样认知的理由,但也出于源自伊拉斯谟的、一种对人性的基本尊重而接受这一理念。"浪漫主义"作为经验主义的表现形式,则因其对自然思想的深入理解和表达,而呈现出不可调和的不稳定性,并超出了现代社会可以容忍的破坏规范的限度,或者说,超出了形而上原理可以容忍的限度。因此,"浪漫主义"在今天要么是一种无关紧要的描述,要么就是一种禁忌。比如,人们可以讨论浪漫主义的爱情,可以讨论结构主义的爱情,也可以讨论结构主义或自由主义的经济,但没有人可以讨论浪漫主义的经济,因为这破坏了现代世界的讨论规则。在这样的规则里,一切"理性"的事情都不可以是"浪漫"的。注意,这里的"理性"是形而上学的思想者所定义的"理性",而非经验主义者的理性,或者说理智。前者的"理性"使其成为"规则的制定者",而后者的理性使其成为"经验和现象的发现者"。"浪漫主义"是一切"不理性"和不稳定的思想的实践。但因为其极高的心智含量,往往表现为能让人感到自己的智力或权威受到蔑视——但又说不清为什么被蔑视——那类行动的总和。

这类行动中最具代表性的便是科学:与被机械论污名化的科学主义不同,真正的现代科学不寻求本质,不试图概括,只探索现象,强调人用行动建立与自然的联系,强调对事物独特性的发现,且鼓励探索的过程而非结果。在现代科学兴起的过程中,总有科学家受到古典主义者的影响,认为 19 世纪的物理学或者天文学已经足以"概括"世界的真理了,康德甚至牛顿本人都有此倾向。而真正的科学家却总是通过自己"不理性"的直觉和想象,去破坏那些令人感到安稳的结论,并给出令人难以接受的假设,直到新的发现推翻整个物理学的根基。他们经常研究一些毫无意义的事情,比如登月、望远镜、对撞机,而且能够编造各种理由,"浪费"政府的巨额资助,仅仅为了那些无法保证、毫无意义甚至令世界观和价值观陷入"混乱"的发现——如果不是科学家,这样的人在任何其他领域都是"危险"的。

浪漫主义艺术家更加强硬:他们宣告自己可以按照自己的经验,发现自己所感兴趣的现象,并运用自己获得的各种经验,以独特的方式来想象甚至重塑这个世界。浪漫主义艺术家不再需要像古典艺术家那样,给任何有关真理的回答描绘插图。这一新的艺术模式成为现代艺术的先声,并时常令艺术的观众陷入困惑甚至愤怒。今天的人们认为,"艺术本来就该是这样的",就像"科学也本来就该是这样的",但它们是浪漫主义的产物。当科学家失去了浪漫主义精神,就变成了为实用技术服务的操作员;而艺术家则会成为装修公司的员工。

浪漫主义者强调,真理不一定能被认知,相反,现象的多样性,以及对这种多样性的发现,还有在此过程中的、人的自我创造和自我发现,比真理的唯一性更加重要。那么显然,浪漫主义和科学所带来的基本结果一定是更多的自由和宽容,而非对"对错"的辩论——科学家和艺术家从不辩论,甚至连像样的演说都不会。浪漫主义是自然思想的本来面貌,是对"真理"和"理性"等概念的"去神话化",是一次破除形而上学原理的"驱魔仪式"。科学则在此基础上修改了"真理"的定义:真理不一定是答案,它也可以仅仅是观察和发现的过程;真理不是规则,而是现象和经验的无限性本身。于是,浪漫主义产生了一个绝对积极的影响：人类不需要再承认或屈服于任何宣称自己正确的理念，无论它多么正确，人只需要相信自己。这又产生了一个必然的消极影响：由于大部分人还是更愿意承认或屈服于某种理念，需要别人告诉自己对错，于是他们便屈服于机械化的科学主义。而浪漫主义对于那些追求稳定的人而言，便只剩下字面上的"浪漫"而已。

法国大革命不可能成为真正的浪漫主义运动，因为法国大革命追求一种新的普遍性、新的秩序、新的"正确答案"，并且把自身的对立面看作需要消灭的东西。浪漫主义者则认为，重要的不是正确与否，而是以怎样的方式坚持自己的世界观。举例来说，当东征的十字军领袖理查一世（Richard I）把伊斯兰教看作某种必须被消灭的异教的时候，无论他多么具有骑士精神——似乎本来也不多——他都不是浪漫主义的；一个浪漫主义者会欣赏异教徒的虔诚，就像萨拉丁（Saladin）欣赏基督徒那样。这一精神又被喜欢取名字的人称为"理想主义"，它几乎与"浪漫主义"同义。它的本意是，有自己理想的人是值得尊重的，就像自然界的每一种动物和每一种植物，都展现出自身的生命力量。因此尼采才说，浪漫主义是药方，它让每件事物首先成为自己。浪漫主义者倾向于欣赏不同的理想，他们甚至可以欣赏那些真正的形而上的思想者的理想。他们只是不善于和那些愚蠢却又自信、假装有理想或者容易被谎言驯服的人为伍。

这样就不难理解，为何在个人立场上反对浪漫主义的歌德（Johann Wolfgang von Goethe），写出了真正的浪漫主义悲剧。在他的《少年维特的烦恼》（*The Sorrows of Young Werther*）里，没有任何价值观是正确的，当维特爱上有婚约的绿蒂时，他们两人就会因为各自的理想而注定迎来悲剧的结局，这与他们怎样行动没有关系，他们的行动无法改变他们理想的分歧。古典悲剧则与之不同：如果罗密欧和朱丽叶更加缜密小心一些，悲剧就可以避免。浪漫主义的悲剧是不可避免的，因为没有可以解决问题的答案。浪漫主义正视生命的复杂与多变,也拒绝将死亡看作单纯的悲剧,它的故事不以"王子和公主从此幸福地生活在一起"来结尾,也不会为了追求永生而放弃现世的真实,而是展示"悲欣交集"的无数种具体表现形式。浪漫主义者并不追求理想的普遍化,也不提供理想的范本,而是肯定理想本身的"诚"。

总有学者醉心于寻找浪漫主义的源头,但抛开具体时代背景里的种种纠缠,浪漫主义首先是人性的释放、人对自然的领悟以及人性与自然的丰富性的结合。因此,它反对一切形而上学所追求的概括性和普遍性,那么当然也就反对自身的唯一定义和唯一起源。它以不同的模式存在于不同文化的源头里,《周易》也好,"伽梨陀娑(Kalidasa)"也好,从人类发展的长河来看,"浪漫"显然首先发生在那些懂得尊重自然与人性的地方。欧洲的浪漫主义也没有什么独特之处,它是自然和人文思想在欧洲传播后的产物。唯一重要的地方在于,这一次的浪漫主义运动发生在迄今为止最为重要的现代文明的开端,所以对今天的每一个人来说,欧洲的浪漫主义才是"那个浪漫主义"。看上去,浪漫主义和经验主义哲学是一脉相承的,但有趣之处在于,经验主义哲学是现代文明的基础,而浪漫主义却常常是反现代的。究其原因,还是现代文明当中包含了许多形而上的思想。如果说经验主义思想是现代主义的空气和水,那么形而上思想则是现代主义的龟壳,而浪漫主义则往往会明确指出现代主义是一只乌龟。

浪漫主义的原理是"自然",这也是它被误解的开始。当洛克的自然哲学随着科学一起产生广泛影响,新的"自然"一词便逐渐深入人心。对这一新的"自然"的理解又出现了两种分歧:首先,两种新的"自然"都与亚里士多德的那个与"本质"同义的"自然"不同,都指向可感知的自然现象。区别在于,一种是强调自然现象多样性的自然,强调生命独特性的自然,强调现象本身重要性的自然,也就是那个由中国而来的自然,经验主义的自然,也是浪漫主义的自然。在这个"自然"里,自由无羁的意志和变化就是一切,而任何事物都没有唯一的结构和本质。在这个"自然"里,知识不再是答案和美德,而仅仅是体会自然的方式之一。科学并非对真理的理解,而是对多变性本身的观测与发现。艺术创造也并非对真理的揭示,而仅仅是个人意志的伸张。这个"自然"什么问题也没有解决,它给人自由,却令更多人困惑。

另一个自然也是指大自然的自然现象,却将自然现象看作"正确的现象演示"。这时,"自然"成为认识那个形而上的纯粹理念世界的工具,而不再是作为目的存在的自然本身。其源头也很容易猜到:由于自然思想的影响力不断扩大,许多形而上原理的拥护者也需要让步,并表示对不断强大的新思想的认可。但是,他们把自然从经验的现象变成了形而上的规则。他们表面上接受了一个新的自然,却没有明白这个自然所带来的全新的思想原理,他们只能以古老的形而上方式,把自然放在数学式的结构统摄之下,使其成为新的纯粹理念的象征。这便是古典主义,有时在艺术领域也被称为"新古典主义",以区别于古希腊时代的古典主义。古典主义者自诩是自然的拥护者,但自然在他们的描述下变得索然无味。古典主义者也懂得欣赏一张自然风景画,但他们欣赏的方式依旧是中世纪的。蒲柏(Alexander Pope)的诗句就说明了这个问题:"以往的法则被发现,而非被发明;自然依旧是自然,但自然变成了方法。"在这里,自然变成了发现法则的方法,这意味着自然被结构化了,自然现象依旧不重要,它们只是取代了亚里士多德的字句,成为描述纯粹理念的新符号。普桑(Nicolas Poussin)的古典主义绘画就是如此:他也描绘自然,但他所描绘的自然仅仅是一种数学结构的表征,一种秩序的彰显。普桑的自然不可能有大卫·弗雷德里希(Caspar David Friedrich)的自然那种人性的情感。对于真正的浪漫主义来说,自然不提供法则,只提供现象和原理;不提供任何答案,只是让人沉浸其中,就像一棵枣树无法教会鸟如何飞翔,也不会告诉人如何获得幸福。但像《剑桥艺术史》(*Cambridge Introduction to the History of Art*)这样的书籍,还是把普桑19世纪大量的拙劣模仿者列入浪漫主义的名单。

古典主义者的自然看上去更强大,因为随着一个"西方神话"新鲜出炉,这个自然能够把古希腊的传统和现代思想联系在一起——在古典主义的画作里,就连亚里士多德也学会在花园散步,而不仅仅是流连在拉斐尔画中那宏伟的大厅里了。这个自然再次把柏拉图变成了先知,这个自然还可以解答人们对真理的疑惑、对科学的顾虑、对未来的憧憬、对传统的继承、对权威的赞美。它闪耀着"西方"的光辉,成为理性、科学以及人文精神的象征。例如歌德便认为,古典主义才是健康而鲜活的,而浪漫主义则是病态的。在古典主义者的努力下,一些与浪漫主义毫无关系的现象,比如亚里士多德的"逍遥派"或者《荷马史诗》(*Odyssey*),也因为其在现代人眼中的某种莫须有的、"独属于西方的浪漫色彩",而变成了古典主义的根源。

有一种简易的方法可以区分上述两种自然:浪漫主义的自然包含了一切可以感知的现象,因此没有任何现象是"超自然"的;古典主义者则发明了"超自然"这个词,因为他们认为自然必须和自己的理性一样安全,而所有不安全的现象都在自然的"规则"之外,比如超越生殖欲的爱情,或者中国医学里的"经脉",以及萦绕在天地间的气韵和线条,都是"超自然"的一部分。比较古典主义和浪漫主义在欧洲启蒙时期的影响力——如果将虚假的浪漫主义划入古典主义——就会发现,古典主义是压倒性的主流。它不仅更容易理解,也保全了欧洲古典思想和现代思潮的联系。在很大程度上,由形而上原理所描述的自然,看上去就是启蒙思潮的全部,以至于像伯林这样的学者都不承认浪漫主义是启蒙思潮的一部分,他们认为浪漫主义是与整个启蒙思潮对立的。

当新的自然被新的主流扭曲，成为古典主义者宣扬自己理想的工具，真正的浪漫主义者就只能以更加极端的方式强调与形而上传统的决裂，以及对整个"正确的西方"的嗤之以鼻。他们不仅强调生命独特性的重要，强调自然力量本身是不可能被结构化的，还指出，如果自然提供了一个概括性的真理，那么它一定是不自然的。自然于是变得愈发神秘、强大、不可预料，就像闪电和暴风雨，充满了无法被规训的力量。

当经验主义哲学的福泽遍及现代世界，浪漫主义却总是属于少数人，这并非它本意，只是它永远站在自然的一边，而非正确的一边。面对刻板而僵化的环境，浪漫主义体现为青春、激情和丰富的想象；面对乐观的后革命时代，浪漫主义体现为孤独、堕落和死亡；面对愚昧的旧时代，浪漫主义体现为理智和开放；面对古典主义的理性至上，浪漫主义体现为无稽的意志和荒诞的想象。这样的姿态也正是"中庸"的本来面貌，中庸者不希望被眼前的"正确"迷雾遮蔽了观看世界的眼界。

浪漫主义者是自我放逐的，他们不占领任何概念，于是，刚刚通过自然思想获得了新面貌的"理性"一词，重新被形而上学揽回了怀抱。"非理性"则是浪漫主义给人的印象，因为它要反对古典主义那种追求绝对正确的"理性"。那正确的、傲慢的"理性"已经流传了千百年，看上去是理所当然的。浪漫主义所追求的那种谨慎、开放、富于层次感和反抗精神的理性，则因为其反抗，而成了"非理性"。只有科学延续了真正的浪漫主义的理性，而这种理性，无论它怎样被误解，都成为人们今天最为熟知的一种。这种理性并非世界的裁判，而是发现自然的侦探；并非规则的制定者，而是帮助人与自然融为一个和谐整体的通道。这正是浪漫主义的遗产。

从古典主义的角度来看，就连科学也常常是"非理性"的，因为科学不强调对真理的解释，只是醉心于对细节的观测。古典主义者眼中的科学十分不同,他们一旦接受了任何科学发现,就不会仔细研究这发现的过程,而是一心希望这发现能够解释更普遍、更全面的东西,能够成为真理本身。例如他们认为,牛顿发现的物理学原理也可以应用到伦理和政治等领域,就像他们的继承者把进化论应用到社会领域一样。这便是典型的机械论的科学观。欧洲启蒙时期的代表人物丰特奈尔(Bemard Le Bovier de Fontenelle)是这种思想的代表:他认为,一部政治、道德或者文学著作,如果是由几何学家来写,就会更完美。古典主义的伪科学家甚至希望研究出犯罪与人的大脑沟回之间的联系,以此证明罪犯是天生的;他们也希望将进化论这样的生物学假设延展到社会层面,把世界变成一个弱肉强食、而"西方"这一进化的强者必然胜利的危险丛林;他们甚至认为只要掌握了正确的概念,就可以随意描述别人的"潜意识"——多么"科学"的规则制定者。他们用同样的逻辑,指出人类的进化是有方向的,而不是多样的,因此人是比动物高级的,而黑人是比白人低等的,因为白人代表了人类唯一的科学的进化方向——这是当时的主流观点,也影响了今天许多人对世界的认知。这在经验主义者看来简直荒谬:首先,没有一个经验主义者会认为自己一定比一只虫子更高级。究其根本,这些古典主义者认为世界有一个可知的、由统一的真理而来的规则,这个规则在各个领域是机械化地联系在一起的,而各个事物的独特性并不重要。真正的自然主义者懂得,世界没有统一的"规则",就像小鸟无法像枣树那样生长,但它们以各自的方式反映出自然的"原理"。现代科学变得越来越小众就不难理解了:比如机械论的科学家永远想象不出相对论的样子,因为相对论并不讲述物质正确与稳固的规则,却讲述物质流浪和孤独的原理。那么相对论必然显得晦涩。实际上,相对论仅仅是以更加彻底的方式展示了真正的科学发现的面貌,看看有多少自诩为科学家的人已经对那真正的科学发现感到无力和愤怒了。

浪漫主义者很容易理解相对论,因为他们对流浪和孤独绝不陌生。古典主义者出于对真理和答案的信念,总是试图描绘一个统一的真理和完美的理想生活模型,而经验主义者认为任何这样的模型都是虚伪的反乌托邦。他们强调日常的、真实的、本地化的经验,而非那种普遍的、可以分享的、世界性的经验。就像自然的细节,只有日常的真实经验塑造了真实的生命,而像"西方"这样的概念性的空间只能塑造愚蠢。浪漫主义者与科学家分享着同样的美德,就是他们都注重具体的、可测量的真实。但是,这种真实却不断被概念化的假象所取代:在工业革命和理性主义带领一个"西方"蒸蒸日上的时候,在"自然"也被古典主义者扭曲为正确答案的图示时,浪漫主义者只觉得吵闹。自然和真实的日常不断被忽略,于是人们只能在远方寻找自然的意象。直到今天,某种最真实的生活和自然的细节总是令人感到那么遥远,直到成为最庸俗的表述:"诗和远方"。那些自然界最灵动的东西,本来应该是日常的眼前的一切,如今却只能通过孤独的流浪来获取。种种因素叠加在一起,浪漫主义逐渐呈现出伯林所描绘的那个面貌:

"它是陌生的,异国情调的,奇异的,神秘的,超自然的;是废墟,是月光,是中魔的城堡,是狩猎的号角,是精灵,是巨人,是狮身鹫首的怪兽,是飞瀑,是佛洛斯河上古老的磨坊,是黑暗及其力量,是幽灵,是吸血鬼,是不可名状的恐惧,是非理性,是不可言说的东西。它又是令人感到亲切的,是对自己的独特传统的一种熟悉的感觉,是对日常生活中愉快事物的欢悦,是习以为常的视景,是知足的,单纯的,乡村民歌的声景……"[1]

回到一些具体案例,浪漫主义在欧洲的出现也不是一鸣惊人的。在古典主义盛行的时候,孟德斯鸠首先提出了不同观点:不同地方的人

---

[1] 以赛亚·伯林. 浪漫主义的起源. 吕梁,张箭飞,译. 译林出版社,2021:22.

是不一样的,例如土壤气候会带来不同的文化性格,不能一概而论。其实,他的说法更多是为了给西方神话添加一个注脚:"西方"不仅是"西方人"的结果,也是上天的恩赐。但是,他至少强调了个体性的重要。休谟(David Hume)的怀疑论在今天看来容易走向虚无,但在当时,他以更加直接的方式,打击了古典主义者对真理可知性和普遍性的信念,他说那仅仅是一个"信念"——尽管自然哲学需要数学原理去发现,但宇宙的真相并不能被数学所取代。在这之后,正如伯林所说,浪漫主义并非出自自诩为浪漫国度的法国——只有最不浪漫的人才会吹嘘自己的浪漫;也不是出自自然哲学的源头英国——虽然古典主义的教授们已经迫不及待地将洛克的发现据为己有了;而是出自德国。在欧洲启蒙时期,德国的边缘地位和某种压抑而自卑的情绪,使得德国人特别推崇新教中的虔敬派的教义,即强调个人和上帝之间的个别关系。

出身卑微的虔敬派教徒约翰·格奥尔格·哈曼(Johann Georg Hamann)发展了休谟的观点,他指出事物的特殊性才是重要的。与此同时,主流的法国古典主义学者喜欢归纳、分类,把世界上的一切都变成标本,例如伏尔泰认为一个人只要博学,并按照知识给出的合理规范生活,就能获得被他所定义的幸福。看上去,这很像一个从未获得过知识并崇拜知识的人说出的话。美学家摩西·门德尔松(Moses Mendelssohn)是德国人,但也被哈曼这样的德国人看作法国人,因为门德尔松甚至希望学着法国人的样子,为审美立法,把综合的艺术变成规范。哈曼说,伏尔泰和门德尔松这样的人只不过是活死人,因为古典主义学说扼杀了人们的活力,用苍白的理想模型替代了创造的热情。歌德,那个反对浪漫主义的人,再一次赞同了哈曼的说法。他说,人所采取的一切行动都源于他自身力量的凝聚,而不是分离。这里的"凝聚"是一种综合性的理智感受,是一种自然所启发的、总体性的、直觉的感知原理,而不是用理念和概念去拆分这个世界。威廉·布莱克

（William Blake）的诗作便是哈曼思想的体现，他将古典主义视作牢笼，并写下了著名的诗句——"一只知更鸟在樊笼，整个天堂陷入狂怒之中"。

有趣的是，布莱克将洛克和牛顿视作古典主义的源头，也就是哈曼的敌人。原因很明显，在布莱克甚至哈曼当时看来，他们自己的思想是德国的，与英国的自然思想没有任何关系，而英国的经验主义哲学导致的仅仅是古典主义，也就是欧洲启蒙运动的主流，其责任当然就在洛克和牛顿身上。在今天看来，洛克的哲学以及德国的虔敬派，显然都是渊源更加深远的自然思想的产物。但在当时，洛克的思想被大部分思想家以形而上学的原理所误解，于是他自己也随之一道被误解，这是难以避免的。好的一面是，德国学者对英国学者的敌意至少是带着尊敬的，而在哈曼他们的心目中——"法国人不过是干瘪的猴子，完全不知道什么能够打动人类的心灵"[1]；卢梭（Jean-Jacques Rousseau）也不过是一个因为只言片语而被夸大了的百科全书派。在这一点上，罗素用一种更加绅士的态度肯定了伯林的判断，但他不会这样说：和这些卖弄修辞的哲学家相比，"盗贼、娼妓、罪犯、酒店老板离上帝更近"[2]。

德国学者的确有资格这样说，因为他们有资格鄙视不"诚"的东西。德国诗人伦茨（Jakob Michael Reinhold Lenz）甚至已经指出：唯有行动是世界的灵魂。这几乎是中国的知行合一原理的德国版的表述，也是真正的自然思想必然导致的结论，同时是浪漫主义必然出现的根源。整个自然及其现象就是一个无比复杂且以自身为目的的行动，而非对任何理念的演示。伦茨和当时的德国人已经发现，这个世界不能被任何静态的思考所认知和归纳，就像大自然的万物从不解释自己，它们只

---

［1］同 p187 注 1，p66。
［2］同上，p77。

是生长着。克林格尔（Friedrich Maximilian Von Klinger）的剧作《狂飙突进》（*Sturm und Drang*）不再描述对任何理想社会的探寻，而是强调对个人自我的信念以及对"不寻常"的心智与行动的正当性的赞美，这代表了德国在 18 世纪的文化思想的奔流。

赫尔德（Johann Gottfried Herder）进一步提出了表现主义（expressionism）思想。在成为德国代表性的现代艺术流派之前，"表现主义"原本的含义是，人必须通过行动来表现自己的本性，那么反过来，人的行动也是自己本性的表露。人必须行动，而人与世界的关系，是由人的行动来界定和创造的。如此，后来的表现主义艺术也包含了一种在美学领域更为关键的思想：一个艺术家的作品首先是他的内心和本性的物化——就像前文歌德所说——是他自身力量的凝聚。这显然也是源于对自然现象的领悟。那么，一个不诚实的艺术家的作品就不可能是美的。在这里，"美"已经不再是法国人的条款可以规定的，而是首先由艺术家自己的内心世界所创造。在过去的条款里，一件艺术品只需要符合形式美的规则，它的作者是谁都无关紧要；而在表现主义者看来，一件艺术品的美首先取决于艺术家。审美过程由此发生了巨大变化：一个观众不可能站在一件作品前就"理解"一件作品，或者被它打动，而是必须先了解艺术家；同样地，一个观众如果具备非凡的洞察力和经验储备，他就能够在一件作品中察觉到作者内心的痕迹，即便他不了解这个艺术家。欣赏古代作品也是如此，一个人不可能在理解唐代历史之前就能欣赏唐代的画作，而唐代画作也不能用今天的眼光去理解，因为它的独特性以及它对自身的时代经验的凝聚性，是无法被今天的经验或规则所覆盖的。古典主义者则不同，他们可以随意用风格或者形式的规则对古代艺术大加评论，却可以连唐代在什么年代都不知道。不难看出，表现主义思想虽然强调直觉，但也强调知识和经验的重要。"理性"在此过程中以一种更为复杂、更具层次感的方式起到作用：直觉就像一种测量仪器，而基于信息的想象和共情则可以被组织为精确的发现手段。另外不难发现，表现主义思想与中国美学的默契，也是自然思想的必然结果。

赫尔德也是"民族"这一概念的发明者。"nation"这个概念直到19世纪才具有了今天的"民族"含义，在此之前，赫尔德首先指出，生活在同一地区同一群体中的人，会具有更多的共同点。他并不强调血统和家族，而是强调人的后天经验。简单来说，一个从小在德国长大、由德国家庭抚养、融入德国社会的中国人，也会在性格和行为模式上体现德国人的特征。这一群体模式并不按照任何化学、遗传学的结构模式相互影响，而是按照动物或植物的环境模式，或者说后天经验模式相互影响的。那么，一个群体最初是怎么来的？从分析哲学的角度来说，任何群体都不存在自主的"诞生"时刻，一个群体只是在被命名的时候才"出现"，在那之前，它只是生物群落的偶然性的产物。而浪漫主义者认为，就像自然界的种种创造一样，民族一定是起源于自然的某种创造性的、神秘的、难以认知的力量。中国思想家将其解释为"天地造物之心"，而这一解释则具体为各种民族的起源神话。这成为后来的民族学说总要和神话联系在一起的根源。

有趣的是，民族学说也很容易被古典主义者接受，因为民族的神话也体现了某种自上而下的、形而上的结构。古典主义和浪漫主义在民族学说上的分歧在于，在赫尔德的支持者看来，当"表现主义"和"民族"结合在一起，就产生了另一个观点，即每种文化都有自己特定的背景、行为模式和价值取向。那么，就不可能有一种统一的、普遍正确的社会模式和道德规范。那么，每个地方都应该保持自己本来的样子，按照自己的特点和意愿来发展。这导致了欧洲最初的异国情调，以及与之有关的各种文学和艺术作品的产生。在那个时候，异国情调并不带有任何西方中心主义的色彩，而是真正出于对自然和人类的丰富性的推崇。

赫尔德指出,这些不同群体是多样的,且无法调和的,也就是说,它们不需要,也不能找到一种共同的规则或价值,它们只需要保持自己的样子——这是浪漫主义的基础思想。这违背了另一种对民族的看法,也就是欧洲启蒙思想的主流:在19世纪的古典主义的传道士和殖民者看来,只有"西方"的民族才是伟大而正确的,别的民族都是低等的。他们自己也说不清"西方"到底应该包括哪些民族,于是人种区别成了更加简便的方式:"白人"和"西方"和"正确答案"就此画上了等号。他们必须将"西方"的正确答案传播给全世界,如果有地方敢反对,他们就消灭那个地方——这个世界只能有一个正确答案和一个胜利者,不然就是不稳定的。古典主义者以恺撒(Julius Caesar)和十字军自居,尤其喜欢讲述恺撒用消灭亚洲文化的方式来传播完美生活的英雄故事。而赫尔德这样的浪漫主义者既不喜欢恺撒和十字军,也不喜欢完美生活的范本。

这就不难理解,为什么西方中心主义的学者喜欢攻击浪漫主义了。19世纪的殖民者不可能喜欢浪漫主义,他们不会真正懂得尊重别的民族,他们只是需要异国的情调来彰显自己的战功。二战以后,那个"正确的西方"总是迫不及待地将纳粹的崛起归结为浪漫主义的结果——但德国纳粹无论在思想、结构,还是审美方面显然都是古典主义的,他们甚至不喜欢源自浪漫主义的现代艺术。那么,为什么要把责任推给浪漫主义思想?因为浪漫主义思想起源于德国,在那些"西方"的胜利者当中,总有古典主义的信徒企图趁机消灭德国的文化精神。在那之后,当"西方"自己在文化层面行使了足够多的纳粹行为,并终于开始鼓吹"文化多元"的时候,他们又将"多元"视作一种"西方"长期以来的完美社会实验的积极结果,而非自己过去极力否定和消灭的对象。"看!伟大的西方再次找到了解药!""西方"对异地文化表现出宽容与赦免,就像古希腊人赦免自己的奴隶——他的邻居很可能有不同意见——而

新思想的黎明

这种赦免则体现了自己的崇高。至于为什么当初不听从赫尔德他们的意见？因为用理性寻找答案需要一点时间，而赫尔德是不理性的、狭隘的、意气用事的，他仅仅是碰巧得出了一个缺乏推敲的结论。

随着自然和形而上两种原理的发展，浪漫主义在个人身上的表现往往是充满矛盾的。例如康德在个人立场上是反对浪漫主义这个概念的，因为在当时的他看来，浪漫主义充满了幻想和精神错乱，而他显然倾向于形而上范畴内的那种理性。他也崇尚科学，就像古典主义者那样。但他的道德哲学又强调"人是目的本身"，人具有与生俱来的自由。他也强调文明的成熟是自我决断，而非对规则的恪守。这使得他像歌德一样，成为一位实际上的浪漫主义的贡献者。康德也是最早提出"剥削是一种罪恶"的人。在形而上学和机械论者看来，奴役和剥削不仅是理所当然的，而且许多奴役，比如文明人对野蛮人的奴役、"西方"对"东方"的奴役，都是崇高的。康德的这种认知与其说是自然原理之下的理智思考的结果，不如说是一种天然的判断，因为康德对奴役的反对并不是基于自然的平等与多样性。康德所理解的自然，是古典主义者所解释的、机械论和决定论的自然。但是，康德直觉地认为，如果人将自己置身于自然的因果律和决定论之下，那么人就不可能成为人了。因此，康德把自然看作敌人，而人的自由意志需要战胜自然。他所了解的自然就是这样的，这再次体现出古典主义者对自然的解释在当时有多么深入人心。由于自然不再是人的依靠，康德便只能强调人的意志的重要。另外，他依然受到古典主义的影响，认为真理是可以被找到的，只不过需要通过个体的自由意志来寻找。这令他产生了一种典型的不属于浪漫主义、却又塑造了浪漫主义形象的激情。

康德这种不自然的激情又影响了弗雷德里希·席勒（Johann Christoph Friedrich von Schiller），并由席勒阐述清楚：人需要用自己的意志攀登自己找到的道德高度，并按自己的道德法则自由地行动；在这期间,他必然需要战胜自然,也包括战胜自己内心的自然冲动。这又产生了一种更为激进的想法,例如陀思妥耶夫斯基(Fyodor Dostoyevsky)小说中的罪人,就将社会的价值体系看作自然的同理产物,那么在必要的时候,一个人可以致力于毁灭社会,或者毁灭自己。这成为浪漫主义运动中的英雄形象的起源:一个人不再需要迎合自然和任何事物的形而上本质,而是需要不惜代价捍卫自己独立的价值观。

这一线索成为浪漫主义运动的重大主题。它与原初的自然思想有一个重大分歧,即否认了自然本身的包容性和弥合作用,而将人放在一个彻底孤立无援的境地。人的行动也不再是体悟自然原理的方法,而成为对抗自然结构的方式。就像席勒所说,理想不是被找到的,而是人用自己的意志生成的,英雄主义也由此诞生。英雄主义与其说是在对抗自然,不如说是在对抗古典主义的自然。本来,如果自然不是那个仅仅被赋予结构和机械规则的形而上的自然,不是那个被类比为人类社会和“西方”理想的自然,不是那个阻碍自我的自然,而是那个自我所依存的或者自然思想所起源的大自然本身,那么人是可以在自然中找到自己的理想的,人也就不用与自然为敌。

古典主义的自然令康德和费希特(Johann Gottieb Fichte)他们忘记了,自己所坚守的自由意志的起源,本就是不羁却又包容,温和却又残酷,不提供严格的秩序,只提供事物的独特性与无限性的自然。从这一点来看,康德和席勒的浪漫主义其实也参与到了对自然的扭曲当中,因为他们实际上承认了自然是古典主义者所说的那个样子。费希特继承了这个观点,他还描述了一个超越性的“自我”,这个自我必须在遇到重大阻碍的时候才会显现,“被阻碍”的经验是这一自我显现的基础,自然则是这种“阻碍”的代表。他认为洛克和笛卡尔都把人变成了机器,而人必须进行创造性的行动。人的确需要创造性的行动,但洛克和笛卡尔的自然并不是他所想的那样。中国的高山流水式的自然也一直在提示着，自然并非追求自由之人的敌人。

古典主义扭曲了自然，这个被扭曲的自然又扭曲了浪漫主义者对自由的爱，这扭曲的爱又让古典主义显得更加健康了。一旦失去了自然的照拂，失去了健康的形象，人的自由意志便成为脱缰的野马，人性中的温和与仁爱的一面便不再是自然的提示，而是成为限制自由意志的束缚。于是，人的自由意志便需要成为新的主宰，制定新的规则、新的结构，并像战胜自然那样，去战胜一切阻碍自由意志的敌人。这浪漫的自由于是很容易对面前的任何事物都报以敌意。这就不难理解为何那个安静的康德对法国大革命的态度是那么狂热，而费希特也成为坚定的德意志爱国者。他们演绎了一种浪漫主义的误解与纳粹思想的遥远源头之间不可否认的联系，因为这种个人意志最终被纳粹幻化为一个国家的形象和意志。当一个人失去了自然的照拂和古典主义的规训，而又渴望自我实现的时候，他就只能是一个超人，或者一个有着坚定意志的"反派"。当代"超人"的科幻故事就像是一则讲述这种浪漫主义者的寓言：他来自外星球，意味着他不属于自然，也不受规训。这个故事里的超人无比强大，人类需要他帮助自己战胜邪恶、维护正义与自由，而他则需要地球上的自然与人性的照拂，不然他就会毁灭世界。在超人的故事里，爱情就像自然能派出的最令人着迷的使者。在现实世界里，纳粹就像那个没有任何照拂的超人，他们连爱情和家庭都是由戈培尔（Joseph Goebbels）和希姆莱（Heinrich Himmler）组织安排的。这一切并非浪漫主义本身的结果，浪漫主义强调自由与兼爱，而非孤立与毁灭。但两者有时候只有一线之隔，这是人类的思想创造与思想传播之间的必然冲突所导致的必然悲剧。一切能够让人类变得更好的思想原理都已经在那里了，但在这些原理的传播和实践的过程中，如果有一种模式能够借助大众的愚昧而高速发展，那么这种模式一定会在一定时间内成为主流。

谢林(Friedrich Wilhem Joseph Schelling)比费希特出生更晚,作品也更晦涩。他对自然的看法更加接近自然思想的本意。他把自然看作有生命和精神的。谢林认为自然和人十分相似,只不过,自然意识不到自己的行动,也就意识不到自己的生命和精神。这样一来,人就成为自然之意识的接受者、理解者以及表现者。这与中国的自然思想十分接近。中国的自然思想并没有指出自然拥有人的生命和精神,而是将自然令万物诞生的过程定义为"仁"和"爱"本身,那么反过来,就是人拥有自然的生命和精神。人的情感和心灵并非"人性"独有的,而是自然的——人和自然共有同样的情感。只不过,人是"最灵"的,所以人可以表现这种生命和精神。谢林的观点几乎与之一致。这对德国的表现主义和后来的文化艺术都产生了巨大的影响:德国的艺术家最早懂得传达自然当中某种不可名状的生命感,并将"美"理解为蓬勃而出的力量和活力,而非典雅范式的重现。当费希特的自由意志和谢林的自然生命结合在一起的时候,浪漫主义的真正面貌就变得清晰了。

　　在艺术和文学领域,浪漫主义的表现方式是纷繁复杂的,但有一种形式对当代美学的影响十分重大,那就是"象征物"的存在。象征物源于自然思想的一个基本,即每件事物都必然且仅仅是他们自己,每件事物都是自身的目的,而非任何理念表达的手段。因此,这些象征物并非结构化的象征符号,也不指向任何形而上的结构或者规则,它们指向那些难以言说的,不同于"本质"、不同于"自然"、不同于"特征"的,某种被伯林称为"深度"的东西,也就是它们自己。它们存在,并体现为自然的一部分。在今天,当人们说某种思想或者作品"有深度"的时候,往往没有真的明白自己所说的"深度"到底是什么。"深度"与"高度"十分不同,"深度"不需要处在"更高层面"。当"深度"最初由浪漫主义所表现的时候,它是那些具体的、不可被约分的、不可被归纳的,作为其自身而存在,却又包含了超越自身的自然之力量的事物,比如漆黑的大海、水边的松树、夜晚的闪电、棋盘边的油灯、山顶的城堡、麦昆（Alexander McQueen）的长裙、林中大雾、哥斯拉（Godzilla）的背脊、寂静的星空、骑士的长矛、水中的奥菲莉亚（Ophelia）、恶龙的咆哮、打碎的鸡蛋、弗兰肯斯坦的人造人、范海辛（Van Helsing）的日记、人鱼的歌声、巨人的脚印、巫师的咒语、街角的塑料袋、座头鲸的尾鳍……

浪漫主义者寻找这样的东西，但不在乎能否找到，答案和结果不是他们的目标。他们在寻找的过程里体会自然现象背后那巨大的不可企及之物，并对它们产生热爱或者恐惧。这些象征物令探寻过程的本身成为对自我的生命和意志的实现。另一方面，象征物与象征符号的区别是巨大的。现当代的审美活动很大程度上都在于对这些自在的象征物之深度的"体会"，而非牵强地将它们拔高到更具"高度"的象征符号层面进行"解释"：当一个人试图将"漆黑的大海"解释为"大自然力量的象征"，将倪瓒的松树解释为"君子的美德"的时候，他就已经永远失去了欣赏大海与松树的能力。

欧洲的浪漫主义是欧洲人的创造和想象终于得以绽放的起点，而这绽放背后，又常常带着由费希特和席勒所描述的，那种刻骨的孤独和自立。这种对不可企及之物的探寻和想象，还产生了另一种与浪漫主义毫无关系的思维模式，就是阴谋论。它包含了较为系统化的历史阴谋论，以及日常的各类阴谋传闻——它们的思考原理与浪漫主义相同：在现象背后隐藏着某种难以名状的巨大力量。再美好的思想或感悟，经由愚蠢之人的加工，总能带来出人意料的附属品。

伯林认为存在主义是浪漫主义的遗产，这显然是因为存在主义强调了个人意志和行动的重要性。他似乎过于谦逊了，因为在那之后，海德格尔（Martin Heidegger）对主客观界限的打破，对"现象"是自我与世界之间唯一稳定的可观测点的描述，以及在他之后的解构主义思潮对形而上的结构主义世界观的破坏，以及人对自我的精神独立和内心世界的重视,还有当代世界多元与包容的世界观、当代艺术当中对材料本身的共情与想象,当然还有前沿科学的发展,实际上都是浪漫主义的遗产。更重要的是,在今天,"浪漫"这个形容如果与爱情无关,往往就带有无形的贬损和孤立色彩;但实际上,"浪漫"是一个很难达到的境界,也是对一个人或者一件事极高的赞美。

11

后现代世界
——解构思潮与哲学的终点

与"现代"一样,"后现代"也是思想、社会、政治、宗教、文化、艺术、历史、经济等方面现象的综合体。英文网络文献对这一概念的演化做了基本梳理,并被普遍引用,本章则以此为基础作进一步讲述。

与"现代"不同的是,"后现代"作为现象的综合体,并非基于任何既定思想原理的实践;或者说,它的思想原理就是对一切既有理论和意识形态的不信任,以及对惯例的反思。这就意味着"后现代"本身是无法被概念所界定的。在任何领域出现的任何对于现代主义的"反应"或"排斥"式的想法或实践,都极有可能进入了"后现代"的范畴。比如,如果一个人认为会有一种比现代世界更先进的新型世界出现,这个人的想法就可以被看作是"后现代"的;同时,如果一个人认为现代之前的古典社会更美好,人类应该回到那个时候,他的想法也可以被看作是"后现代"的。可供网络查询的《韦氏词典》(*Merriam-Webster Dictionary*)对"后现代"的说明或许最为合适——它说"后现代"就是"属于"或"关于"现代的一切;用另一种方式来说,就是当一种思想或者一种实践,是将现代主义或现代世界的某方面特点或属性,有意识地当作对象的时候,就可以被形容为"后现代"了。在这一定义中,现代与后现代的边界是模糊的,后现代也可以是现代的自我延续,因为"现代"本身也强调"进步",而"进步"就可以是将自身视作对象的改变或变化。

"后现代(postmodern)"这个词的首次出现至少可以追溯到 1870年前后,当时约翰·查普曼(John Watkins Chapman)将一种超越法国印象派绘画的倾向,宣扬为"一种绘画的后现代风格(a postmodern style of painting)"[1]。在当时,印象派被认为是现代艺术的主要表现形式,那么一种"超越"了印象派的绘画,就被善于改造词汇的查普曼形容为"后现代"了。所谓"超越",无非就是说,比印象派距离古典艺术更远,也就是所谓的更加"前卫"。无论查普曼具体说了什么,这些作品在后来仍然被人们归为"现代艺术",因为在今天看来,现代艺术显然不仅仅是印象派一种。现代艺术是以艺术家的个体自由、个人表达以及以"进步"为信念的风格创新为追求的艺术。印象派之后以梵高(Vincent van Gogh)为代表的后印象派、以毕加索(Pablo Picasso)为代表的立体派、以马蒂斯(Henri Matisse)为代表的野兽派等等,都属于现代艺术。在约翰·查普曼看来,这些后来的艺术只要与印象派不同,就都属于"后现代"艺术,这显然是因为当时的理论家对"现代艺术"的定义还比较狭隘的缘故。无论如何,"后现代"这个词算是在懵懂中出现了。

"后现代主义(post-modernism)"一词则是对各个领域具有后现代色彩的实践的形容。很自然地,这个词汇最早出现在哲学领域,用来形容思想范畴的实践。1914 年,汤普森(J. M. Thompson)在哲学季刊 *The Hibbert Journal* 上发表文章,写道:"'后现代主义(思想)'的使命,是将更加彻底的批判,延伸至宗教和神学,延伸至天主教的感知和天主

---

[1] John Watkins Chapman. The Postmodern Turn, Essays in Postmodern Theory and Culture. Ohio University Press, 1987:12.

教的传统,由此逃离现代主义的反复无常。"[1]他所说的"反复无常",其根源就在于形而上学和经验主义哲学的矛盾性共存。汤普森认为,这种共存的根源在于神学和天主教传统承认上帝的合理性,并用这一合理性去弥合一切逻辑的不连贯之处。汤普森对这种矛盾性共存的揭示,实际上意味着一种至今仍然缺失或者时常被回避的思考,就是对思想原理的内在一致性的探索。但至少,从汤普森开始,"后现代主义"作为一种思潮,也显露出它真正的特征:它无法确立一种新的、更加完善的思想体系和世界观;同时,它又对休谟以来的怀疑主义毫无兴趣。它开始具备一种新的野心,要彻底地反思哲学的整个发展过程,结束对传统的盲目信任。后现代主义思潮并非对新学说的建立,而是对旧学说和哲学发展模式的临床解剖。从这一点来说,"后现代哲学"是不存在的,因为后现代思潮往往以消解甚至消灭既有的哲学系统为目的,而"后现代主义思想"才是形容后现代范畴的思想现象的准确词汇。1917 年,鲁道夫·潘维茨(Rudolf Pannwitz)在第一次世界大战的阴影下讨论了思想领域的"后现代主义"一词[2]。他对此概念的看法源自尼采(Friedrich Nietzsche)对现代性的分析——尼采认为现代世界缺乏对崇高的敬畏,将最终带领人类走向堕落与虚无,代替现代人类的将是"后人类(post-human)"。尼采也因此被看作后现代思潮的先驱。

今天,当人们追溯过往的时候,更倾向于认为第二次世界大战才是某种更为显著的历史地标,也更愿意把"后现代"定义在那之后。皮特·德拉克尔(Peter Drucker)发表于 1959 年的《未来地标》(*The*

---

[1] J. M. Thompson. Post-Modernism //*The Hibbert Journal* Vol. XII No. 4. July 1914:733.
[2] 见他于当年出版的 *The Crisis of European Culture* 一书。——作者注

Landmarks of Tomorrow）便认为，现代世界到后现代世界的转变发生在 1937—1957 年之间。他将这段时间称为"无名时期（nameless era)"，并认为这段时间出现了四个新的现象：被教育的社会（Educated Society)出现；国际性事件愈发重要；国家衰落；非西方的文化丧失了发展性[1]。

然而，在 1939 年前后，历史学家阿诺德·汤因比（Arnold J. Toynbee)却已经认为："我们的后现代时代是由 1914 到 1918 年间的世界大战所开创。"[2]在身处 1939 年的汤因比看来，第一次世界大战已经彻底改变了世界。虽然他的论断是很模糊的，且没有完整的定义，但"后现代（Post-Modern)"一词首次成为对一个新的历史时期及其总体特征的形容。与之相对地，"后现代主义"则主要用来形容某种针对现代主义的反思在思想、艺术、建筑、文学等领域的具体实践。下面就回到这个词汇在思想之外的不同领域的出现情况。

在文学领域，H. R. 海耶斯（H. R. Hays)在 1942 年用"后现代主义"形容了新的文学形式。豪尔赫·路易斯·博尔赫斯（Jorge Luis Borges) 1939 年的短篇作品《堂吉诃德的作者皮埃尔·梅纳尔》(*Pierre Menard, Author of the Quixote*)一般被认为是后现代主义文学的先驱。另一位重要人物是在中国更加知名的萨缪尔·贝克特（Smuel Beckett)。标志性的后现代主义文学刊物出现得则要晚很多，因为就像一切事物那样，一种文学形式从先驱演变为潮流也是需要时间的：美国的《第二边界——后现代文学与文化报》(*boundary 2 — Journal of Postmodern Literature and Culture*)创刊于 1972 年。在稍早的 1971 年，伊哈布·哈桑（Ihab Hassan)将萨德（Marquis de Sade)、卡夫卡

［1］ Peter F. Drucker. The Landmarks of Tomorrow. Heineman, 1959.
［2］ 此句源于他在 1934—1961 年间发表的 *A Study of History* 一书，并被《牛津词典》的"后现代"词条所引用。——作者注

(Franz Kafka)、海明威(Ernest Hemingway)、贝克特等人,以及荒诞戏剧(Theatre of the Absurd)和新小说(Nouveau Roman)都归入了"安静文学"(literature of silence)[1]。对于这一系列现象,布莱恩·穆克哈尔(Brian McHale)在写于 1987 年的《后现代者的小说》(*Postmodernist Fiction*)一文中,阐明了现代到后现代的转变,认为前者的关键是经验主义和由其衍生的认识论占统治地位,而后现代作品首先关注形而上学传统的合理问题。显然,这已经超越了文学的范畴,并且对整个欧美哲学的重点和后现代思潮的脉络作出了准确的梳理。更有趣的是,他后来还论述了网络朋克的问题。他的文章《什么是后现代主义》(*What Was Postmodernism*?)使用了过去时态来讨论后现代主义,似乎在暗示"后现代"作为汤因比所描述的某段"时期",也已经结束了。

"后现代"音乐与"现代"音乐的分野则十分模糊,如果说现代音乐主要表现为对欧洲古典音乐的固定范式的打破,那么后现代音乐则表现为乐器和声效以及演出方式的多样化;随着新技术和唱片工业的发展而产生的工作室制作方式,也使得音乐变得极其多样化,并且在摇滚等新领域体现出对古典结构的回应(背叛、回归或者简单的引用)。音乐制作人成为一种新的艺术创作的身份,他们往往负责作曲、制作、演出等过程中的一切细节。总的来说,音乐成为创作者的载体,而非创作的唯一对象。乔纳桑·克拉默(Jonathan Kramer)的著作《后现代音乐,后现代聆听》(*Postmodern Music*,*Postmodern Listening*)详细阐述了相关问题,他阐述了一种普遍的看法,即最终无论后现代音乐究竟可以被形容为什么,这种形容与其说是针对某种风格或者发展阶段,不如

---

[1] 本段内容并非笔者本人的研究结果,仅仅是收录了文学领域最容易被提及的与"后现代"相关的现象。

说是针对一种态度。更重要的是,即便在网络发达的时代,音乐的多样性也并没有削弱它在现场传达方面的特殊地位:如果说今天的大众还会因为什么事情聚集在一起,并进行某种带有仪式色彩的集体行为,借此挥洒出存留在古老的宗教崇拜习惯中的热情,那么那多半是一场音乐会。

在建筑领域,二战后对包豪斯的现代主义风格的批判,引领了后现代建筑运动。建筑师们重新重视表面的装饰性、形式感,反对现代主义建筑的乌托邦倾向。现代主义建筑的批评者们认为完美和极简的属性本身就是主观的,他们指出了包豪斯潮流的自大源自对机械化和统一感的迷信,并质疑其思想的益处。其主要观点是,现代主义建筑对完美的追求是源自形而上学理念的,其忽视了建筑与人的基本关系,这完全与现代世界的理念相反。代表性的后现代建筑来自米歇尔·格拉夫斯(Michael Graves)和罗伯特·文杜里(Robert Venturi),他们拒绝"纯粹"的形式或"完美"的建筑细节,并有意采用各种方法、材料、形式及色彩。他们指出,现代主义建筑的美学是陈旧和反人性的。他们重新推崇个人偏好和丰富性,排斥客观性、终极真实或终极原则。现代主义者密斯·范德罗(Ludwig Mies van der Rohe)的名言是"少即是多(Less is more)";对此,文杜里反驳道:"少即是无聊(Less is a bore)。"

在城市规划方面,后现代主义反对无视具体背景和居民需求的总体规划,强调街区的特殊性和人文精神。1920 年代以来,现代主义运动对城市的设计是遵循大型工业生产逻辑的,崇尚大型而统一的解决方案、统一的美学标准、程式化的设计,这显然也源自形而上原理的"标准答案"思想。在现代主义理念里,城市规划需要稳定的、结构性的、理性的方案,远离混乱、流动和变化。现代主义的城市设计师们相信能找到唯一的"正确的方式"。其结果就是今天的大型城市都有许多相似之处。在二战后,通过现代主义式的城市规划,资本主义成为一种可以被管理出来的结果,城市开发者与大型公司的利益也是可以被管理条例预见的。其更大的问题在于对居住者意见的不尊重,多数人被迫被少数人管理,并失去针对家园的基本权利。现代主义规划本应让城市充满活力,但"一劳永逸"式的规划让城市变成了非人性的资本舞台。从1960年代开始,一种更加先进的、更多人参与的,强调流动与自然发展的规划方式开始出现,但其影响力至今也是有限的。

在前沿艺术领域,杜尚(Marcel Duchamp)创作于1917年的"小便池"无疑是对现代艺术风格化的强烈回应。杜尚提供了一种新的理解"艺术"的方式:当一件事物被指认为艺术时,它就成了艺术的化身。其中重要的并非指认的标准,因为一切外化标准都是不可靠的,重要的是每个人对自己指认理由的内省和感知。因此,美学的依据不再是任何理论标准,而是每个人看待世界的方式。这并不是说随便什么东西都可以被看作艺术,而是说任何领域,以及生活的任何细节里,都可以有对前所未有的美的创造。当我们谈论审美时,实际上是在谈论自己。艺术如同一面镜子,让每个人看见自己的心。杜尚的创造在现代主义的风格化艺术之后,带来了真正崭新的美学思想。内心是世界的镜子,而世界也是内心的镜子。从新儒家开始,这一理念已经存在很久了,但是杜尚将它带入了崭新的现代世界的经验中,令人重新理解和想象自己与周遭世界的关系。可以说,杜尚用自己的作品实现了一种世界观。这一贡献至今没有被完全理解,或者说还没有成为一种常识。

"后现代主义"作为一个词汇,在当代艺术领域出现得很晚。1971年,梅尔·波什纳尔(Mel Bochner)在伦敦的当代艺术学院讲座,认为艺术领域出现了"后现代主义",并以加斯帕·琼斯(Jasper Johns)的作品为案例,因为他是"第一个拒绝了感觉材料(sense-data)和单一视点的艺术家"(虽然这两个形容都是做作且毫无逻辑可言的)。这一定义不仅凸显了艺术理论领域的迟钝和装模作样,也落后了别的领域很多年。这反映出当代艺术领域在受到资本与市场的影响之后,在思想层面变得粗鄙且虚荣。与二战后人类在电影、设计、时尚等别的视觉艺术领域取得的成果相比,纯艺术(fine art)就显得苍白许多。21世纪以后,当代艺术家已经逐渐从美学的贡献者,变成了其他领域的美学贡献的模仿者。这也表现出21世纪整体文化发展的一种趋势:成为对20世纪文化成就的拙劣模仿。

回到思想领域,一场更为广泛的"后现代思潮"主要发生在1960年代以后,其可以看作对在那之前以及当时正在发生的思想和社会变革的全面描述。这也是本章接下来要讲述的内容。后现代思潮显然不是由任何一位哲学家建立的,它是由对欧洲既有哲学脉络的总体批判以及批判思路本身的发展所构成。它往往由怀疑过往的定论开始,例如对古典哲学、历史叙事或者文学写作的批判和分析;并常常重视不同因素之间的相对关系或力量,突出个人化的论述方式。后现代思潮所讨论的不再是某种"真相"或"世界观",而是将这些结论被建立的过程本身作为对象。

"后现代思潮"主要开始于1960年代,但它的哲学脉络却可以追述至更早的时间。索伦·克尔凯格尔(Soren Kierkegaard)和尼采的写作开始于19世纪,他们被认为是存在主义哲学的先驱,也被视作后现代思潮的先驱。实际上,后现代思潮又呈现了普遍的反存在主义倾向,因为在后人看来,存在主义更像一种既定立场,而非后现代式的反思和剖析。克尔凯格尔提出了人的存在先于人的特征的思想,在此立场上,人必须靠自己的行动、感觉和一切切实的经验,赋予自己确切的真实性,并通过建立在自由之上的选择,来确立自己的本质和身份,并坚持那些无法被证明的信念。他也提出了世界的荒诞性,认为在每个个体获得经验之前,世界对他们来说是无意义的。同时,他认为人的行为应该与自己的思考一致,这一点可以被看作是与"知行合一"一致的。

克尔凯格尔并没有提出"存在主义"这个概念,他作为存在主义先驱的身份是被史蒂文·克伦威尔(Steven Crowell)追溯的。[1] "存在主义"一词最早出现在 1940 年代,被用于描述萨特(Jean-Paul Satre)的学说,而萨特也接受了这一名称。萨特深受克尔凯格尔的影响,认为人不由造物主创造,并且是完全自由的,因此,人的任何行为都无需遵守对"规则""道德"甚至"人性"本身的预设,而必须由自己完全负责。也就是说,一个人甚至可以不承认自己是某种众所周知的"人",因为每个人都有彻底定义自我的权利。他由此也提出了"存在主义"才是真正的"人文主义"。萨特分析了人在生命历程中的总体经验与当下的具体存在之间的关系,由此完善了自由与责任之间的辩证关系。他认为焦虑和绝望的本质,就在于人没有预设的价值与信念可参照,或者失去了已知的参照。和许多存在主义哲学家一样,他既反对经验主义,也反对形而上学,并认为理性是一种"糟糕的信仰"。在二战前后的文学艺术当中,存在主义经常与尼采的虚无主义相结合,并产生了巨大的影响。存在主义在艺术创作尤其是文学领域的影响,相比其学说本身要更加显赫。

后现代思潮最为重要的影响来自 20 世纪早期的现象学创始人胡塞尔(Edmund Husserl)和完善其学说的马丁·海德格尔。如果理解了心学、理学以及禅宗,那么海德格尔的学说就不会显得那么晦涩了。海德格尔指出,现代哲学中的形而上学和自然哲学两大思想原理都受到了古希腊哲学自柏拉图以来的一个最基本的潜在逻辑的影响,即把"自

---

[1] Steven Crowell. The Cambridge Companion to Existentialism. Cambridge University Press, 2011:316.

我"与"世界"划分为两部分——"自我"是认知世界的主体,而"世界"是被认识的客体。也是因为这个原因,两者才会在"上帝"那里达成共识,因为客体世界终究拥有某种超越人的认识的终极指向。

他追溯了语言在划分"自我"与"世界"中的作用,尤其通过"是"(Being)这个词。这个词普遍存在于印欧语系以及包括中文在内的许多语言当中。当人们说某个东西"是"什么,或者"是"怎样的,或者某个东西"是存在的"的,实际上就已经通过"是"所代表的判定过程,将施加判定的主体和被判定的客体区别开了。这是一种语言带来的潜在逻辑,也就是思考的原理。他进一步指出,这一潜在逻辑不仅存在于强调语言学的形而上学当中,也存在于经验主义当中,因为两者的目的都在于认识"世界是什么样的"。当"是"这个词被使用的时候,"世界"就像被放置在"自我"面前,等待着被判定。

海德格尔认为,以"是"为前提去认识世界,是由柏拉图开始的。因为柏拉图指出,世界"是"由实体和现象两部分构成的。从那时开始,"世界'是'什么样的",就成为哲学的终极课题。于是,海德格尔说,自己的学说就是要回到柏拉图之前,回到"自我"与"世界"被二分法划分之前,去重新认识"自我和世界"这个整体。他进一步说:人没有办法去认知一个独立的"世界",也没有办法去认知一个独立的"自我";人所能认知的,只有"人对世界的认知"这个过程。于是,"主体"和"客体"的划分就无法存在了,人在看这个世界时,实际上是在看着自己的感知过程;而人在看自己的感知时,实际上也在看着整个世界。

他又进一步说,没有任何事物是独立存在的,一切都存在于人感知事物的过程当中。这一过程最典型的代表便是语言。语言,语言中的概念、形容以及不同语言之间的区别,都反映了人感知事物的方式。所以,海德格尔也将语言称为"'是'的家园",这也被翻译为"存在之家"。这并不是说万事万物都真的只存在于语言当中,而是说人只能通过语言去想象那些独立的存在。但那些独立的存在因此便无法真的独立，因为它们必须依赖人的语言。如果没有人，这个世界会不会依旧是人所看到的样子？在这一点上，海德格尔与他的老师胡塞尔都只能猜测。胡塞尔的思想更加彻底，他认为如果没有人，这个世界就不会是人所看到的样子；而海德格尔则认为就算没有人，世界差不多也是这样。但是，人类甚至无法真的想象一个"没有人的世界"，因为这个想象，依然是通过人才能被想象的。当我们展开任何想象的时候，我们能想到的最终还是自己。

这些学说很容易令人想到心学与理学的讲述，也会让人想到作为两者共同基础的《周易》。海德格尔的思想的确深受日本禅宗的影响，而日本禅宗本来就是心学和理学在现代世界最为杰出的传播者。与禅宗相比，海德格尔的讲述方式要复杂很多，也因此带来了很多误解和多余的解读。实际上，海德格尔之所以把事情说得那么复杂，是因为他作为欧洲哲学体系的一员，必须进入形而上学和经验主义的传统，厘清其中的脉络，再消解两者。海德格尔的最终结论与禅宗很像，就是没有什么大道理可以谈，要认知"自我和世界"，就要回到每一个具体的认知过程，抛开语言和习惯的牢笼，在认识世界的同时认知自我，并意识到两者是相互依赖的整体。两者都没有真正可靠的落脚之地，这便是"诗意的栖居"。

对禅宗来说，"自我"与"世界"的对立消失，主要影响的是人的内省。而从思想和文明的书写方式的角度来说，过去的一切知识、一切历史、一切价值观，也都是建立在"是"的基础上的，那么它们也都需要被重新审视。正如前文所说，当二战后现代思潮兴起时，大家普遍重视知识、思想以及历史的形成过程，而非其内容和结果，其根源也在海德格尔。海德格尔也成为后现代思潮最重要的开端。

在他之后，最有影响的学说来自维特根斯坦（Ludwig Wittgenstein)、罗兰·巴特(Roland Barthes)、德里达(Jacques Derrida)、利奥塔(Jean-Francois Lyotard)、鲍德里亚(Jean Baudrillard)、托马斯·库恩(Thomas Samuel Kuhn)、理查·罗蒂、心理学家雅克·拉康(Jacques Lacan)等人;福柯(Michel Foucault)虽然常常被归入"后现代思潮",但他个人是拒绝这一点的。其中,德里达、利奥塔、罗蒂、福柯等人直接受到了海德格尔的影响。这些人并不是海德格尔的学派继承者,而只是受其启发并开辟了新的道路,有些甚至陷入了狭隘。这在认识后现代哲学的基本关系中是很重要的一点。接下来是对他们各自学说的简要介绍。

维特根斯坦属于经验哲学的传统,他在自己于 20 世纪初期完成的学说中认为,只要找到一种可以描述"命题"与"世界"的关系的逻辑,或者说,一种语言方式,就可以解决一切哲学问题。在二战前后,他的思想发生了巨大转变,而这些直到他去世后两年,才在 1953 年出版的《哲学研究》(*Philosophical Investigations*)中得以完整呈现。他将语言作为一种游戏,而语言自身在游戏模式中发展并起作用。他认为哲学的问题在于,哲学家试图让词汇独立于它们的背景,存在于形而上的陌生环境中,而这会使语言失去作用。他认为语言必须回到各自的环境中,与环境经验共同发生作用,这样会使哲学问题得以"消解",而非被"解决",因为最终的目标是一切哲学问题的消失。简单来说,他认为哲学变得"为了哲学而哲学",所以变成了与世界和日常都无关的游戏。因此,维特根斯坦的思想被形容为一种"难以言喻的洞察"[1]。或者说,他最终讲述了一个基本点,即思想是无法靠言语来描述的。

在早期的后现代思潮中,罗兰·巴特的思想转变更具有代表性。

---

[1] Hans-Johann Glock. Perspectives on Wittgenstein: An Intermittently Opinionated Survey. In Guy Kahane, Edward Kanterian, Oskari Kuusela, Wittgenstein and His Interpreters: Essays in Memory of Gordon Baker. Blackwells Publishing:37-65.

在 1940 年代，他延续了萨特对写作的质疑，认为不断更新写作方式和避免风格化，是唯一的创造性写作。他认为，分析文本的写作方式，发现其中的转变与相互关系，要比理解文本的内容更能发现真相。而前卫写作正是通过写作方式所透露的、明显的作者的存在感，让读者获得对作者真实意图的察觉。他指出，过去那些在思想、历史、社会等各个领域的、强调内容而非写作方式的写作，是在通过结构主义的方式，将作者本人的主观看法变成一种虚假的"客观真实"。他还指出资本主义的本质也是如此：让人们相信金钱是唯一的幸福答案。

巴特在当时所批判的"结构主义"是对柏拉图以来的以形而上学为基础的思想原理的追溯、强化以及实践。索绪尔的符号学被看作结构主义的主要代表。结构主义依赖源自柏拉图的"实体"与"现象"的固定关系，而索绪尔在他的符号学当中，把这种关系进一步简化为"符号"和"象征"，或者说"能指"与"所指"。而"结构主义"这一概念似乎最早出现在人类学家克劳德·斯特劳斯(Claude Levi-Strauss)的结构人类学研究中。结构主义学说以语言的基本结构和模式为参照，将人类文化以及人的行为、思考、感知、感觉等等，都作为某种"现象"，认为它们的运作都从属于某种包含一切的"实体"，也就是某种形而上的永恒结构。正如布莱克本(Simon Blackburn)所总结的：结构主义相信，人类生活的一切现象都只能在它们所从属的结构中被理解；它们有着固定的结构和规范，并包含了一切文化。[1] 结构主义思想体现在人类学、历史学、社会学、心理学、文学评论、经济、建筑等各个领域。巴特似乎最早指出，结构主义最终把所谓"西方"也变成了一种永恒结构的必然结果，并产生对其他文化的排斥性。罗兰·巴特在 1966 年到日本后，发现日本

---

[1] 见布莱克本所著的《牛津哲学词典》中的"结构主义"词条。Simon Blackburn. Oxford Dictionary of Philosophy(second edition revised). Oxford University Press, 2008.

文化并不追求某种永恒结构所必要的、超验的"能指",而只是保持最"自然"的意义。他把这种世界观看作打破结构主义的参照。

　　同样在 60 年代,德里达延续了海德格尔的现象学线索,并在罗兰·巴特的基础上提出了"解构"方法。他认为,柏拉图以来的西方哲学都建立在语言与真实的固定相对关系之上,这种对应也正是结构主义所依存的对应关系的基本点。历史也好,西方文明也好,都依赖某种形而上的真实,而这种真实仅仅是由语言概念和写作过程所缔造的。德里达指出:这种缔造显然是不可靠的。他希望破坏整个形而上学的语言体系,也就是整个"西方文明"的根基,他甚至称自己为"历史学家"而非"哲学家",因为他认为哲学本身也是需要被消解的。因此,德里达也被称为"解构之父"。

　　在 1950 年代末期,结构主义学说有取代海德格尔的现象学的势头,因为结构主义学者认为,现象学所强调的经验,只能在"非经验"的结构当中才能产生效果。这一说法无疑更能给人安全感。而德里达作为现象学的拥护者,犀利地指出,"结构"本身无法拥有起源。结构主义的弱点在于,必须依赖一套既有的、被规定的、封闭的语言体系。这套体系本就是书写者自圆其说的。

　　以罗蒂为代表的经验哲学传统的哲学家则认为,德里达以自己的原则所建立的写作方式是伪哲学和诡辩,因为德里达的论述并不以哲学为根据,而是建立在文学和其他人文学科之上的,而且他的论述充满了刻意设置的误读和词汇背景的混淆,以至于无法以学科标准进行批判。然而,罗蒂也承认,这种模糊是有其哲学依据的,德里达的写作方式正是为了逃离哲学中固有的形而上命题,而所谓的学科标准,其实已经被维特根斯坦无情地嘲讽过了。

　　德里达对结构主义的批判,代表了"解构主义"的兴起,以及 1960 年代更加普遍的后现代思潮的来临。解构主义的学者普遍质疑结构主义,认为它只是一种自圆其说的体系,尤其质疑它在逻辑原理上依赖语言的基本模式,也就是二元对立(binary opposition)法则。这一法则不仅构成了语言的基本解构,也被结构主义者扩展到对文化和历史的认识方式,以及对人的思想和生活的认识方式上。解构主义反对结构主义,与浪漫主义对古典主义的批判十分相似。虽然解构主义在立场上是连自然思想也一起反对的,但他们对个人化的认知方式的强调,对结构主义背后的形而上原理的破坏,都与浪漫主义如出一辙。如果说,浪漫主义者认为,认识世界的过程本身,无论是结构主义的,还是经验主义的,都有其值得赞美之处;那么解构主义则认为,结构与经验都无法帮助人认识世界,而且,认识到这一点不是一种失败,反而是值得庆幸的事情。这并非意味着对虚无的承认,而是意味着人和人的思想都不应该受到任何目的的拘束——从这一点来说,解构主义依然是浪漫主义的延续,但又抛弃了浪漫主义那颇具旧时代(相对于 21 世纪)色彩的对"象征物"的依赖。

解构主义者反对以结构主义思想为基础的现代学科或立场,尤其反对精神分析学,因为精神分析将结构主义的原理应用到了人的思想和心智层面。看上去,结构主义者不希望有任何稳定结构之外的东西存在,即便人的心智也要归顺于结构所赋予的概念之下。拉康的精神分析主义便是一种典型。他结合了索绪尔和弗洛伊德(Sigmund Freud)的理论,认为精神分析的症候本质在于语言。在 1950 年代,他提出"无意识"也拥有语言式的结构。同时,语言并不受自我或者说"主体"的控制,而是来自外在的"他者","无意识"也是由这一"他者"的言说所构成的。精神分析的目标是进入自我、发现真实的"无意识"层面的欲望;分析的完成则在于"欲望的净化"。经由对一系列涉及人的内心的概念的发明或重新阐述,尤其对"主体"与"他者"这对二元关系的强调,他建立了典型的结构主义体系。拉康并未得到欧陆或分析哲学界的普遍认可，主要原因不仅是他的被认为是"含混"的评判体系，还有 1960 年代的"反精神病学"思潮对精神分析法本身展开了严厉的批判。胡塞尔对精神分析主义的总体批判很具哲学层面的代表性：他认为，精神分析主义对公式和逻辑的运用是"先入为主"的，是将自圆其说的形而上学运用到了人的精神层面，而普通人无法对其进行反驳，反而会相信其虚假的科学性。精神分析中的"案例"看似实验，但这些实验虽然模仿了实验科学的方法，其过程却仅仅是对既定结果的演示，而非普遍性的论证，因此其框架是极其不可靠的。

拉康的支持者则十分有趣，他们强调拉康的精神分析不是结构主义的，而是解构主义的。他们说，拉康认为疯狂是"痉挛的美"，这是一种"新浪漫主义式"的观点——然而这显然是对浪漫主义的误解。除此之外，拉康打破了弗洛伊德的"15 分钟"诊疗规则，并采取了颇具经验主义色彩甚至"禅学公案"意味的临床实践；拉康还强调非理性和挑衅的作用，并将挑衅用到了临床实践当中；拉康对弗洛伊德的既有理论结构进行了"范例转移"式的改变；他还支持激进左派社会运动——尽管以萨特为代表的早期解构主义者往往都有这一身份，但这显然与解构主义没有任何逻辑上的关联……总之，拉康的支持者辩解说，他实际上是一位解构主义者。看上去，当时这些为拉康辩解的人，似乎认为"解构主义"这个概念能让一位学者获得更多合理性，因为在当时这是一个更加前卫的概念。由此就不难看出这些辩解者的思维方式了。

科学理论领域对这一批判的响应，大约是在 1962 年前后——托马斯·库恩反思了科学知识形成的结构性基础，将科学的发展称为"范例转移"。正如上一章所说，库恩指出科学的真实并不是绝对的，而是由科学团体所认定的框架所构成；不同的框架往往相互矛盾，却又无法比较，只能在自己的框架中成立。因此，科学不是完全客观的，而是由参与者的研究方法和世界观所决定的。同时，科学的进步往往不一定是真的在发展,而可能只是不同时代、不同文化中的不同研究群体,使用了不同的概念框架和不同的理论范例。库恩的学说常被认为是对麦克·波兰伊(Michael Polanyi)的抄袭,因为两者的相似性实在太高了。

福柯对结构主义的剖析深受尼采的影响。在 1960 年代,他以自己后来称为"知识考古"的方式,引入史料编撰法,分析了以语言叙述为基础的社会、历史以及知识的演变,指出了其中的结构主义思路。他认为,人类被知识主宰了,而每个时代的所谓真实都只能建立在特定的潜在条件中,这些条件决定了在特定的时代,哪些论述可以被接受为"合理的"。而且,在每个特定的文化或者每个特定的时刻,这些条件只会有一种组合方式,即一个社会的稳定性所需要和默认的。与库恩的"范例转移"相比,福柯认为整个人类知识体系都是人为规定的,并且是无形的力量。在 1960 年代,福柯还与萨特的存在主义阵营展开论战。福柯认为,萨特的学说只适合存在于 19 世纪,就像鱼只能活在水里一样——这一看似普通的比喻,实际上也是他对上述理论的一次最为浅显的应用。

福柯在完成于 1970 年代的《规训与惩罚》(*Discipline and Punish*)一书中,将圆形监狱作为范本,并提出"语言即是压迫":使用同一种语言的人不被压迫,而不说此种语言的人就受压迫。对于将语言看作通往纯粹理念世界的钥匙以及智慧之火种的形而上思想来说,这显然是一次直击要害的攻击。福柯说,社会作为一个主体,使用知识的力量,将自身的主观需要客观化,因此所谓真理无非是社会需求的产物。对福柯学说的正面评价来自其在批评领域的方法贡献,例如对哲学如何发现"控制与被控制"的方法贡献,以及为读者所争取到的、基于知识论述的自由接受的权力。但是,以罗蒂为代表的批评者则认为,福柯并没有提出任何新的理论或任何正面的解决办法,仅仅是推翻了欧洲启蒙运动以来的原则,让每个社会都希望捍卫的"自由"与"正义"走向了虚无。并且,"如果他说论述不可能是客观的,那么这个说法本身可能客观吗?"[1]

利奥塔与福柯一样走向极致的怀疑与解构。他的主要学说出现在 1970 年代,他从逻辑学出发,激烈地反对启蒙运动所带来的普遍性和"元叙述",也就是反对各种被作为前提而存在的论述,尤其反对被作为前提的潜在逻辑和因果关系。他认为,现代哲学对所谓的真实的肯定,是以被普遍接受却又缺乏检验的、关于知识和世界的"元叙事(meta-narratives)"——即所有的历史、知识、社会等叙事及其合理性所依存的根本——为基础的;可是,这种"元叙事"既没有严格的逻辑,也没有严格的经验。简单来说,利奥塔所反对的正是形而上学的基本原理。他引用了维特根斯坦所说的"语言—游戏":随着现代主义以来的基本叙事的崩塌,人类开始了一种新的"语言游戏",不再追求绝对的真实,而是只能接受人与人之间以及人与世界之间的当下的关系,并依赖这些关系当中的相对性。他评价以弗洛伊德为代表的结构主义者关于政治、经济以及治疗学的理论都是"外行话",只能靠"独断和霸道而流行"。[2]同时,他相信,二战以来的所有学科都只能进行"微叙事",也就是脱离宏观指向、脱离形而上结构的具体的研究,来取代对终极"真实"的追求。作为这一思考的延续,他预言了数据化的信息处理时代将会到来,并认为科技甚至可能取代人类的智慧主宰世界。

包括德里达在内的不同观点的哲学家都对利奥塔的论述提出了批评,主要是针对他提出的"语言的无效性"。很显然,他自己的论述仍然是基于语言的有效性的。他所反对的,对语言和叙事的共识,正是他自己的论述被表达的基础,由此陷入了与福柯相似的论述的自我矛盾中。

---

[1] Nancy Pearcey. Finding Truth. David C Cook, 2015:208.
[2] Jean-François Lyotard. Adorno as the Devil. Telos Press (19), 1974:134-135.

然而,这一争论点其实并不重要,因为福柯显然是在说,历史书里的文字和餐厅菜单里的文字并没有区别,人们只需要把历史学家想象成餐厅老板就可以了。那么福柯自己的文字呢?显然也是一样:没有任何文字形式比日常谈话更加具有权威性。那么最愚蠢的事情莫过于把福柯的文字当作"伟大的言论"来引用了。

理查·罗蒂和维特根斯坦一样,属于分析哲学的传统,也就是经验主义哲学的范畴。他们的学说虽然也属于解构思潮的一部分,但严格来说,由经验主义原理而产生的解构主义思想,应被称为"后结构主义"。显然,两人也都认为应当消解传统的形而上哲学问题。但同时,他也批评了福柯的论述让一切研究都成为虚无。在这一立场之上,他提出了"反基础"和"反本质"的思想,并重新强调了经验的重要性。在1979年前后,他延续了"范例转移"的思考,指出哲学对某种普遍而恒定的逻辑结构,以及对认知世界正确规范的追求,是在错误地模仿实验科学发现世界的方法,并且妄想成为"自然的镜子"。他指出,哲学是不能用论述去"再现"世界的"真实"的,就像科学也无法真正"再现"这个世界。他提出,人的观念与世界的关系是由人所处的时代偶然决定的,任何描述世界的方式,在与其他时代的方式比较后,都将是不完整的。同样地,语言也只能根据特定时代的经验而被使用,古代语言有时无法翻译成现代语,是因为它们所代表的经验完全不同。因此,"真实"不是能得到的正确结果,也不是可以被再现的"真相",而是社会实践的一部分;人如果放弃了对世界的"再现"式的概括,将获得更大的自由和平静。简单来说,罗蒂对真实的认知方式与经验主义者和浪漫主义者也没有根本的不同。

罗蒂还设定了一种"大多数":他们只相信眼下的真实和既有的历史叙述,不考虑世界观层面的问题;而另一种"少数"则如英雄般孤独——他们无法知道更多,却关注世界观层面的问题,并且明白自己的叙述永远无法比大多数更接近真相。这些少数派因此是自觉的,并对自己和这个世界报以浪漫主义的悲喜交加的态度。显然,这一观点被认为是"精英主义"的。罗蒂受到的批评在于他经常引用或解读其他哲学家的观点,且他对这些观点的使用被认为缺乏系统性,更像是文学评论对小说段落的随意摘录。

鲍德里亚受到麦克卢汉(Marshall Mc Luhan)的影响,发展了媒体和信息传播对社会形态的决定性,并且从历史进程的角度,重新论述了符号与意义的关系。相比福柯将知识的产生归结于力量之间的关系,鲍德里亚则认为,任何追求总体的知识,或者涵盖一切真实的论述,都终将落入幻象当中。在 1981 年前后完成的《模拟和拟像》一书中,他从当代社会如何制造虚拟的生活图景入手,最终论述了一个符号层面的核心:要彻底理解人类生活的每个细节是不可能的,因为一切理解都需要借助符号以及符号的相互关系。那么最终,真实会在符号的交互变化中消失,只剩下符号本身,而人则活在符号的关系当中,看不到世界的真相。他认为,尤其在 20 世纪晚期的全球化社会,符号已经像商品一样可供交换;社会对符号与意义的滥用,已经将真相都抹去了,变成一个依赖符号层面的"象征"而非"事实"的社会。于是,自由主义或任何乌托邦都不再被相信了,而例如恐怖主义这种典型的"象征式"的攻击,才会取得如此大的效果。他与利奥塔相似,对历史的"元叙事"持否定态度,并更进一步认为,历史本身将以成为自己的垃圾箱而终结,而普世性只是一种逃离现实的虚假承诺,甚至连"历史的终结"本身也不会被相信了。

以马克·波斯特(Mark Poster)为代表的批评者则指出,鲍德里亚的写作是夸张和宣言式的,在关键点上缺乏系统性的分析。更重要的是,在鲍德里亚的宏观叙事中,人首先不再是公民,也不再处于任何阶级中;人只是消费者,由此才受到符号的摆布;而为什么人作为消费者的身份比作为公民的身份更加重要,这点并没有得到直接或间接的阐述。这样的宏观叙述是欠缺逻辑的。

在后现代思潮之后,哲学变得彻底支离破碎了,至今再没有出现什么新鲜的东西。在已有的这些讲述里,每个人都可以选择自己所喜欢的那部分,并建立自己的世界观。瓦尔特·安德森(Walter Truett Anderson)总结了在当代世界常见的四种世界观,或者他所说的"四种绝对正确的方式"。它们分别是:后现代讽刺主义,认为真实仅仅是由社会塑造的,也就是上文所论述的解构思想;科学理性主义,认为真实只通过系统的科学方法得出,这往往演变为机械论思想;社会传统主义,认为真实存在于美国和西方文明的遗存中,这是形而上思想的当代典型;新浪漫主义,认为真实必须通过与自然达成和谐,或者通过探索自我的内在精神而得到,这往往与禅学或者东亚思想联系在一起。[1]

可是,安德森先生并没有提到的是,在当代世界里,这四种世界观并非四种独立的世界观,而是可以在同一天的不同时段被同一个人所选择和实践的。它们失去了一切逻辑层面的延续性,也失去了在实践层面的一致性。任何世界观的传播和实践都可以共存,变得扁平化与个体化。其结果就是,一个人可以在上班的时候实践"后现代讽刺主义":认为自己做出的所谓社会价值仅仅是为了养家;而在周末奉行"新浪漫主义":去寻找与自然的和谐。一位企业家无需对自己今天所做的纯粹逐利的行为感到焦虑,因为明天的灵修课就能修复自己的灵魂。没有人需要对任何世界观的内涵与整体性负责。如果说人们的思想原理和世界观还有任何共同点,那就仍然是现代主义所遗留的那些被作为"常识"的部分,以及各种古代宗教的遗产。在今天,人与人之间的交

---

[1] Walter Truett Anderson. Four different ways to be absolutely right//*The Truth about the Truth*. Tarcher Perigee, 1995.

流与合作不再以世界观的一致为前提，而是遵循利益的一致性，这便是资本主义、利己主义和机会主义崛起的前提。以此为基础，人们往往也失去了对这个世界的任何思想层面的想象，而只"相信"那些可以被"科学证明"的东西——这往往是为了给自己想象力的缺乏找一个合理的借口——于是机械论的思想也变得越来越流行。

这并不是后现代思潮的直接结果，因为后现代思潮强调的是个人的思考，以及个体对世界的独特理解与发现。可是，后现代思潮就像一节自习课——老师认为学生会自己独立学习并提出独特的问题，但学生只觉得没有学到东西，于是就不来上课了。后现代思潮也像一场真正有内容的讲座，但大部分习惯了流量式讲座的人会觉得听不懂，无聊。看起来，人类社会显然还没有准备好进入每个人都有能力思考的阶段，因为大部分人依然习惯于成为某种思想的奴隶。从思想者的角度来说，解构主义思潮就像是失去了浪漫想象的浪漫主义，因为它太过专注于消解形而上的结构，于是自己也变得索然无味了。

12

思想体系的无效化
——当代世界的理念模式

解构思潮带来了一个很可怕的后果：逻辑的碎片化和自相矛盾逐渐成为一种潮流——这是从解构思想本身就不注重逻辑的延续性开始的。显然，无论形而上学还是经验主义，自圆其说也好，开放与实践也好，原本都不缺乏逻辑的延续性。但是，解构思潮在传播的过程中带来一种必然的误解：思想的开放性变成了一种借口，它可以否定逻辑延续性的必要之处。于是，没有任何逻辑需要延续了。美国的一位反堕胎人士可以一边宣扬思想自由，一边用自己狭隘的宗教理念去要求别人；一边说一切形式的生命都是崇高的，一边去郊外打猎，并且对那些出生在贫困家庭、需要社会帮助的儿童视而不见——直到他们到了可以工作的年龄。这其中的宗教和生命部分是形而上学的，强加给别人的权力也是形而上学的，但对自己的宽容和自相矛盾的部分，则是自由主义的。这在今天时常体现为"双重标准"。实际上，一旦逻辑的延续性被破坏，失去的就不仅仅是标准那么简单。在一个逻辑失去延续性的社会，只要拥有制定规则的权力，就不再需要对思想的合理性负责，而是可以做出任何前后矛盾的事情。科学思想和自由经济都是经验主义哲学的产物,也是现代文明的基石。但是,前后矛盾的逻辑习惯,令科学思想衍生出"科学崇拜"思想,而自由经济思想则繁衍出思想化而非经济化的资本主义,它们重新成为反人性和反文明的基石。

在 2020 年之后,思想和其他任何东西一样,都比以前面临着资本逻辑更为直接且全面的吞噬。任何一种思想或理念,都要首先被资本逻辑所衡量,即它是否容易量化(概念化),是否能带来收益(传播度),以及最终的,是否能够取得"胜利"(流通与信用)。这并非在期待思想能够换取资本的回报,而是认为思想本身就是一种"资本",它应该和资本一样,不断取得扩张,并最终"战胜"其他思想。"新思想"必须是一个"胜利者"。如果一种新思想在此逻辑中的发展前景——无论其内容如何——不被看好,无法流通,那么它就丧失了自身的合理性。

当思想者们力图让思想摆脱资本逻辑的时候,又常常会本能地借助形而上学的逻辑,将"思想的纯粹性"作为武器,这又常常为"科学崇拜"创造了更多空间。在 21 世纪,思想的自圆其说的纯粹性,并不能引导大众无条件地专注于思想的内容本身,反而会令大众倾向于将思想视作一种与科学的世界观无关的道德式行为。于是,只有科学才是与生活有关的。这首先体现在"形而上"一词的用法改变上:过去,当大众提及一种"形而上"层面的思想的时候,会认为它是一切思考和实践的指导,是崇高且必要的。如今,人们则会将更多东西,比如一切思想、美学或者任何与科学以及现实生活没有直接关系的思考方式,都模糊而武断地称为"形而上的"——也就是可以忽略的、与现实无关的。无论其间接的指导性有多么显著,都不重要了。如此"科学崇拜"取代了思想和宗教的地位。

在这里,"科学崇拜"并非实验科学的成就及其方法的自然延伸,而是脱离了思想基石的、强调"实用""可证明"和"可流通"的部分,也就是能够和资本以及资本化的思想,取得共识的部分。于是,这种看法进一步将一切科学之外的思想方法都称之为"理想主义"的——这显然也是对"理想主义"一词的滥用。对其进行纠正并不会有任何说服力,因为在这样的逻辑里,任何对词汇意义的澄清本身也是"形而上的"行为。这种将思想道德化的逻辑,已经比工具理性主义对思想的态度更加极端。工具理性主义依然是以理性为基础的,而这一新的逻辑则认为:除了科学之外,一切理性的思想,甚至对理智的诉求本身,都是"形而上的"、与利益无关的、与资本无关的——并因此就在资本化的思想的标准里变成了无关紧要的。

更有趣的是,持有此想法的人并不拒绝"理性"这一概念本身。相反,他们以至关重要的方式修改了这一概念:他们认为"理性"就是一切与实践的效果直接相关的做事方法。这里的"效果"则只有两个检验标准:一个是资本,另一个是科学。那么"形而上的"就先天成了"不理性"的部分。于是,一切纯粹思想层面的东西,都仅仅是道德式的,而且不一定是高尚的——因为它们都是与实践无关的;"不科学"的——这是显而易见的;且"不理性"的——逃避现实的。于是,在新的、被扭曲的"理性"的名义下,资本与科学组合成了一对反智的工具。

上述现象似乎更多发生在以互联网为代表的新型社群中。严肃的思想者,或者说自认为"专业的"思想者——尽管这种思想者往往是最糟糕的——会认为自己与这些现象无关,无论它们产生了多么广泛且深刻的影响。但是,任何庸俗化的思想,都是某种思想蓝本的延迟显现。非理性的实用逻辑重新定义了理性本身,并且将新的"理性"作为各种反理性的思考方式的基石,这并非无中生有。第一章提到过"理性"这一概念在诞生之时与醉酒一词的关系,以及它所体现的、那种希望与酒神融为一体的迷醉感。如今,理性被重新定义——其实与它最初被定义的时候一样,都是源自一种直觉感受。只不过这次,醉酒体验被资本体验所替代,酒神被科学所替代。正因为如此,思想者眼中的

"大众"才拥有了重新定义理性的能力。这首先源自过去思想所带来的一个基本的积极影响：大众并非践踏了理性的净土，而是终于得到了思考的自由。他们的思考能力比起古希腊的智者也不遑多让——他们甚至天然就理解了实验科学的方法。与那些捍卫理性的、现代世界初期的半吊子学者和虚伪绅士们相比，这些"大众"甚至更加理解天赋人权的含义。看，他们甚至已经进步到将贩卖黑奴看作不可接受的事情了——虽然对于部分只学到了绅士之虚伪的伪思想者来说，贩卖女性还可以讨论。那么，大众显然也获取了重新定义理性的资格。区别在于，过去的思想者定义理性是为了寻求思考的特权，而大众在获得思考的自由之后，立刻用它换取了不思考的特权。可见，"理性"本身不是什么了不起的事情，它本身就是一种概念带来的特权，与反智工具之间没有天然的屏障。

任何能成为反智工具的东西，都包含了专门为思想者而设的陷阱。科学与资本则更加高明，它们是以承认"思想的纯粹性"为前提的。它们不拒绝思想。于是，一个思想者可以保持其思想内容的纯粹性，并且得到尊重——其高尚的部分往往是因为其被重新定义的"不理性"和"理想主义"才变得高尚的。相对于他们身处的社会环境，他们所获得的尊重就像一个玻璃罩子，把自己变成一个可供观赏且无需触摸的标本。当他一旦希望打破罩子，让自己的思想与现实环境发生联系的时候，往往就不得不改变其原貌，使其以一种符合反智工具要求的形式出现。为了让思想得以传播，很多思想者都自觉或不自觉地接受了这一条件。

这种情况也是自古以来就有的，例如在古希腊，思想者最初获得的尊重就是依靠囤积榨油机赚到了钱——用资本的逻辑自我证明——才实现的。在古希腊的黄金时代，思想者无论智慧如何，想要传播自己的思想，都必须有良好的辩论能力，例如《理想国》与其说在讲述一种思想,不如说在展示一种辩论的模式。辩论本身注重的就是对大众的煽动性,而非对冷静思索的强调。辩论术发展为文学修辞之后,似乎成了某种美感的源头,被赋予了多余的光环,掩饰了其方法本身包含的相当的反智色彩。也就是说,古希腊的思想者并不排斥大众接受信息的方式,反而是加以利用的。从那时开始,以牺牲智性换取更多传播的便利性,就成了思想得以传播的前提:它以提高人的智识为名义,但又在不断利用大众作为乌合之众的特性。当亚里士多德把辩论术的效果形容为"电闪雷鸣"的时候,实际上是在美化那些不太聪明的听众目瞪口呆的蠢样。他喜欢这蠢样,这确保了他即便不把奴隶和女性当作"人",也依然可以获得剩下的那部分"人"的尊重。

根据信息传播的特征,在传播的过程里,当思想者失去对自身思想的解释权和控制权的时候,这一特点又会再次被显著地放大。于是,大众也从来不认为自己的智识需要被提高,因为他们的掌声与欢呼才是最终的裁决,足以令每一位思想家都尊重他们、敬畏他们,在网络时代更是如此。

在形而上学的发展过程中,自圆其说的概念系统逐渐替代了古老的辩论术,肩负起修辞自身的重任。正如维特根斯坦所说:哲学当中那些自圆其说的概念系统,已经变成了一种精密的、通过复杂而无益的智性编织来反对智性本身的自我消耗行为。在积极的方面,这种自我消耗使形而上学得以维持自身的品质,但这种品质本身却演变成伪装后的反智表演。用最简单的话来说,哲学开始通过"一般人看不懂"的特性,来获得"一般人"的敬畏;而对于那些"看得懂"的人来说,唯一的好处也就是"看得懂"本身,并因此可以自认为是高尚的、有权力的。当哲学传播开始依赖反智工具,并将其演变为自身的概念系统的时候,哲学系统本身就变成了一个反智系统。这就与前文所说的,大众开始自主定义"理性"或其他概念的行为相呼应了:当哲学本身不再真的在乎大众的智识与思想，大众就可以重新争取自己不思考的权利。"理性"则不再是这一权利的对立面，而成为这一权利的保障。

可以说，当"理性"一词流行于街头巷尾的时候，形而上学的思想传统所包含的宗教化与精英化的反智策略，就已经被一种现代化且平民化的反智策略所取代了。更加直观的说法就是，今天的每个人都已经有能力与古希腊的先贤取得共情，而没有人再认为自己是他们所要教化的大众。这并不代表每个人的智识都真的提高了，而是智慧本身被庸俗化了。这并非任何人的理智或方法论的产物，而是一种系统自我发展的必然。

这个系统并不源于现代思想诞生的过程。通过前面章节的梳理，我们知道现代思想已经不是一种独立发展起来的思想，而是不同文明在漫长发展过程中的智慧精华。这个系统起源于欧洲的现代思想开始有意识地自我美化的过程。这一美化寻求对立面：西方与东方，公民与奴隶，男人与女人，理性与感性，进化的与淘汰的，精神分析的与被分析的……每一组对立都是基于反智工具的创造。它们最能被乌合之众所津津乐道，因为每一组对立的后者都是被牺牲掉的部分。乌合之众可以抵挡一切思想（无论有益无益）的影响，但无法抵挡在它者的牺牲中狂欢。

另一方面的情况也不容乐观。诚然，真正热爱智慧且充满活力的环境，可以诞生更加自信的思想者，并诞生经验主义思想。经验主义思想不强调思想的纯粹性，更不会强调哲学的优越性。这一新脉络中的思想者也对经验界的一切抱有更切实的热情，因此成为现代世界真正的奠基者和更积极的推动者。经验主义思想不仅为科学和人文主义的发展铺平了道路，也催生了以英国和法国的资产阶级革命为代表的一系列民主主义运动，并成为新的政治、经济、法律理念的基石。从基础层面来说，相对于形而上学对思想本身的反智特性，经验主义更注重思想带来的福祉本身。它没有自圆其说的复杂体系,也不认为自身的存在比所能带来的益处更加重要。于是,在传播层面,它并不追求思想本身的纯粹性和说服力,而是肯定大众天然的认知与行动。但这最终也用另一种方式赋予了大众重新去定义"理性"的自信,以及不思考的特权:因为人人平等。

在解构主义思潮到来以后,经验主义思想显然没有像形而上学体系那样受到颠覆性的否定,甚至还主动参与到解构思潮当中。上一章提到的罗蒂就是其中的代表。他对"少数人"的论述明确地站在了大众的对立面,但他也指出,所谓"精英"也仅仅是对自己的迷茫和无能为力有所察觉罢了。罗蒂的迷茫一方面源自对哲学结构本身的不信任,另一方面也感受到"思想"作为一个更宽泛的主体,在科学和资本面前失去了自身的主动性:既然经验主义赞同每一个个体的自主性,以及人性的选择,那么自然就会赞同大众对科学和资本的选择。在这种时候,甚至连"反智"这个词都失去了其负面意义,因为是否有任何思想或者智性的持有者可以居高临下,对人性的自由选择指指点点呢? 既然经验主义的目标是以思想为人类谋取福祉,并且实现个人的自由,那么当个人放弃了思想,并且在科学和资本中获得了自己所肯定的福祉,思想又能指责些什么呢? 难道告诉那个人:"你所追求的幸福不是真的幸福,我来告诉你幸福是什么?"真要这样的话,就跟形而上学的自圆其说的说教没有区别了。所以,罗蒂所感受到的、属于思想者的迷茫,并不是尼采那种有关自我存在方式的孤独,而是源自经验主义对人性选择的肯定本身。

回顾一下前面章节谈到的中国古代思想的脉络,及其与经验主义的联系,我们会发现,如果是一位中国的古代思想家来到现代,他也会面临同样的迷茫——一切似乎都不太对,但一切似乎又都没有什么问题。似乎真的是这样:历史和思想都可以终结了——尤其当"伟大的西方"已经为全人类作出了最为"正确"的选择的时候。曾经被极力反对的东西，包括贪腐、拜金以及愚昧，如今似乎都成了可以接受的东西：人们在表面上反对它，但其实又没办法真的反对，因为人们倾向于承认这些行为的自信和不可战胜之处，并愿意在有机会的时候加入其中。无论如何，在这个选择的逻辑里，让自己获利的选择就是最好的选择——那些没有获利的人则进一步证明了自己选择的正确性，就像奴隶不算人一样。每个人都可以趾高气扬地只在乎个人得失，所有世界上正在发生的问题和灾难都仅仅是"他们自己的过错"，而且被手机屏幕安全地阻隔在另一边——这是一种自由的态度，也是新的"理性"带来的便利。

综上所述，大众依靠着经验主义的贡献，享受到了"西方的胜利"，并借此推翻了"西方"这个概念赖以维系的形而上学逻辑，获得了重新定义思考的自由。于是，经验主义哲学也不再有可以插嘴的地方了：因为这个世界上已经不存在需要思想来解决的问题了。同时，任何思想都变得像形而上学那样"纯粹"了。思想本来是为了让每个人都能够调动其精神生活的潜力，如今却成为人们放弃精神生活的理论基础。

面对这些情况，后现代思潮以及之后的思想者们并没有坐以待毙，他们也在尝试解决思想在科学和资本面前的形而上学化，却带来了更糟糕的结果。首先，经验主义的解决办法是与生俱来的，它本来就鼓励一种源自中国古代思想者的倾向，即更多投身于实践当中。这种实践可以追溯到经验主义思潮为现代社会设计规则的时刻：这种设计尝试将"思想的主体"替换为"实践的主体"。这种实践造成了深远的后果：直到今天，人们往往还认为现代社会是理所当然的，是整个"西方"自然而然的成就，而对经验主义思想在其中的贡献所知甚少。这就是实践主体替代了思想主体的一个结果：思想或许并不是每个人都需要的，但实践者对现代社会的好处却可以让每个人体会到。

于是,解构思潮部分地继承了经验主义的选择。他们强调一种"更加有限的实践":保持思想者(哲学家)的身份,并且将过去对纯粹思想的讨论和传播,替换为对各种具体的社会现象以及时事的批判和讨论。或许是因为洛克的思想对后世政治影响很大的缘故,又或许是《理想国》已经树立了一个讨论的范本,在许多思想者看来,对时事以及与时事有关的、前瞻性的、对人类社会形态的讨论,是思想在今天真正可以像资本或者科学那样起作用的部分。他们并不会真的进入社会实践当中,但会对各种当下发生的事情进行评述,以此来塑造自己作为意见主导者的身份。于是,他们并没有成为实践的主体,而是用"思想者"这个主体替代了"实践者"这个主体,以此来挽回"思想"这个主体被大众抛弃后的局面。说到底,哲学家们要在当代社会继续为自己谋求一席之地,他们考虑的必然首先是自己作为思想者的合理性,而非真正对自己所讨论的现象有所助益——否则他们就可以真的像中国的古代思想者那样,彻底抛弃自己思想者的身份,做一名"君子"了。

时事评论与未来前瞻,这些办法不仅可以避免思想的形而上学化,也通过强调个人的主体性本身,消解了思想的纯粹性。通过对现实问题的讨论,思想家们得以用一种和资本与科学相匹配的方式保持了其存在感。在这个过程中,因为"哲学"或"思想"的主体性值得怀疑,大众依然强调不思考的自由,所以他们自身作为"思想者"的个体身份就更加重要了。

于是,一种新的现象出现了:思想者的名字变得比他们的思想更响亮。人们很难理解解构思潮到底是什么,也不太明白德里达到底说了什么,却感觉他们的意见无处不在。当哈耶克(Friedrich August von Hayek)说"平等待人是自由社会的前提条件,而试图使他人平等意味着一种新的奴役方式"的时候,读者感觉自己受到了智慧的光照,也承认了哲学家在这个时代的存在感;当哈耶克又说"民主是在自由之中寻求平等,而不是在约束和奴役之中寻求平等"的时候,读者又感受到了自己对社会的深刻洞见,以及要努力使所有人平等的使命感。冷静点想想,这些说法其实无法真正和任何实践挂钩,也不需要真的和实践挂钩,它们只是让所有真正从事社会活动的人看起来"怎么连如此简单的道理都不懂",就像一个在电视机前看奥运会比赛的观众说"这个运动员不行"一样。哈耶克语录和"正确的废话"之间的唯一区别是,它们是"哈耶克"说的。哈耶克作为一个主体,决定了他的任何言语的说服力。思想活动于是跟心灵鸡汤越来越相似,这就是思想者的主体取代思想主体的后果,却还不是最严重的后果。

从解构思潮开始,不仅是历史和社会现象,还有各类文学、视觉艺术、音乐作品,都愈发成为思想者评论的对象和展示自己的工具。哲学在艺术领域的流行始于二战后的文学批评风潮。海曼(Stanley Edgar Hyman)的《武装起来的洞察力》(*The Armed Vision*,1948)以及勒内·维勒克(Rene Wellek)与奥斯汀·沃伦(Austin Warren)合著的《文学理论》(*Theory of Literature*)"(1949)都首先强调了独特的批评方法的重要性,例如文本的、社会学的、结构主义的、心理分析的等等。从那时候开始,文学及艺术评论逐渐成为哲学家展示自己的舞台。二战后的文化生活极其丰富,这其中有一些早期哲学家的影响,例如尼采和萨特的存在主义哲学。于是,更多的哲学家开始对文艺作品进行评论,并带给人们一种空前的印象:一件艺术作品必须符合哲学理论。

这种案例实在太多了,而它们的共同点就在于,对哲学概念的表述掩盖了审美的敏锐感受和常识性的感知表达。雅克·德里达针对文学及文字的意义作出过如下表述:"把这些象征符号联系起来的无动因的轨迹,应该被理解为一种运动机制,而不是一种稳定状态。它是一种积极的运动,一种不断瓦解其源动力的过程,而不是形成之后就一成不变的。"读者不必深究这句话的意思,因为它作为一种批评语言,并不是为了帮助人们更深入地体会文学,而是为了突出自己的解构方法本身。

这样的写作可以吸引那些仅仅对文学或音乐评论有兴趣,而对哲学感到陌生的读者。在二战后的文艺潮流当中,这是十分重要的。但是,这样的写作也带来了或许对哲学家个人有利而对它们所评述的领域十分有害的影响。审美本身自然会牵涉到思想、智慧以及生命的复杂体验,但与哲学理论没有直接的对应关系。可是,当哲学家们将美学评论看作彰显自己的舞台的时候,就导致了美学理论对哲学的盲目追随。美学研究者开始将哲学理论当作一种炫耀,并且含糊其辞地逃避着哲学与审美之间的真实关联,把美学创造塑造成一种对哲学理论的教条式的展示或者遵守,并用一种柏拉图式的反常识的雄辩,把美学变成了哲学的附属品。这不仅导致了观念艺术的参与者直接宣称"哲学高于艺术",发展到后来,当代艺术的美学理论甚至连真正的教条都没有了,而是成了哲学概念或者伪哲学概念的堆砌。

为了让这种堆砌显得更直观,下文是一段大卫·波德维尔(David Bordwell)引用的他收到的一封严肃的视觉文化研究会议的电子邮件[1]:

> "这是一个付诸行动的呼吁,呼吁参与一个重要的转变时刻。曾经有过所有这些呼吁,要人们超越'后'(post)以及'间'(inter)的思维;也曾有过所有这些鼓动,要人们走出这样一些分割的区域:历史,理论与艺术创作(art making),想象的与现实的社会群体(communities),学术思想(scholarship)与行动主义(activism),领域研究(area studies)与学科(disciplines),自然科学,社会科学与人文学科,解构的

---

[1] 波德维尔. 电影诗学. 张锦,译. 广西师范大学出版社,2010:9-10.

（deconstructive）与修补的（reparative）工作，知识生产（knowledge-production）与批评（critique），等等，在这些呼吁和鼓动之后，我们正在生产什么样的知识，怎样生产，要到达什么样的目的？……会议接受跨学科（Transdisciplinarity），跨性别（Transgender），跨人种（Transethic），跨艺术（Transart）以及跨种族（Transracial）等术语中的'跨越'（trans）的实体跨越的（原文如此[1]）挑战，不仅仅是作为其主题，也作为其起点。还有文化移植（Transplanting）、传播遗传（Transmitting）以及迻译转化（Transculturating）中的'跨越'的文化与政治过程是如何可能既表现为杂交化，又表现为结构转变（Structural Transformations）之形成的呢？"

读者如果熟悉当代艺术的理论展示，会发现这段话竟然真的出自严肃的专业人士的写作，而且其中的许多概念广为流行，其表述方式更是被广为模仿。这种模仿是有着明确目的的。波德维尔和我之所以都将其引用得如此完整，就是为了展示其"不稳定的节奏、痉挛式的语法、以及战略性的混淆"[2]。这里的"战略性"便是一种既不用真正思考美学的内涵及其诉求，又可以虚张声势地表现出美学的深奥之处的写作策略。正如波德维尔所说，这种遗传自哲学家的写作方式不仅没有任何哲学本身所具备的智识含量，还会令相关领域的写作者"逃避我们所

---

[1] 作者引用的原文中出现的是"transsubstantiating"一词，作者认为此用法存在问题，故讽刺性地注明"原文如此"。"transsubstantiate"主要用于基督教各教派的圣餐会，来源于基督在最后的晚餐分发饼和红酒时，提到那分明是他的身体和血，因而认为基督的身体和血以某种方式存在于饼和红酒之中，这个方式就是"transsubstantiate"，此处译者将其形容词用法译为"实体跨越的"。

[2] 同上，p11。

认为的学术要保证其职业生命所应该做的工作"[1]。这种逃避在普通读者看来是难以分辨的,但只要稍微有点理论常识,甚至基本的思考能力,都会知道,"仅仅发出含糊不清的嗡嗡叫声,与说出或多或少有些正确的东西毕竟是有区别的"[2]。

之所以强调美学领域的现象,是因为对"美"的追求本来是人类的精神生活中最单纯也最值得骄傲的部分。审美是洞察人性与品格的直观通道。美学成为八股文式的伪哲学写作,不仅是当代艺术的悲剧,也体现了反智体系的破坏力。艺术家们往往缺乏勇气去对抗这些看起来在现实和理论层面都无比强大的、"武装起来的洞察力"。所谓的"艺术家的自由",在绝大多数情况下,只是被理论教育出的概念。当代艺术领域逐渐变成了哲学八股的舞台,哲学不仅将自身权力化,还将艺术变成了附属品,而随之而来的则是名利场的表演。二战后,少有艺术家的贡献能够超越一支"不学无术"的乐队。即便有真正的艺术家看清了这一切,并迸发出足以引领新的美学潮流或者足以激荡灵魂的力量,也会被埋藏在这混乱的现象下,等待被时间发现。在更多时候,当代美学往往是由艺术领域之外的一些我行我素的天才所推动的,比如亚历山大·麦昆(Alexander McQueen)这样的时装设计师。理论上,当代艺术家应该是创造最前沿的视觉形式的人,但现在,他们甚至会抄袭几十年前的电影或者游戏中的视觉元素。那么,当代艺术被基于区块链技术的"非同质化代币"(Non-Fungible Token)联合资本一起狠狠地羞辱就不足为怪了:一个像素表情都可以比当代艺术品更快被炒作到高价。当代艺术这一复杂却又简单的演变,仅仅是人类社会许多在过去曾经重要的东西如何变得不再重要的一个缩影。

---

[1] 同 p231 注 1。
[2] 同上。

这个缩影的重要之处在于，它不是一个简单的道德选择，也不是个人价值观的选择，而是系统化的思想体系的运作结果。正如前文所说，以形而上学为代表的、自圆其说的、逻辑化的、自我消耗的概念系统，至少还可以起到维持哲学系统的基本品质的作用——也就是让哲学系统经得起推敲，让一般的非专业人士无法随意对哲学系统发表意见。为了打破这套系统的封闭性，思想者们努力用自身的主体性替代思想的主体性。但是，在这个过程中，当思想本身的主体性被削弱以后，其自圆其说的自保系统就不再严密了，而其运作特点虽然被思想者所抛弃，却又诞生了无数拙劣的模仿。哲学由此被庸俗化了。

当思想者开始加强自身的主体性的时候，对思想的表述，或者对现象的评述，就都成了强化思想者身份的手段。于是，思想者的身份就变得比表述的内容更加重要了。无论美学领域还是思想领域，工作者们之所以对自己的逃避与虚张声势感到自信，是因为公众首先抱有对身份的迷信——"他是哲学家，他说的东西一定很深奥""他是视觉文化会议的主席，他说的话一定代表了权威的学术方向，是我自己看不懂"。其次，思想者们也发现，利用这种迷信，对加强自身的主体性是十分有利的。

这种对自身主体性的强调激发了另一种古老的反智工具的效力，那就是公众对身份的迷信。它为那些看上去崇尚思想的人群带来了新的现象：比如，一位"学者"可以同时赞同黑格尔和辜鸿铭对古代中国的论断；一位名利场里常见的半吊子设计师可以一面鼓吹包豪斯设计理念的伟大，一面宣扬任何整体主义的美学都是妨碍个人自由的假象；一面对福柯的"语言即是牢笼"的理论五体投地，一面认为如果没有用福柯的语言去解释社会或艺术现象，就是不够"有思想"的；或者干脆告诉自己的学生，《理想国》是柏拉图写的，如果不赞同里面的内容就只能不及格……这并非仅仅是思考能力的缺乏，还暗示了一种新的逻辑——

思想者的名字和名言,比他们的思想更加重要;知道这些名字和名言,也比实践一种思考方式,例如保持某种一以贯之的基本逻辑或者信念,重要得多。

本来,后现代思潮的一切努力,包括思想者强调自身主体性的努力,首先都是为了对抗资本主义的逻辑,但最终,思想者们将自己变成了商品标签一样的存在,在资本的逻辑中,以反智的方式流动着。懂得自觉利用这一方式的思想者难免会在这空前的流动性面前得意忘形,所以很自然地,一大批学者开始努力把自己变成"网红"。

当思想者的主体性大于思想的主体性的时候,思想者不仅无需在思想、道义甚至品格层面承担任何后果,也无需提供任何逻辑的延续性。这便是在许多思想者看来"值得庆祝"的后现代狂欢。为这种行为辩护的方法也是后现代思潮所确保了的:即强调任何思考、任何意见或者任何讨论本身,都是有权存在、有权被表达的。它们无需对任何人,或者任何群体的任何状况——无论思想的还是实践的——有所裨益。这种发表思考的行为,以及无处不在的、毫无意义的讨论,和它们所透露的,对自身的积极肯定本身,都是极其有益的。为什么极其有益呢?因为"思考的过程最重要"。

思想者的主体性并不排斥资本主义式的营销,因为它号称自身是"反资本主义"的,于是它自视为自由的、普遍的、崇高的、无可挑剔的。而且,正如它宣称的,当作为行动的思想比"纯粹"的思想更加重要的时候,它本身就需要一些行动——包括营销式的行动——而非单纯而沉默的思考或实践来显现。于是,它即便实践了资本主义的市场逻辑,也可以宣称,自己是以利用或冷漠的反讽式态度为前提的。于是,思想者的主体性又是一个随时逃避的身份。"我只是在利用现实条件"——这种系统化的逃避通道甚至为如今的中老年男子提供了一种新的处事方式:当他们需要用学者的身份为自己牟利时,就大谈思想的重要;而当思想的发展和传播触及了哪怕一丁点他们的虚伪颜面或蝇头小利时，他们便大谈"世故"的重要。这些"油腻"的特质并非无师自通，因为思想领域从来不缺聪明的投机者。

这种逃避令人想起形而上学在古希腊诞生时候的原始形态：作为爱智慧的人，必须相信纯粹的理性结构，且对这种纯粹结构的追求是至高无上的。而今天，对思考过程的强调，则取代了对理性结构的强调。也就是说，发表意见的"过程"本身就是至高无上的。形而上学的崇高地位源自"爱智慧的人"相信纯粹的思考可以让人与神融为一体，这是一种接近原始的信仰；而今天，"思考的过程"成为一种新的宗教仪式——说起来，这实在是太廉价的仪式了，但"廉价"也是其优越感的来源之一：它可以说自己是"亲民"的。

即便逻辑混乱的随意思考和毫无目的性的讨论也可以被鼓励。笛卡尔的名言在被修改了内涵之后，刚好能为这种仪式辩护：我思故我在。于是，思想不仅仅被形而上学化了，还成为一种人人都可以随时进行的宗教仪式：为自己的卑鄙祈祷。这进一步造就了思想的扁平化：思想之间不存在任何真正的区别，因为它们都没有任何真实的主体性。只有思想者享有主体性，他们是思想的代言。在今天，任何思想的影响力的区别仅仅取决于思想者采取行动的方式，尤其是对自己进行市场营销的方式。从道德层面来说，任何人的自我营销都是正当的。但是，从思想本身来说，需要配合营销的内容，与需要带来益处的内容，两者有着显而易见的区别。营销本身利用的是人性当中的乌合之众的特质，而非寻求智慧的特质。与之相搭配的是，"思想的过程"已经被看作一种自圆其说的、自我肯定的行动。当思想者逐渐放弃对思考的逻辑性和严谨性的追求，以配合营销需要的时候，这一无知却自信的自我肯定，正好可以为之辩护。

古希腊时代的智者将形而上的思想看作至高无上的，这可以为自己拒绝实践,并且忽视他者(奴隶与女性)进行辩护。如今,"思考的过程"被看作至高无上的,它成为一种对实践的名义上的弥补。绝对的他者也不存在了,人人都是自由而平等的。唯一被牺牲的就是思想和逻辑本身的严谨性:它们取代了古希腊时代的奴隶那样的地位,是一种完全可以被忽略和被原谅的,甚至有点可爱的误差,是至高无上的崇高光芒之下的一点点阴影。至于思想能否为现实带来任何益处,这自古(希腊)以来就不重要,因为思想必然是有益处的——即便没有益处,也正好更加体现了"思想过程"本身的崇高之处。

于是,今天有关思想的讨论无处不在,它们的主要目标就是体现思想者自身的过人之处,并尽量避免提供任何可靠的结论——因为结论会重新令思想本身成为一个主体。这给人一种空前活跃的感觉:从来没有一个时代像现在这样开放且自由,大家都可以表达自己的意见。的确如此,因为任何人的意见都不重要了。于是,许多思考明星继承了思想者的主体性,成为大众新近宠爱的意见领袖。他们不是尼采,但他们"7岁就通读了尼采"。他们没有任何思想层面的贡献,但会以一种平易近人的姿态卖弄自己的思考能力,例如:中医到底灵不灵;外卖迟到是否违反了契约社会的原则;海地骚乱中的书店没有被抢劫,究竟体现了当地人对知识的敬畏还是忽略;职场性骚扰究竟是性别剥削,还是阶级剥削,抑或是一种生殖崇拜在后末世时代的集体无意识式的圣体复生……

这催生了一批新的思考主体,他们无法被称为思想者,但可以被称为思考者。他们是劣化的思想主体,更加符合传播特征,并因此在数量上占据了绝对多数。他们构成了以网络为基础的大众思想生活的主体,并切实地改变着大众对思想生活的印象。这样的思想生活不追求思想,而追求群落的安全感,思考者无需担心自己在逻辑、行为或者思想脉络上的一致性,也不用考虑是否真的给他人或世界带来了任何益处。其必然的结果就是，一个符合群落道德准则且具备平民（非思想者）身份的意见领袖比传统的思想者更容易受到欢迎。由此，思想终于完成了自己的"民主化"。一个或多或少具备独立思考能力的人当然会质疑这一点，但个人的声音无法抗衡他们的传播力量，更多情况下自己的想法也会真的被逐渐影响。

那么，当格蕾塔·桑伯格（Greta Thunberg）终于成为焦点人物的时候，那些或多或少在真正思考并自然会对此感到蹊跷的人，也不必对她本人进行批评。她的想法从内容上来说并不比任何一个同龄人更加有启发性，而她仅仅是主动地或者无意中扮演了一个被当代文明社会的精神生活所需要的形象：一个纯真的、反精英的、代表大众思想生活的、发表着"理性"准则的主体。这种主体的传播需要新的修辞手段，诺贝尔奖提名与《时代周刊》（Time）年度人物的认可就起到了这一作用。这体现了另一个"理性"的真相：一个大众化主体的成立，最终还是需要所谓权威的推动。这就是思想的民主化的真相。这种主体甚至不需要修饰自己的谎言和谬论，也无需在思想者的逻辑和思想面前蹑手蹑脚，因为首先，它发表的准则是正确的；其次，当思想者的思考不再具备主体性，只能依靠自己身份的主体性才被接受的时候，任何身份也无法媲美《时代周刊》或者诺贝尔奖的认可。这种认可的意图很难被猜测，因为它过于荒谬，以致看上去就像是对大众思想生活的反讽，而那些复杂而紧迫的环境问题此时似乎真的已经被解决了。

在一系列思想者与反智工具之间的纠缠之后，21世纪大众的精神生活依赖着与思想无关的权威的认可。这是一个更加古老的反智工具，也是大众所面临的最好情况——大部分时候金钱和流量就足够了。大众总是一面强调自己选择的自由，一面又愿意相信一系列标准制定者，比如人们甚至相信米其林的评委可以决定自己味蕾的体验。难怪很多思想者都梦想成为标准制定者，就连不少哲学家也常常花费大量心血去制定某种永远不会实现的道德准则。在网络世界,那种源自形而上学的、充当"立法者"的快感,甚至能够让大众通过贡献点击量来体验,这就使得人们更容易与权威共情了。

于是,就连二战后频频出现的天才摇滚乐团或者电影导演也逐渐失去了自己的领地。如今的摇滚乐团常常需要先参加选秀节目——等待权威评委的认可。还有比这更羞辱艺术家的事情吗?这看上去是文化资本的选择,实际上是思考体系一系列作用后的结果,因为资本从来不作选择,只是发现趋势。资本从来无需为自己的承诺和选择负责,因为它根本就没有这种能力。

麦克卢汉和鲍德里亚曾预言人类将生活在消费社会塑造的假象当中。现在看来,这个想法过于乐观了。消费的假象意味着对某种美好图景的模仿,但现在,人类甚至无法为自己想象一个可以分享的美好图景。想象需要思考,资本在最好的情况下也只是假装在思考,而大部分人却依赖资本替他们思考。于是,今天就连艺术家也普遍缺乏基本的想象力,他们甚至会嫉妒电脑绘画程序(把这种程序称为"人工智能"显然是夸大其词了)生成的图像,这种嫉妒真是不知廉耻——那只是程序员收集来的素材的程序化展示。艺术创造力的匮乏只是这个时代的思想与想象力的一点写照。

进一步地,一种新的"理性的人"获得了机会,例如男权主义或者种族主义的支持者,或者各领域的投机分子。这类精致的投机者会利用反智工具的反智性,去掩盖其言行本身的有害性。当一位女性被强奸并受到不公平对待,或者受到家庭暴力的时候,但凡她通过任何手段为自己争取权利,对这些"理性的人"来说,她都是在假扮纯真并利用大众的同情无理取闹。这类"理性的人"虽然能够指出反智工具的疏漏,但并不忌惮且非常善于使用混乱且反智的逻辑。其中的佼佼者出于对反智工具的了解,还会编织一些专门适合反智工具传播的理论,例如梵高之所以伟大是因为他是一个孤独的精神病。这些"理性的理论"也可以追溯到很久以前，它们只是在今天变得空前流行罢了。同样地，这些理论并非个人的道德或立场选择，而是一种反智的思考机制的产物。它们早已反过来影响了相关的道德准则：例如毕加索或者荒木经惟对待女性的态度是有魅力的，而女性一旦成为作家或艺术家都是可悲的。

终于，在21世纪的第三个十年，人类的思想生活形成了一种新的系统，让人可以在理性和思考的名义下为自己的一切自私和愚昧开脱。这个系统的一致性和协调性是如此精美，以至于愚昧被理性所辩护，威权被民主所辩护，自私被公义所辩护。这种机制并非因为脱离了真正的思想才产生，而是整个人类思想体系的最新产物。它的合理性是由自身的无处不在所确保的。这种无处不在造就了系统本身的自信：任何人都可以批判它，但无法改变它，因为批判也能成为它的存在本身的辩护词。

这种自我辩护变成了一种崇高的存在。一切反常识和反人性之处，也很容易被辩护本身的崇高，转化为"合理的""可原谅的"。当卢旺达大屠杀的遇难者被联合国维和部队抛弃的时候，他们不会想到，自己的遭遇会被拍成电影，彰显联合国的那必须被原谅的、崇高的无能，以及一位美国牧师的牺牲精神和允许拍摄这部电影的美国电影工业的开放。每个人都对它讲述的悲剧本身习以为常，或者难过个两三分钟。总之，"疏漏在所难免"，就像古希腊的思想家对奴隶习以为常那样。其特点就在于，人们无论进行了多么愚蠢的思考，或者做出多么反人性的行动，都依然与古希腊的智者共情，而没有人需要与奴隶共情。并没有多少人真的学会了思考，但每个人都学会了超然事外。这个机制的结果在它诞生于古希腊的时候就已经暴露了。

高度的自觉者可以察觉反智机制的存在，却无法阻止它的运行，甚至任何提醒它存在的表述都必须依靠这个机制才能被传播。电影《雪国列车》(*Snowpiercer*)里的列车长设计了完美的永动机,它唯一的不完美之处就是需要幼童在暗无天日的角落充当工具,以弥补其缺陷。这本来是对一个自圆其说的体制的完美讽刺,但当电影上映后,竟然有不少观众更加认同列车长的论述。这并非观众在刻意表现自己独特的道德取向,而是观众已经习惯了接受列车长这个角色。

看上去,在这种新的机制里,形而上学从来没有被真的解构或者否认,它只是抛弃了智识和逻辑,但保留了自圆其说的那部分。在二战后世界飞速发展、社会矛盾较为缓和的时代,这种自圆其说看起来是可以被接受的,因为问题都出现在越南或者卢旺达;而当阿桑奇(Julian Assange)成为通缉犯、杀人犯成为总统的时候,这种机制的粗暴和野蛮一面就表露无遗,甚至不再认为有掩饰自己的必要了。

这对当代人的影响到底有多深刻?我曾经在讲座上问在读大学生一个问题:假设你们是二战期间的德国人,你们的父母是纳粹军官,你们从小受到反犹教育的影响,那么当你看到邻居家的地下室藏着一家犹太人的时候,你觉得自己会不会举报这家人?一些学生回答会,一些回答不会。我又问他们:你们觉得自己举报他们的行为是否是正当的,竟依然有学生回答"是正当的"。我问他们为什么,他们说,这就像发现隔壁有人在吸毒或者是邪教组织成员一样,如果大家都认为这是错误的,那么举报就是正当的。这令我震惊,也让我发现了其中的逻辑前提:他们认为如果犹太人被规定为是"错误"的,那么就可以忽略"犹太人"与吸毒者或者邪教成员的区别。他们甚至没有想过自己为什么会将犹太人与违法者类比,而不将他们与像自己一样无辜的普通人类比。有读者可能会觉得这样的学生实在太糟糕了,但这显然不是学校里的历史或者道德教育的结果,也不是缺乏任何知识的结果,而是整个反智机制的结果,每个人都可能在某些时候变得和他们一样。

这一切都为机械论在思想领域的发展提供了温床。科学本身的发展是严谨的,它不会像思想领域那样诞生一个反智的体系,但是当它被思想领域所利用的时候,却可能造成反人性的结果。例如从真正的科学角度来说,人类从未明白自身的大脑与身体究竟如何运作,又如何产生各种记忆与情感(这在下一章还会详细讨论)。这看上去是不可接受的,于是心理学家和人体学家总是假装自己已经掌握了人的思考与身体运作的规律。归根结底,得出这些结论的逻辑并非是严谨的实验科学逻辑,而是跟柏拉图认为"理想国"中必须有奴隶且不能有艺术如出一辙:以虚假的"理性"为借口来打压一切质疑。当这些打压是以"科学"为名的时候,那些指出谬误的人则很容易被看作"缺乏理性"。在这样的机械论框架里,没有任何人类自发的言行可能是高尚的,因为任何美好的思考与行为的"本质"都仅仅是对所谓的"丛林法则"实践的装点,就像孔雀的羽毛仅仅是为了交配,于是人就失去了基本的思考与想象的权利。

机械论对人性的描述,与资本主义所喜爱的实用性,两者结合之后,就触发了最热门的科研对象,也就是"人工智能"的发展。人们会有一种错误的印象:人工智能可以带领人类迎接未来。实际上,首先,人工智能无论发展成什么样,都并非人类基础科学的发展。它仅仅是一种实用技术,它不仅没有促进科学的真正发展,也没有拓宽人类看待世界和自我的方式,反而带来了极大的资源浪费。它对人类文明以及精神生活的威胁也是与生俱来的。一方面,如果一个人认为人工智能能够产生和人类完全一致的心智与情感,那么就已经接受了机械论:只有机械论才认为人的一切心智活动都可以通过机械解构的模拟而产生。那么人文主义的根基就不复存在了。当好事者受到一些科幻创作的鼓动,动辄去想象一个机器人具备人的情感,并因此陷入道德悖论的时候,实际上已经低估了人的心智的复杂性。另一方面,如果一个人对人的心性、理智与情感都感到自信,认为人工智能不可能具备人的心智,也不可能独立思考甚至取代人性的时候,又低估了机械化思维体系的力量和破坏力——人类所有的自相残杀或者愚蠢决定往往不是因为利用了自身心智的复杂性,而是用各种反智工具将自身降智到机械层面之后的结果。

人工智能理论本身已经直接体现了降智体系的结果:它让无数人在毫无证据的情况下就以科学的名义,将人看作机械结构的结果。机械性的智能体系并非需要约束,它们就是终极的约束本身。它会令人类改变对自身的看法,并认为奴役和被奴役就是理所当然的。而有关人工智能安全的讨论更像一种自我讽刺:在想办法让机器保持安全之前,人类甚至从来都没有找到过让自己的心智"安全"的方法——连奥林匹克运动会的裁判都愈发不可信任了。

可是,人工智能却因此刚好迎合了资本对"流通"和"胜利"的追逐,以及对人类心智的排斥。基于人工智能的各类乌托邦想象成为最新的资本流动方向。资本攀附于一个新的愿景:一个人工智能的乌托邦即将实现,而一个人必须努力在新的结构中处于"胜利者"的位置,否则就将成为奴隶。这新的未来愿景,同时激发了人的欲望与恐惧,并通过畅销书不断传播,进一步把人性和自然当中那些真正重要的东西变成了随时可以被利用、被消费和被抹除的对象。这并非任何人的意愿——无论它是真实的意愿还是虚假的——而是资本自身所发现的必然趋势。这个资本的愿景越是显得"理性""必然"且"触手可及",就越是显得荒谬且愚昧,因为愚昧正是资本最大的动力。

不过,可以肯定的是,无论人工智能的技术和规划是什么样,这个愿景都必然是不可能实现的,因为资本虽然需要"胜利",但它从来都不是为了真的实现任何胜利,或者实现任何愿景而存在的。资本不会带来任何未来,它只为了自己的繁衍而存在,是乌合之众的最终归属。它是那个只被欲望和恐惧所支配的乌托邦,是那个虚构却又真实的、只有

"丛林法则"的、失去了一切自然的美好部分的绝望森林,所以它必然会终结自己。

当经验主义哲学所催生的开放变成了思想懒惰的借口,人性变成了资本统治的突破口,而科学精神变成了反人性的机械论时,形而上学所包含的对进步的信念、对正义和崇高的追求以及与之联系的拯救精神,就变得令人怀念了。如今仍然有许多的思想者,希望用形而上学的逻辑找到一套完美的法律和道德规范,憧憬一种完美的思想和社会体系。然而完美是不存在的,任何假装完美的强制体系最终都会带来最可怕的结果,就像形而上学本身。即便如此,它那对完美的追求依然是令人怀念的——这简直就是它"自圆其说"特点的终极体现。除此以外,它还可以奢望启动一次新的循环,重新规训当代社会,并在遥远的未来带来同样的结果,并再次令人怀念。而启动新循环的代价,首先是抛弃一切现代世界的成就,回到蒙昧时代,甚至否定生命的价值本身——有些以形而上体系的思想为指导的恐怖分子就是这么想的。

人性的悲剧一直在上演,思想和文化的传播过程往往成为人性的利用者,而非人性的改善者。纵观人类的发展历程,每个时代都显得比过去更加不可救药。无论是被杀害的耶稣本人、莫名其妙成为圣人的孔子,还是中世纪被烧死的女巫,他们被排斥的原因并非触及了任何人的利益,而是成为人性维护自身合理性的图腾:当图腾作为超然之物被排斥在外,那么排斥这个图腾的群体内的成员就不再需要作出任何超然的改变了。人类崇拜偶像并不是因为希望自己成为偶像,而是有了偶像之后,自己就不需要成为偶像了。直到今天,人类的许多进步都包含了一个更加深刻的动机:为自身的肮脏与恶劣寻找理由。于是,人类社会永远会诞生超越过去的肮脏与恶劣的思想与行为。再一次地,这并非道德教化的欠缺,道德教化本身也是这一过程的参与者。

从更深的层面来看,这些已知且显而易见的结果暗示了现代主义的一种结构性的失败：这种失败不在于它所建立的价值观，而在于它的价值观所衍生的谎言。人的自由、平等和尊严，人对幸福以及更深刻的心智水平的追求，人对自然世界和宇宙的好奇，对同类及万物的情感与共情，这些价值是毫无疑问的。可是，现代世界又有四个最重要且卑鄙的谎言，通过思想体系的演变，与这些美好的价值观如影随形：首先是关于"理性"的形而上地位以及绝对正确性的谎言，其中又衍生出"思想"或者说"哲学"必然是一门独立学科的谎言；其次是"西方"与"东方"的对立以及"西方"的天然优越性和中心论的谎言；第三是"男性"优于"女性"，男性在社会中理应占据主导地位的谎言；最后则是实验科学理论的滥用所造就的诸多谎言，包括且不限于心理学、人工智能等领域。

揭露这些谎言的研究和著作实在已经很多，它们往往是被忽视的，因为它们揭开的是过于深刻的伤疤、过于重大的创伤以及人类精神生活深处那些深入骨髓的疾病。它们让人重新意识到自己的卑鄙和愚蠢，而人们往往拒绝这么做。比如，听听真正的艺术史家如何谈论毕加索吧，他真是个虚伪且自大的骗子呢。仅此一点，这几乎与今天所有人的切身利益都无关的一点，又能有多少人接受呢？

黎明之前总是漆黑无光，而黎明就在那里，太阳总是会升起。人作为"万物之灵长"，并非因为具备了思考能力而优越，而是需要用思考来将自己重新融入自然。人类思想的脉络需要被重新审视，现有文化的概念系统需要被修改，语言的发展本身需要病理式的分析，人的交流和思考习惯需要改变。在这个过程中，这是让人类重新具备思想和智慧的唯一道路。这是一条几乎不可能的道路，它一直在被一部分人践行了几千年，一直被攻击和消灭，只是还从未消亡过。人类的幸福和尊严一直仰赖着这一不可能的部分，而不是容易到连愚昧都能攀附的部分。

13

新思想的黎明

——人类的智慧时代才刚刚到来

    正如上一章最后所说,我并不打算提供什么解决办法,因为放眼人类世界的智者,他们已经指出过所有问题,并给出了所有的解决办法,他们的声音只是被埋没了。思想与智慧也需要实践,也就是以逻辑的一致性为前提的知行合一。重新发现那些声音也是一种实践。当一个时代充满智慧活力的时候,人的心性就更容易被彰显,人就更愿意分享,真实与善良就更容易被传播;当一个时代失去活力的时候,这种心性就会萎缩,人就更容易只关注身边人,或者自己。当人们赞美古希腊的时候,更多的时候赞美的并非自己所确定的某种哲学,而是那种充满智慧活力的图景,并本能地希望它能够延续下去。正因为如此,即便人类的世界如此糟糕,美好的事物也从未断绝。实际上,一切肮脏与恶劣并非可以独立存在的,它们都仅仅是人与自然的美好心性的依附者。简单来说,新的思想一直在诞生,但人如果只是期待一个外在的答案,那么终究什么也无法得到。真正需要诞生的,是被自己重新发现的每一个人。人类如果不想仅仅成为在地球上自生自灭的无关紧要的物种,而是真正成为茫茫宇宙的一员,就不能被自身所奴役,而是要超越群体性的自己,去发现地球赋予自己的真正独特之处。这些独特之处体现在一切美好的事物里。至于何为美好,这是一个最为简单的基础直觉,却也是需要最大量的心智历练才能发现的。

从 19 世纪开始,真正历练人的心智的并非虚伪的哲学体系,而是前沿科学。但前沿科学在二战后的发展步履维艰,因为它也必须接受资本主义的检验,不具备投资价值的科研就很难继续——资本不负责想象与选择,只攀附那些板上钉钉的利益。20 世纪以来,人类在前沿物理学领域所有划时代的发现都是在二战前完成的。爱因斯坦(Albert Einstein)用十年时间发现了从光电效应到广义相对论,之后又在 1916 年左右作出了有关黑洞和引力波的预言。而引力波的发现是在 2017 年。量子纠缠理论出现于 1935 年,而 2022 年的诺贝尔物理学奖依然与对这一理论的验证有关。从基础来说,今天一位高中的数学天才更愿意报考金融专业,因为其收入往往比科研事业高出很多。在这期间,量子力学必须迎合新的“理性”体系才能被传播,于是它完成了自己的庸俗化:不仅成为科幻创作里的万能理论——细心的读者会发现近几十年来科幻小说作者的想象力和创造力明显不断下降——还顺应了新的“理性”的需要,以荒谬的方式,变成了迷信的神话,例如“量子阅读”。

现在,我必须暂且放下对社会现象与思潮的担忧,或者乐观地将它们看作人类文明蹒跚前行期间的必然低谷,才可以认真地思索,当代文明的成就究竟帮助人对这个世界建立了哪些新的认识。思想家们显然已经对这个问题失去了发言权,从相对论的时代开始,甚至从牛顿的时代开始,就一直是那些践行自然哲学的物理学家——而非那些以狭隘的科学主义为大旗的思想家、人类学家或者心理学家——在刷新人类对世界的认知。这并非思想的失效,而是任何能够与当代世界匹配的思想形态,都已经超越了传统的哲学框架,而哲学家们对此的反应是滞后的。如今,物理学几乎独自担负起挑战人类智识之极限的任务,即把"描述整个现象世界"作为一种实践,而这个实践必将以前所未有的、清晰而可信的——但不一定是最智慧的——方式,触及"自我与世界之关系"的最基础部分。本章内容会涉及一些数学和物理问题,如果读起来吃力,别忘了它们是需要且可以被了解的。

根据相对论的描述,"时空"是描绘物质运动的尺度。时间和空间不再是单独存在的两个维度,而是一个整体。这个整体既不能独立于物质而存在,也不能先于物质而存在,它也无法事先规定物质在其中的运动方式。它由不同物质的能量、动量、张量——简单来说就是物质在宇宙中的存在方式——所规定,而物质的运动则跟随它自己对时空作出的这一规定。每个物体有各自独立的时空尺度,也就是"世界线",这个尺度并不被其他物体所共享。每个物体都处在各自的孤独当中,再没有经典的时间与空间可供依赖。当两个物体相遇的时候,它们彼此的相对运动仅由各自的时空尺度共同决定。相对论所提出的维度问题,让物理规则超越了人的经验常识,所以它至今仍然与普遍的直觉相悖。时空这一维度无法被观察,也无法被直接观测,但它衍生的结论可以在被观测到的现象中得到验证。那么,"时空"究竟是一种经典范畴的物理实在,还是一种人为规定的计算现象的方式? 这个问题至今也无法被确定,但相对论作为一种至今未被完全证明的假设,表现出数学与现象之间的典范关系,即由数学提出某种理解现象的模型,这一模型作为一种暂定的物理规则,可以对未知的现象进行预测,而针对这些预测的观测,则可以进一步验证模型与现象之间的吻合性。一个不够完整的模型,例如牛顿定律,只能描述局部的物理现象;而相对论作为更为完整的模型,则可以描述包含了这一局部的更广阔的部分。物理学家们所追求的,则是一种可以完整描述全局的规则。在这种情况下,当一种"规则"可以描述一切现象的时候,它也就等同于人"看见"了一个作为全局的"现象"本身。

　　由相对论的"维度"所启发的计算方式,在后来又发展为逐渐流行起来的弦理论。弦理论仅仅是一种猜想,因为它所提出的更多维度不再是"时空"模型那样的物理规则,而是更接近纯粹的数学模型,因此它无法预测进一步的现象(至少到目前为止的发现是如此)。简单来说,这就像数学家可以很容易地将现象中的某个真实结构看作二维的平面,同时将其看作更复杂的三维球体甚至四维或更高维的几何体的一部分,这仅取决于计算所用的模型,其结果不会有差别。如果将这种数学模型层面的"维度"误解为物理实在,则很容易诞生各种新奇的科幻设定,例如全息宇宙等等。这或许是它受欢迎的原因。人们似乎对类似"平行宇宙"或"整个宇宙是一个虚构"这样的假设有某种"审判日"式的期待。但这些建立在误解上的想象,即便在想象的层面,也难能超越宇宙本身所具有的复杂性。另一方面,相对论所揭示的,宇宙中的物质所必然具备的、基础层面的孤独感,也在《接触》(Contact)这样的科幻作品里得到展现[其原著作者是美国天文学家、天体物理学家、宇宙学家、科幻作家卡尔·萨根(Carl Edward Sagan)]。

　　不难看出,弦理论描述物理世界的逻辑方法,而非其基本世界观;强调数学模型的完整性,这种模型可以概括——而非描述——现象。这更接近形而上学的原则。另一方面,相对论与形而上学之间的距离又体现在哪里呢?如果说爱因斯坦发现,物质在时空中的运动轨迹是由其自身决定的,这似乎能让自由意志的赞同者们感到鼓舞;但这些轨迹所共同遵守的物理规则,依然受到数学的约束。同时,数学则往往被认为是超然于现象的、永恒结构的代表。从这一点来说,从伽利略或者牛顿开始,物理学家们虽然无法求证,在绝大多数时间里也未尝试去直接谈论,但也从未拒绝一个假设,即某种终极的、可以称之为"真理"的、建立在数学之上的、与人无关的、规定全局现象的"客观规则",或许是存在的。

　　物理学通常只描述"如何"，而不描述"为何"，但问题涉及"真理"的时候，"为何"的问题依然无法回避。"客观规则"所涉及的问题，包含了"宇宙为何如此运行"的问题。简单来说，这可以理解为：一切物理中的基础常数，比如引力常数、质子质量、精细结构常数等，为何会是"那个"数值的问题。人和宇宙的关系在此时就必须被严肃对待。"人择原理"就是这样的典型。这一理论认为，宇宙是有很多可能性的，理论上也可以有很多个宇宙存在，但只有"这个"宇宙适合人以及人的意识，所以人能观察到的宇宙，也就必然由这些常数所描述。在谨慎使用这个假设的情况下，"这个"宇宙有人的存在是一种美丽的巧合，而且，人以及人的意识或许不是这种巧合的唯一表现形式。也就是说，外星生命是可能存在的，但只要身居同一宇宙，就一定与人类是相当程度上的"同类"，并且是有办法沟通的（这一点在下文还会提及）。同时，我们承认"其他"宇宙中的生命或意识的形态是无法被这个宇宙的物理规则所描述的。这样一来，我们在"这个"宇宙里能发现的物理规则就成为"这个"宇宙的专属。那么这个宇宙的全局现象就变得与人及其同类息息相关，而绝对意义上的"客观规则"就提升了其范畴，它只在"这个"宇宙之外的其他宇宙也存在，并且可以被涵盖在同一规则的情况下才成立［题外话：这里的"范畴"也可以用维度的逻辑来解释——在数学意义上，共享同一个终极"客观规则"的宇宙，组成了一个更高维度的集合；而这暗示了其他不同的"客观规则"的存在，这些存在再次组成一个更高的维度，直到所有"可能性的集合"以及"可能之外的可能性的集合"都被包含在终极的维度里，而那个维度又可以被看作一个点。这就是所谓的十维宇宙论的简单推理（它仅仅是一种逻辑训练，与物理研究无关）］。

　　真正重要的是，"人择原理"假设，在我们"这个"宇宙里，人能发现的所有物理规则都不可能是"客观的",而是通过与人的相互"判定"而存在的。这一理论首先反对进化论,因为人的意识不再是自然规律的演算结果,而是一种发生在意识和宇宙之间的、整体的、全局的(也可以称为严格意义上的直觉性的)、非算法的、"相互判定"的结果。这个说法显然需要进一步的解释,它首先涉及对数学逻辑和算法的讨论。

一个基础问题是:算法逻辑是否可以解决一切问题? 如果是的话,整个宇宙就有可能是由算法所形成的。这个问题并不新颖,有关"图灵机"的讨论已经得出了结论。大卫·希尔伯特(David Hilbert)在 1928 年完整提出了一个假设,即数学算法存在某种一般性的机械步骤,用这个步骤可以解决所有数学问题,并进一步通过计算步骤得出对"真理"的认知。这个假设也影响了许多哲学家,促使他们寻求一种稳固且普适的形式逻辑的存在。图灵机不仅是对这一问题的讨论过程,也是现代电脑的起源。图灵机面临一个终极问题,即如果它的运算能力和范畴是无限的,其时间也是无限的,那么它是否能得出任何数学问题的答案。根据图灵机的自动化特性,这个问题会进一步变成一个看起来更直接的问题:当它得出了有关某些问题的答案的时候,是否可以自动停机。也就是说,它是否能够"判断"答案的出现。回答这一问题的是哥德尔定理以及罗杰·彭罗斯(Roger Penrose)的相关论述[1],他们证明了图灵机无法自动停机。这意味着一个自动化的运算系统无法获得自动生成的判断力,除非其答案已经被预设了。简单来说,一个算法的自动进行无法获得源于自身的判断。如果一个自动的算法系统连纯数学的答案都无法保证,那么要将一切现象归纳为数学并进行计算,就更无从谈起了。

---

[1] 罗杰·彭罗斯. 皇帝的新脑. 许明贤,吴忠超,译. 湖南科学技术出版社,2021 年,1-2 章.

这也触及了有关人工智能的一个基本问题,即一个人工智能系统在理论上可以处理无限复杂的信息,但它的判断依旧依赖预先的外力设定,也就是人的意识。人工智能的支持者唯一能够反驳这一论证的方式是:否认一切判断事先存在的必要。也就是说,一个自动算法无需自行规定、选择或创造任何现象,但可以依赖理论上无限的运算量和时间来获得对一切现象的呈现能力,宇宙也是这种现象之一。那么,是否任何现象都可以通过算法来呈现,即使不被其所判定呢? 这个问题也涉及人的意识:人脑和意识是否像计算机那样,是由算法呈现的? 如果是这样,那么人脑也就是在用算法的方式呈现其所能呈现的一切现象,或者说,在人这个生物的有限范围内进行所有行动。对此,彭罗斯也根据哥德尔定理给出了严谨的答案:即数学结构本身也并非完全是“可计算的”[1]。数学中存在可以被定义的但又是抽象化的、“不可计算”的部分。相关证明有着复杂的步骤,在此我只对其结果进行最简明(易懂的、但可能不再具备严格意义上的数学严谨性)的描述,即数学中不可计算的部分无法由形式化的运算所推演,它必须依赖脱离算法的、对全局的直觉判断。这种判断必须先于运算过程而诞生,它由人的意识以非形式逻辑的方式直接“判定”其存在,然后才可以由为“验证”此存在而设定的算法所确认。这就在逻辑上反驳了一切现象都可以由算法呈现的理论。

这种判断的存在有一个前提,即它是不受算法的步骤顺序所限制的,那么理论上说,它也就不受时间的限制。从顺序的角度来看,它常常令“结果”出现在“原因”之前。这也是它被称作“全局式”的部分。在自然界,准晶体或者著名的“彭罗斯瓷砖”的形态,就是这种全局结构的演示:它们无法由递归式的排列方法所构成,而是必须在“一开始”就要

---

[1] 同 p250 注 1。

　　　　　　　　　　　　　　　新思想的黎明

预先"规定"其全貌。

这个脱离了算法逻辑的判定部分,作为各种或简单或复杂的、自明的现象系统,甚至才是数学的主要部分,更是自然界的基本面貌。这是一种数学与别的现象所分享的品格(这一点在后面还会详细讨论)。对于算法来说,这些部分并非"复杂的",而是"不可触及"的,即便其具备无限的运算能力和时间,也永远无法呈现在人看来是如此自然的景象。意识所具备的,这种非算法的判断力,是其不可被任何算法结构所取代的基础,也可以被视作对人的想象力、情感或者意志的最"物理"的描述方式。由此,现象才必须经由人的发现而存在,这与海德格尔所说的"现象"或者陆九渊所说的"心"在大体上是一致的。这一发现从数学的基础层面支持了"人择原理",也从理论物理的层面对"意识"进行了一种描述,即能够对现象进行自发判断的全局结构。

这种判断往往体现为"美感"。狄拉克(P. A. M. Dirac)就曾说,他对描述电子的"狄拉克方程"的发现,就是通过自己"敏锐的审美"[1]。这里的"审美"也可以替换为他对不可计算的部分的"发现",或者说他在验证之前,就先"看见"那个方程的一瞬间的感受。这样的例子并不少,如果爱因斯坦没有"看到"光速不变以及"时空"所蕴藏的自然且自明的美妙之处,也不会依据这一假设去展开论证。数学的"美感"是一种被广为讨论的东西,它伴随着那些必须被人所看见的、不可计算的部分。为何诸如欧拉公式这样的东西,会被认为是"美"的? 当我们的思绪走得很远时,需要注意一些更基本的问题,比如这里的"不可计算"当然也包含了语言符号和文字系统的失效。正如叔本华所说,当一种美感被语言描述出来的时候,它就已经"死"了。为什么呢? 和算法一样,语言并不能取代直觉的判断,它顶多只是在描述——或者论证——时

_____

[1] 同 p250 注 1,p530。

派上用场。但是，就像用算法去论证一个已经被看见的答案时那样，论证的过程本身就已经掩盖了那瞬间判定的不可取代的特质，并且表现得好像是这论证才允许了美的存在似的。叔本华为何能看见这种"死亡"？因为一个和狄拉克一样拥有"敏锐的美感"的人，对丑陋的东西也同样敏锐。

或许"审美"这一行为本身就可以被描述为：人自身所具备的判断力，与必须被意识所判定的现象之间，发生了非算法的、直觉化的联系。人所判断——而非推论——为"自然"或"自明"的现象，就是"美"本身。更简明却或许更加深刻的例子是，为何一棵树是美的？因为它首先"自然地"被人作为一棵树被判定，而不是作为山或土壤的组成部分所判定；同样地，一棵树上的"叶子"也会被单独判定，它区别于"枝干"，这同样是自明且美丽的。物理现象和数学结构同样需要这样的判定，它或许就是"美"的起源。"美"似乎源于宇宙中的现象与人的意识之间的呼应，以及人对这种呼应的感知本身。似乎无论物理现象，还是数学，都具备一种类似"面孔"或者"表情"的东西，而人懂得如何去理解它们。"审美"由此不再是一种"无用"的精神生活，它是数学以及其他现象向意识展现其自身的必要过程。

在此，我们还必须考虑另一位物理学家费曼的意见。在一次有关宇称不守恒定律的讲座中，他描述过人与可能存在的外星人沟通的方式。这种方式就是数学。他说，首先用数字符号和一些基本运算建立起 0—9 的概念，再用数学描述地球世界的基本物理性质和化学构成，就可以介绍不同物质和生物的特征，由此再经过基础逻辑和现象的对应，形成一套通用的语言系统。[1] 那么首先，这个意见支持了"人择原理"的假设，它也认为人和外星人是拥有相同数学系统且对物理现象有

---

[1] 见《费曼物理学讲义》相关视频。

着相同感知的"同类"。这样的同类必然居住在同一宇宙内,分享同样的物理定律,并且即便他们的思维逻辑不同,也都可以接受同样的数学结构。

那么严格来说,"人择原理"并非强调"人"本身的不可取代性,而是"人及其同类"。这里的"同类"可以理解为可相互翻译的、意识层面的存在。如果说"人择原理"将意识作为一种"原因",那么这个"原因"就出现在人或者地球或者任何同类产生之后。这就是为何物理学家将意识看作一种全局的产物而非局部演化的结果。所谓"全局的产物",简单来说,就是人的意识与宇宙中一切现象之间的关系,并不是树下的人和一棵树的关系,而是树枝和树根之间的关系。人的意识并不是在宇宙之外,凭借某种超越性的"理性"来理解宇宙,而是宇宙的一部分。两者虽然有出现顺序上的差别,但又是互为因果的:就像一棵树的枝叶的面貌并非是由根部的面貌决定的,而是树的基因在一开始就同时决定了树的枝叶和根部的面貌。甚至说,人的意识可能还位于树根的位置。如果能以物理理论的方式,具体解释意识与宇宙之间的这种全局关系究竟是怎样的,那么在某种程度上,一种假设就可以被证明:不仅仅是人能够通过"意识"去"看见"宇宙,同时,"意识"也是被宇宙所"看见"的,它就"在"那里。于是意识和其所处的宇宙之间,就不存在任何超越性的"客观规则",而是互为判定对象的。

既然从直觉上看,意识的产生是宇宙的全局结构,那么要论证这个猜测,量子力学就是最好的切入点,因为其"非定域性"(例如两个相隔很远的量子之间可以传递信息而不经过任何时间)的结构具备了全局特点。作为少数将"意识"作为物理学研究对象的人,罗杰·彭罗斯就在量子的层面进行了进一步说明。他首先在 1989 年发表了《皇帝的新脑》(*The Emperor's New Mind*),然后分别在 1994 年和 1997 年发表了《意识的影子》(*Shadows of the Mind*)和《大、小以及人的意识》(*The*

Large , the Small and the Human Mind)以及许多相关论文。另外,在2014 年,他与斯图尔特·汉默罗夫(Stuart Hameroff)在日本国家材料科学所(National Institute of Material Science)进行了有关实验,也部分验证了自己的理论。他所讨论的"意识"一词,在我看来是一个更接近"mind"而非"conscious"的概念,相当于本书前面章节所用的"心智"一词;之所以在本章译作"意识",是沿用中文版翻译的缘故。而且,在这个问题上,词汇原本就不重要。本章的写作相当程度上是受他的研究所启发。

虽然至今有许多针对人类意识的严肃研究,但其绝大多数都停留在经典的层面,而且理所当然地,也都还在猜测的阶段。神经领域的研究似乎较为乐观,至少取得了一些关于人脑活动之特征的进展,看上去最接近对经典的物理实在[1]的分析。但是,这些研究都是局部且定域的。最典型的如"祖母细胞假设",就是分析人脑的哪些细胞会对特定的信息产生反应;对"盲视"现象的研究,则是提出视皮质之外的另一些头脑区域参与了处理视觉信息的过程。所有这些局部研究,即便没有抱此假设,也在相当程度上支撑了一种逻辑,即人的意识是由人脑的不同区域或组织的活动所构成。这意味着人的意识是与人脑,这个经典意义上的物理实在,一一对应的——这在逻辑前提层面就已经将人脑当成了电脑对待。那么它也就意味着,在经典的层面,或者说在神经学或者更广泛的生物学层面,只要对人脑进行了彻底的剖析,并进行了足够多的实验与数据收集,就能够掌握人的意识与大脑之间的准确"对应"。更狭隘的观点认为,人的意识无非是一种由大脑所产生的电子信号。那么对大脑结构及其信号的"对应"的掌握,就如同研究一台计算

---

[1] 所谓"经典的物理实在",就是被经典物理学判断为"客观存在"的各种研究对象,比如一种物质,或者一种现象及其规律,它们都是不受意识影响的。——作者注

机一样,它不仅包含了对意识如何在人脑中存在的掌握,还包含了对意识内容的干预,甚至可以预判、控制,还有存储和转移。

很显然,这些假想都是建立在预设了结论的局部现象上的。它们并没有论证"意识"究竟是什么,甚至没有给出任何明确的假设,但它们给人一种假象,即这些实验的内容已经在研究"意识"这个整体了。实际上无论从理论物理的角度,还是从思想的角度,"意识"甚至都还无法获得一个准确的定义。当我们使用"智力""心智""感知""情感""想象""潜意识"这些词汇的时候,都只能从常识的角度去确立一个大概的范围。这也是为何作为目前人类认知世界最前沿的群体——理论物理学家们——更愿意回避这个问题。"人是如何具备意识的",也拥有了"困难问题"这个特定的名称。

量子力学的发展则为自我与世界的关系打开了新的大门。首先,与很多科普作者所鼓吹的不同,人的观察或者人的意识,都不会影响量子层面的测量结果,影响测量结果的是测量手段本身。简单来说,就是一个由波函数所描述的、处于"叠加态"的量子,在被测量手段干预后,其波函数会坍缩,导致其呈现为一个与测量手段相呼应的结果。"测量"是物理层面的,它并不是说一个人用眼睛观察或者用五官感觉,而是用物理工具获得可用数学描述的现象。测量手段对结果的影响,并非像是从事实场景的层面,去理解"一个人看花的时候花就开了"这样的思想,它远没有这么荒谬;它更像是"一个人如果戴上蓝色镜片,看到的世界就都会偏蓝"或者"人因为视觉结构的原因,看到的色彩与很多动物看到的不同"。量子力学对经典物理,或者说对现代世界的基础世界观的真正挑战,在于人能否获得任何独立于人的"测量"或"理解"——而非感知或想象的、世界运转的"客观规则";或者说,那个被称之为"真理"的客观规则是否存在。这个挑战刚好与前文所述的全局关系相对应。

因为这个挑战的存在，即便对彭罗斯这样的物理学家来说，从量子层面对意识所进行的研究，也并不像前文与哥德尔定理有关的内容那样可靠，因为"可靠"本身就是量子力学所挑战的部分。考虑到我对量子体系也所知不多，在这里仅能作为一个门外汉，介绍其理论的大概面貌。彭罗斯认为意识并非传统理论所认为的神经元之间的信号传递，而是发生在神经元内部的量子层面，由某种被称为"微管"（microtubules）的结构主导。他在描述中导入了"量子引力"问题。另外他并不是按照传统的方法，将量子理论导入相对论的框架，而是反过来，将相对论导入了量子理论。由此，他提出了一个非常大胆的假设，即薛定谔的波函数描述的并非概率，而是真实的量子波动行为。那么进一步地，波函数的坍缩是由量子间的某种可以描述为类似引力的效应减小到一定量后，必然出现的、"客观"的、自发的行为，是与测量过程无关的。这一理论可以进一步导出，神经元的运作不仅是全局的，而且是可塑的，它体现为基于波函数演变的非算法特征。

总的来说，这一理论将意识描述为一种"客观"的物理现象的一部分。它与意识"之外"的物理现象有着协调的整体性，这也是彭罗斯将其命名为"和谐的客观坍缩"（Orchestrated Objective Reduction）的缘由。这一理论也回答了一些常见的猜想，例如量子态是无法在不改变自身状态的情况下被复制的，这就意味着，人的意识不能被"复制"或"存储"，它并非一种独立于物理实在的信息模式，而是一种物理实在。另外，既然谈到量子层面，也需要说明，即便是量子计算机，也仅仅是提供了基于量子特性的算法，而无法提供非算法的判断能力。更重要的是，由于意识在此具备的物理性的非算法结构，使其具备了某种"主动"形成判断的能力。这也就与前文所说的意识和宇宙之间的相互判定达成了一致。对全局来说，意识是量子层面的规则所"自然"生成的一种判定，它的过程是可塑的，但其对"美"的判定又是被"全局"——或者说其自身——所一致限定的。这也就解释了自由意志和"客观"真实之间相互支持的关系。

这个理论还体现出很强的决定论色彩。它所提供的波函数与相对论之间的关系，隐含着一个前提，即"时空"与波函数所描述的量子波动，都是可以从经典层面去理解的物理实在。它们虽然可以作为现象被观测，但并不依赖这种观测。由此，这一理论还能推导出一个令人眩晕的假设：在相当的程度上，时空是"实在"且"静态"的，而时间的流动只是意识对宇宙的判定方式。如此一来，时间箭头和熵理论也都仅仅体现了意识判定的局限性。或者说，宇宙本身超越了意识所判定的现象，它本身虽然判定了意识，同时却以某种高于现象的、独立于意识的方式存在着。

仔细想来，这个结论甚至突然间又将意识和宇宙间的相互判定变得有些多余，因为这样的宇宙更像是在遵守着某种自身的"客观规则"，而意识仅仅是在与自己所能发现的现象之间相互判定，它不像是宇宙的镜子，而像是宇宙的玩具。那么这个理论的"美感"虽然迷人但并不充分，其结构中似乎总有一些多余且容易混淆的部分，而且意识几乎变成了一种偶然的产物，它在全局层面的必要性似乎不复存在了。正如前文所说，人的判断源于先于验证的直觉，那么，尽管我对这个理论的最终设想不满意且显然毫无反驳的能力，但至少可以分析其直觉的起源。一定有某种关于更加绝对的"客观实在"的直觉，支撑着彭罗斯预先作出这一判定。果然，这位对我影响很大的物理学家，竟说自己是一位柏拉图主义者，而支撑他这一信念的依旧是数学。

前文已经谈过，数学作为一个整体，并没有站在"美"的对立面，而是用自身的非算法部分，以逻辑所能达到的最严谨的方式，证明了意识、判断或者想象力的独特性与必要性，同时在对比中凸显了语言的局促。数学与其说是一个逻辑系统，不如说是一种等待被意识和直觉去发现的自然形式。它自身就具备某种只能被意识所理解的、类似美感或品格的东西;或者说,就像别的自然物那样,数学需要作为一种现象被人所发现。与自然现象的区别在于,数学现象不再需要物理规则的解释,它本身是描述物理规则的基础。这又令它具备了"绝对"的一面。一个人的直觉如果被这一面所引导,就一定会将数学看作某种超越性的"真理"的化身。

彭罗斯的直觉便是被数学的超越性所引导的。为此,他专门用分型领域著名的芒德布罗集(Mandelbrot set)来描述数学的"柏拉图"特征。这个集表明,复数系统能够表述一个无限精细且超越算法的结构。它可以在人赋予电脑特定的指令之后,由电脑在无限长的时间内连续绘制。这个结构仅由复数系统自身的特点所决定,它本身也是非算法的,且必须依赖人的发现。不同之处在于,芒德布罗集的边缘范围是有限的,但又是可以在无限长的时间中无限延展的。同时,一个点是否处于它的集合之内,是无法被预先计算的。用数学的方式来说,这意味着芒德布罗集的补集是递归可数但非递归的(当"递归"的意义被沿用到复数领域的时候)。用简单一些的方式来说,它是一种可以被看见,可以被数学化的结构所描述,但无法被计算和预测,并在无限延长的时间中无限精细化的现象。据此,彭罗斯判断芒德布罗集为无论人是否在那里它都一直在那里。这也是复数系统本身对某种"根本而永恒的实在性"的体现。[1]

从传统"哲学"的角度来说,他的结论是很容易被推翻的:首先,柏拉图所说的"实在"并不需要这样非算法的复数系统来展现,反正一切数学都是那个"实在"的显现。在我看来,即便柏拉图对数学一无所知,也不会得出任何不同的结论;其次,即便将数学看作某种绝对的实在,

---

[1]同 p250 注 1,p125。

　　　　　　　　　　　　　　　　新思想的黎明

也不能证明柏拉图理论的正确,因为形而上学和经验主义都不否认数学在相当程度上的可靠性;真正重要的地方在于,是否把一切都看作某种数学式的理念结构的化身。从这个角度来说,彭罗斯从一开始就不是一位他自己所声称的柏拉图主义者,因为物理学家的行为本身就不是,也不可能是,从理念结构的层面去研究这个世界。并且,芒德布罗集的无限精细化是无法在有限的时间内被看见的,这似乎是它超越时间和现象的特点。但是,同样地,一根直线,或者任何一个规则的几何体,也是超越时间和现象的。数学的这种超越性是自明的,它本身并不能证明任何结论。

但我没必要这样咬文嚼字,因为很显然,彭罗斯仅仅是具备一种"柏拉图式"的直觉,所以他需要寻找一个特定的例子,以及一个明显的名字,来证明这个直觉的美感。在这个直觉里,一种超越一切意识的、绝对的客观规则,或者说理念层面的"实在",是存在的。因此,他的理论才会倾向于,经典层面的物理实在是"客观存在"的,人可以去理解这个实在,但人和人的意识仅仅是其现象的一部分,而非这个实在的一部分。这个信念距离经典物理更近,甚至可以说,这源于物理学家追求某种传统的"终极真理"的美德。这有什么好抱怨呢,就像一个经验主义哲学的实践者也往往对"正义"这样的形而上概念保有理想一样。那么就不难理解,他会判定量子力学的关键悖论仅仅是对这个实在的误解。看上去,开启了量子力学大门的哥本哈根学派的成员们一定会认为他太过保守;而爱因斯坦或许会站在他一边,因为爱因斯坦同样不喜欢量子力学本身的"掷骰子"特征。这或许正是彭罗斯在自己的量子引力的假设中,不仅对"时空"有着坚定的判断,还希望用相对论去"纠正"量子力学,而非用量子力学去"填补"相对论的原因。的确,在这个层面上,"直觉"所带来的预先判定,要比验证本身重要得多。看上去,彭罗斯的直觉所认定的"美"是很"保守"的。有趣的是,他得到的批评往往是因为其另一方面的"保守"，例如人工智能领域的马文·明斯基（Marvin Minsky）就说，他只是想证明，任何现有的科学理论都无法描述人的意识罢了。[1]对此我会反驳："但是他/彭罗斯拿了诺贝尔奖。"

无论如何，上述理论带来的启发是巨大的，如果忽略其对物理实在的直觉坚持，以及由此得出的最后假设，还可以得出一些演变后的不同理论。从数学的永恒性和现象性两个方面出发，我首先可以想象这样一个场景：即人及其同类身处的"这个"宇宙在某个时刻因为某种原因走到了尽头，而芒德布罗集依然因其不依赖任何物理规则的、"根本而永恒的实在性"，在其既有限又无限的结构里展开。那么，它能否被其他宇宙的某种类似意识的存在所理解？如果答案是肯定的，就意味着数学可以跨越不同宇宙的物理规则。在大部人看来，这是必然的答案，因为这也是其柏拉图式特征的表现。但这会导致一个问题：前面已经谈过，数学并非一个自动的算法结构，它具备一些必须由人的意识所判断和发现的美感与品格，芒德布罗集一直在那里，但它也必须被人所发现。那么，如果其他宇宙的某种意识也能发现这种品格的话，就意味着，其他宇宙的意识主体，在某种程度上也是人的同类了。如果是这样，就意味着其他宇宙的物理规则，也可以被"这个"宇宙的意识，通过数学的途径所发现。这个结论符合一些对人类命运的终极想象：人的延续不仅需要在宇宙中找到新的栖息地，还需要找到新的宇宙——且人是"能够"找到新的宇宙的。这从根本上依据一个柏拉图式的信念，即人的意识是由某种更基础的、跨越不同宇宙的永恒结构所照拂，这一结构体现为数学，并因此可以帮助人的意识在不同的宇宙间穿行。我们很容易想象，在这种穿行里，人的肉身或许需要改变，但人的意识会

---

[1] Marvin Minsky. Conscious Machines. Published in "Machinery of Consciousness", Proceedings, National Research Council of Canada, 75th Anniversary Symposium on Science in Society, June 1991.

　　　　　　　　　　　　　　　　　　　　　　　新思想的黎明

得到延续,因为这旅行本身就源于意识的设计。这实际上也在暗示,人是超越这个宇宙的存在。不仅进化论和人工智能被推翻了,连"人择原理"也不再成立了。人不再依赖与"这个"宇宙相互判断而存在,而是成为潜在的"神"的继承者。即便人做不到,"这个"宇宙里的人的同类们也总能做到。彭罗斯的理论所隐藏的最乐观的演变就是如此。

另一种情况,则是芒德布罗集不能被其他宇宙的意识所发现:它依然在"那里",在一个被已经不存在的人及其同类所知晓的永恒且根本之处,但是它再也无法被发现。一个永远无法被发现的存在,究竟是什么呢?最智慧的头脑也无法想象这种东西,因为只要想象,它就已经被发现,并存在于意识里了。实际上,当人类还在的时候,芒德布罗集就是这样存在的。在别的宇宙的意识并非同类、芒德布罗集不能被发现的情况下,它就更接近"这个"宇宙所独有的现象,它必须依赖与人的相互判断而存在。在这种假设下,数学不再是跨越宇宙的永恒的实体,而是"这个"宇宙的现象。这种假设可以解释前文的分析,即为何数学所具备的美感与"这个"宇宙中的其他现象具备原则上的一致性,以及为何数学虽然不具备物理实在性,却和其他物理现象一样,需要人的判断。但是,在这种情况下,数学就只能帮助人理解"这个"宇宙,而无法去认知其他宇宙了。但同时,在这种情况下,"这个"宇宙也不再具备决定性的特征,它与人及其同类之间是完全对等的判定关系,那么两者作为一个独立于任何外部规则的整体,可以相互描述,分享孤独,或者在最乐观的情况下,也可以对某种有关"外部"的奇迹报以假设。这两种假设构成了人的某种固有的悲剧性:如果人臣服于某种结构,则需要接受数学对命运的安排,并对永恒抱以想象;如果人追求那奇迹般的独特与自由,则可以把数学当作笔下的音符,与"这个"宇宙长歌相和,分享那几乎一定会消散于无处的漂流。

我还可以用更强的柏拉图直觉来推论:数学是一种超越"这个"宇

宙的永恒结构，而且，它与不同宇宙中的意识，有着截然不同的相互判断的方式。同时，人与其他宇宙中的意识主体也并非同类。那么，数学就存在于不同宇宙，且人无法想象其他宇宙中的数学是怎么样的。这样一来，对于"这个"宇宙来说，人所能发现的数学，包括芒德布罗集在内，都仅仅是一个永恒结构的现象化呈现。数学就既是现象（对"这个"宇宙来说），也是永恒结构了（对所有有意识的宇宙来说）。此时，即便人及其同类穷尽智慧，也无法想象别的宇宙中的数学是什么模样。在别的宇宙里，芒德布罗集是永远无法被发现的；但人也无法发现别的宇宙中的数学现象。这样一来，人就既被数学的永恒结构所统摄，也被局限在"这个"宇宙里，没有办法洞察别处的样子。这似乎与彭罗斯的假设更加接近？但我不相信他愿意如此无情。需要注意的是，必须在这种糟糕的情况下，物理研究才可能走向某种"终极"且"有限"的、再无更多想象的、由"更高处"降临的"真理"。这样看来，物理学还是不要以发现终极真理为目标的好。"真理"更像一个牢笼，而我宁愿漂流。

我在前文引用了彭罗斯的"奇迹"一词，这是他在《通向真实之路》(*The Road to Reality*)的最后所用的词语。这个词被他用来描述一些物理发现——例如狄拉克的相对论波动方程刚好适用于电子的自旋；波尔的角动量量子化与看似无关的氢原子光谱；以及一颗种子竟然能生长为一株植物，或者更直观的、蜜蜂的巢穴。一种由数学所描述的、全局且彻底的一致性，并非某种"神秘"的东西，而是"美"本身。这种"美"足以令我相信，意识或心智都并非人类所独有，即便在地球上，人也有许多"同类"。物理学家们总是在反思自己遗漏了什么，那么反思一下思想这个整体，我也有了一种直觉，即人与同类的差别，似乎就是语言。观察一下自然流转的方式，就会发现语言显然是多余的、阶段性的局部产物。语言没有让人类变得更"美"，而是相反。看看宇宙和自然的安静与协调就不难发现，拥有语言的人类是多么聒噪而自大。就像这本书所说的内容,它原本有一百种被理解的方式,却偏偏变成现在这个样子,要变成一本书。

有关这一点,从老子的《道德经》到维特根斯坦的《哲学调查》,从文学到视觉艺术,爱美之人几乎都达成了一致:语言是进一步判断力的阻碍。至于那些强调语言之伟大的人,看看他们对艺术有多么迟钝就明白了。乔姆斯基(Avram Noam Chomsky)曾经提出了一个很有趣的观点:语言的主要功能是思考而非交流,如果有谁质疑这一点,只需要稍微"想一下"就明白了。这么说来,语言真正阻碍的就并非是交流,而是思想了。同时,思想为何在传播过程中越来越愚蠢,似乎也找到了新的答案:是否因为语言阻碍了交流呢? 是否因为交流放大了思想本身的愚蠢之处,而这愚蠢之处是否就是语言本身呢? 有没有可能在某一天,人类终于不再需要语言了? 或许巴别塔的故事真正想说的,并非是人本来说着"同一种语言",而是人本来就不需要语言。要怎样才能做到这一点,这或许比量子力学还要令人头大,但摆脱语言之后,心智一定能体会到宇宙的不同之处。那时的物理发现,那时的世界,一定是另一番情景了。

从更近的一步来说,消除对立,消除以"东方"和"西方"这对概念为主导的认知世界的逻辑,重新发现中国思想体系中所具备的人性、理智、开放以及内省,还有人与自然的一体性,以及思想和实践的一体性,是一切的基础。我并不打算鼓吹中国文化,而是因为它所提供的并非仅仅是民族性或者国家性的东西,而是现代世界萌芽时最真切而可靠的生命力,是所有人类都可以分享的东西。简单来说,当人们首先学会不再用"东方"和"西方",而是用更加具体的名字和内容来讨论问题时,就迈出了第一步。尽管这看上去是遥遥无期的。

黎明后的世界并不是一个"东方"和"西方"谁将获胜的问题,也不是哪个国家或者哪个群体将会获胜的问题,它与任何"胜利"无关,而是意味着没有人再去追求这样的胜利。没有人再需要像古希腊人那样，把自己的舒适建立在对他人的奴役之上，也没有人再把自己的荣光建立在对他者的践踏之上。它意味着人类重新学会学习和思考，学会通过有强度的思考提升自己的心智，在此基础上理解基于人性而非立场的交流，并重新尊重生命和情感的常识。

　　思想者无需提供任何高深的思想和概念，因为所有必要的思想都已然具备了。他们只需要让更多人真正具备思考和沟通的能力，学习如何正视和修正人性的缺陷。思想者要致力于提升人的整体心智，使"理性"和"理智"都成为心智的促进者而非控制者，使任何利用心智缺陷的反智体系都失去存在的依托，使谎言得以显形。它不是对任何体系的设计，而是对自然的再次发现。在此基础上，如果人类的心智能够突破乌合之众的屏障，那么一切都会容易许多。

　　这一系列的实践如今看来简直像是不可能完成的，就像放眼石器时代的人类，看不到丝毫进步的迹象，似乎他们还是回山里做猴子更轻松一些。人类只是自然地生长着，就像一株宇宙里的植物，寻找着那足以令它诞生的光明。如何选择与实践是由每个人自己来决定的，这些选择并不以其目的和效果为考量，仅受到人的自我发现的程度的影响。人就是这个世界，是这个世界的镜子，也是这个世界的镜像，所以人并非一种，人的选择也不可能被统一。人也终究无法"战胜"自己，就像自然也无法战胜自己，它仅仅在以宇宙间最美好的形态存在着。人类终将消亡，但不是像现在这个样子——人类的智慧时代才刚刚开始。

后 记

　　回看书稿,虽觉得结尾还有未尽处,但任何道理都无法真的"想"明白,还要在事情中去理解。本书涉及的内容似乎有些多,读者刚读完时或许难以一下子觉得开朗,所以我在这里先梳理一下。

　　我首先以公元前后的古希腊和古罗马作为起点,分析了哲学在诞生时的内在逻辑。这并非"哲学史"式的内容梳理,而是还原古典哲学作为一种思想形态的基本运转方式。这也是本书后来在讲述不同的思想形态时贯彻始终的方法。为何从古希腊开始呢?因为古早的宇宙学提供了一个诗意的比喻,说从公元前后到现在,这过去的两千年是"双鱼时代"。而古希腊哲学刚好诞生在那个时代的开头,其独特魅力也是有目共睹的。

　　哲学不等于思想,哲学只是思想的形态之一。人类究竟是什么时候拥有了"思想"这样的东西,我们不得而知,但显然是比哲学更早的。思想,或者说系统化的思考的出现,一定伴随着人类早期确认自我身份的过程,也就是人认识到自己是人的时候。那是一个横冲直撞的过程,我们或许可以称之为"白羊时代"。这个过程又以更早、更基本的生存和安居,以及对物质之美的探寻为基础——在公元前 2600 年以前,人类就已经建造了看似不可能的金字塔和神庙。

　　古希腊的哲学常常带着独有的光环,我希望褪去这光环,让人看到它作为一种思想形态的特征，及其对后人基本逻辑和思考方式的影响。这些影响是以形而上的信念为基础的，在那个特定的时代，它展现出了巨大的生命力。那些思想，以及那个时代，都被某种不断膨胀的、被许多人所共享的思考方式所笼罩。精神、想象以及信念的力量似乎是无限的，于是延绵到后世。这力量有时又化为敏感的空想或自恋，或者莫名其妙的自我感动和自我原谅，于是沧桑与年轻并存、美丽与残酷并存。

在另一边，《周易》诞生于比哲学更早的时代。它始终将人视作自然的一部分，并保留着人刚刚从自然中醒悟时的直觉、果断和好奇心。然后，以它为代表的自然思想逐渐在春秋战国的动荡中发酵，展现出温柔的善感和锐利的判断。两者都源于对自然的依赖以及对人世的洞察。"感"也是《周易》的关键一卦，它开启了描述人、人性以及人与人之间的关系的篇章。年月、节气、古人、神话、风雨雷电、喜怒哀乐……都有了自己的面貌，终于在汉王朝定型。这远比那些攻城略地的英雄故事重要许多。

从现在往回看，形而上的逻辑（欧洲古典哲学）和经验的逻辑（自然思想），就像思想的动荡两端，共同主导了人类过去两千年的文明与思想。在公元 5—17 世纪这一千多年的时间里，中国时常处于人类文明的前沿；在公元 8 世纪以后，伊斯兰世界也加入其中，对人类文明作出了不可磨灭的贡献。于是，在这段时间里，自然思想奠定了现代文明的基本面貌。欧洲的启蒙运动在 17 世纪以后继承了过去的人类成果，主导了现代世界的发展。没有任何文明是独立发展的，没有任何文明没有融入过其他文明的内容，而且这融入时常是大规模的，甚至是基础性的。所以实际上，即便有很多看似确凿的名词作了界定，人世间也只有一个文明，那就是人类文明。

进入现代世界，形而上的逻辑改变了外貌，塑造了工业时代以来普遍的精神结构，其中有"正义"和"进步"，也有"霸权"和"他（她）者"。自然思想的善感部分则支撑起人类的尊严、自由、想象、意志、爱与美，以及与之有关的一切——尽管崩塌也时常发生。判断的部分让宇宙的样子发生了变化，在实验科学的指引下，人类看见了一幅前所未有的图景。

最近一些年，随着各种新现象的发生，又出现了一个流行的比喻，说人类进入了"末法时代"。这个说法并不准确，"法"无论是什么——宇宙的规律也好，人的思想也好，信仰也好，某种"道"或者"真理"也好，它都不会消失，只会改变面貌。的确，今天的人很难再分享任何个体经验以外的、笼罩式的思考方式。解构思潮早就预告了形而上逻辑的结束，只不过一种逻辑的结束带来的影响并非任何思潮可以概括的。当人失去了可供分享的思想，那种陌生感或许就像人刚从自然中醒悟时一样。当过去的思想不再适用，每个人都需要重新发现自己。这里的"每个人"不是人类在懵懂时期所理解的那个作为"人"的整体，也不是过去的哲学所描述的、理论化、对象化的，电脑屏幕里的"每个人"，而是真正的、此刻在世界上的每个人。

这本书用全新的视角谈论过去的思想，不是为了传授任何知识或观点。观看世界的视角是每个人认识自己的通道，梳理过去的思想则是一种观看世界的实践。既然是实践而非知识，也就无法被概括，所以书的内容还需要读者自己去读。它不是过去所谓的"思想领域"的"专业"工作，而是与每个人有关。每个人的思想都必须从自己的实践中绽放，阅读仅仅是实践的一种，这本书也只是世间无数种实践中的一粒沙。在拥有了许多经验以后，让我们再来看看，自己究竟是宇宙中何种奇妙的造化。

最后，我想在这里感谢余亭先生，他对文化事业的无私热爱与贡献，让我坚定了做有益之事的决心。我还要感谢成都千高原艺术空间和深圳 ZL Art Studio 工作室，他们对我的研究和写作给予了无条件的支持。感谢查常平先生对我的支持和启发，也感谢所有帮助和支持过此书出版的人。我还想借此机会感谢上海三联书店的黄韬先生、匡志宏女士、李巧媚女士以及出版团队的所有成员，他们不仅是我最早的读者，也是我的老师，更让我对书籍这个媒介的发展充满信心。谢谢每一位读者，祝你们健康幸福。

许　晟

2023 年 8 月

图书在版编目(CIP)数据

新思想的黎明/许晟著. 一上海:上海三联书店,2023.10
ISBN 978 - 7 - 5426 - 8098 - 3

Ⅰ.①新…　Ⅱ.①许…　Ⅲ.①思想史－研究－世界
Ⅳ.①B1

中国国家版本馆 CIP 数据核字(2023)第 067873 号

新思想的黎明

著　　者 / 许　晟

责任编辑 / 李巧媚
装帧设计 / 张云绮
监　　制 / 姚　军
责任校对 / 王凌霄

出版发行 / 上海三联书店
　　　　　(200030)中国上海市漕溪北路 331 号 A 座 6 楼
邮　　箱 / sdxsanlian@sina.com
邮购电话 / 021 - 22895540
印　　刷 / 上海展强印刷有限公司

版　　次 / 2023 年 10 月第 1 版
印　　次 / 2023 年 10 月第 1 次印刷
开　　本 / 890 mm × 1240 mm　1/32
字　　数 / 220 千字
印　　张 / 8.875
书　　号 / ISBN 978 - 7 - 5426 - 8098 - 3/B・841
定　　价 / 59.00 元

敬启读者,如发现本书有印装质量问题,请与印刷厂联系 021 - 66366565